Paul Owens

Neues vom Hundeflüsterer

Paul Owens
Terence Cranendonk
Norma Eckrote

Neues vom Hunde-flüsterer

Welpen sanft erziehen

KOSMOS

Inhalt

Vorwort von Paul Owens

Als ich den Raum betrat, machten sich sofort einige Welpen an meinen Schnürsenkeln zu schaffen. Viel mehr faszinierte mich allerdings ein kleines, unglückliches Pelzknäuel, das sich gegen die Wand drückte. Der Züchter sah meinen Blick und meinte: „Sie ist etwas ängstlich. Vielleicht nehmen sie lieber einen anderen. Ich vermute, mit ihr stimmt etwas nicht." Ohne zu zögern antwortete ich: „Nein, ich möchte sie." Damit begann eine lange Reise – bis heute.

Molly ist ein Cao de Agua Portugues (Portugiesischer Wasserhund). Während ich diese Zeilen schreibe, hat sie ein beinahe biblisches Alter erreicht – für Hunde. Aus genetischen Gründen ist sie schon seit sieben Jahren blind wie eine Fledermaus. Molly kann nicht mehr durch das Fenster meines Vans ins Auto springen; auch viele ihrer alten Tricks klappen nicht mehr. So nahm sie gerne den Telefonhörer ab und wenn ich ihr sagte: „Da ruft jemand wegen einer Rechnung an", ließ sie den Hörer in den Papierkorb fallen.

Molly knabbert aber noch genauso gerne an ihren Möhren wie früher, auch wenn sie jetzt etwas länger braucht. Und noch immer springt sie zur Schlafenszeit mit Leichtigkeit auf das Bett – allerdings landet sie immer häufiger auf den anderen, dort liegenden Hunden. Als wir vor Kurzem in ein neues Haus umzogen, lernte sie mit Feuereifer alle neuen Wege auswendig, auch die Strecke vom Hof ins Haus. Nach drei Wochen hatte sie den Plan von Haus und Garten im Kopf. Nicht schlecht für einen 16-jährigen, blinden Hund.

Zurück zum Anfang. Ich arbeitete damals schon seit mehreren Jahren als Hundetrainer und benutzte die damals üblichen Standardmethoden: Ich riss an der Leine, erschreckte die Hunde oder drückte sie an den Boden – doch dann kam Molly. Nach 1990 war nichts mehr wie früher. Plötzlich war es mir zuwider, Hunde unter Zwang und mit physischem Druck auszubilden.

Martin Luther King sagte: „Wer Frieden will, muss friedliche Mittel anwenden." An Hundeleinen reißen, Schläge austeilen und andere körperliche Erziehungsmaßnahmen schaffen ganz sicher keinen Frieden. Mein positives Hundetraining basiert auf Sicherheit, Geduld, Freundlichkeit und Einfühlsamkeit – der Familie und ihrem Hund gegenüber. Im Laufe der Jahre haben viele Hundetrainer diese freundlichen, sanften und friedlichen Methoden übernommen. In meinem ersten Buch *Der Hundeflüsterer* habe ich versucht, diese sanfte Form der Hundeerziehung einem breiteren Publikum zu vermitteln. Obwohl sich das vorliegende Buch auf Welpen bezieht, bleibt die Botschaft dieselbe. Wer einmal erlebt hat, welche Auswirkungen die positive Erziehung von Hunden hat, wird auch seinen Umgang mit anderen Tieren – und mit Menschen – nach diesen Maximen ausrichten. Molly ist der Beweis.

Vorwort von Terence Cranendonk

Vor über zehn Jahren nahm ich einen Welpen auf, den ein Mitarbeiter auf einer Straße in Cleveland (Ohio) gefunden hatte. Es war ein braun-weißer Sonnenschein mit schwarzen Flecken, der sich verschreckt unter ein parkendes Auto gedrückt hatte. Ich schätze ihn auf einen Straßenhund mit Anteilen von Collie und Terrier, entschied mich aber für Collie und nannte ihn Magoo, weil er so große und häufig traurige Augen hatte. Damals war ich noch kein professioneller Hundetrainer und hatte keine Ahnung, auf was ich mich einließ. Ich wusste nur eines: Ich liebte diesen Hund und freute mich auf eine tolle Zeit mit ihm.

Alle Bücher, die ich mir auslieh, empfahlen mir, mich als „Alphatier" aufzuführen. Mit mir als „Rudelführer" würde mein Welpe keine schlechten Angewohnheiten entwickeln. Die Autoren empfahlen mir beispielsweise, dem Welpen „bei Fuß" beizubringen. Wieso sollte ein Hund, der strikt an meiner Seite läuft, mich deswegen auf geheimnisvolle Weise als Rudelführer akzeptieren? Und wieso unterband das seine schlechten Eigenschaften? Die Bücher empfahlen mir, ihn am Halsband zu zerren oder am Nackenfell zu packen und zu schütteln. Mir erschienen diese Methoden abstoßend. Da außerdem keine davon in der Praxis funktionierte, gab ich sie auf.

Also suchte ich einen Hundetrainer auf und stieß zu meinem Glück auf den damals in Cleveland arbeitenden Paul Owens. Pauls Geduld, Humor und Leidenschaft ebneten mir den Weg in eine neue Form von Hundetraining. Pauls Philosophie und sein Ansatz waren mir völlig neu und verdienten meinen Respekt. Und seine Methoden funktionierten!

Ich habe zunächst bei Paul und in den folgenden Jahren auch bei anderen großartigen Trainern und Verhaltensforschern im In- und Ausland gelernt. Ein kleiner, schmuddeliger Straßenköter hat mein Leben verändert. Magoo zeigte mir nicht nur meinen Weg als Hundetrainer und Ratgeber bei Verhaltensstörungen auf, er öffnete mir auch die Augen für die erstaunliche Effizienz des positiven Trainings. Ich habe gelernt, dass Großzügigkeit, Freundlichkeit und Fairness die Basis für eine gute Beziehung sind. Tatsächlich gilt das nicht nur für Beziehungen zwischen Mensch und Hund, sondern auch zwischen Mensch und Mensch und für Tiere untereinander.

Als ich Magoo aufnahm, suchte ich verzweifelt nach Lösungen. Ich brauchte einen Ratgeber, der mir zwei Dinge bot: Genaue Informationen über ein positives, auf Belohnungen basierendes Training und einen Plan, wie man einen jungen Hund sozialisieren kann. Damals fand ich kein derartiges Buch. Vielleicht schließt unser Buch *Neues vom Hundeflüsterer* nun diese Lücke. Paul und ich verstehen es als Lotsen für Ratsuchende.

Teil 1: Welpen aufziehen und pflegen – die Grundlagen

Sind Sie bereit für einen Welpen?

Wiederholen Sie zehnmal so schnell wie möglich: „Hübsche, clevere Welpen lieben Spiel und Spaß." Natürlich pinkeln sie am Anfang gerne in die Wohnung und erleichtern sich an unmöglichen Stellen. Dennoch, wer einen Welpen an seinem Leben teilhaben lässt, erschließt sich eine ganz neue Welt von Spaß, Befriedigung und inspirierenden Erlebnissen. Welpen erinnern uns daran, dass es Unschuld und Freiheit gibt. Sie sind fröhlich ohne Hintergedanken, hemmungslos neugierig und erforschen furchtlos ihre neue Umgebung; sie bringen uns kindliche Freude und Freiheit zurück. Man kann mit seinem Welpen zusammen alt werden und Hand-in-Pfote durch ein großartiges Leben gehen. Alles ist wahr!

Wie so oft im Leben zerplatzt der Traum vom unbeschwerten Zusammenleben aber schnell an der Realität: Einen Welpen aufzuziehen, bedeutet auch Stress und leider auch gar nicht lustige emotionale Fallstricke. Einer meiner Kunden war entsetzt, als sein Welpe einen Orientteppich für 29 000 $ zerstörte. „Neunundzwanzigtausend Dollar!" wiederholte er immer wieder mit deutlichem Sinn für dramatische Effekte „Neunundzwanzigtausend Dollar..." Er hasste seinen Welpen wirklich. Dabei trug der Welpe keine Schuld daran, dass der Traum von einem perfekten Mensch-Hund-Haushalt geplatzt war. Der Mann hatte seine Hausaufgaben nicht gemacht und schob die Schuld nun dem Hund zu. Natürlich sind Unfälle unvermeidlich, doch dieses Buch möchte ihnen die Werkzeuge an die Hand geben, die Zahl solcher Unfälle so weit wie möglich zu vermindern.

Welpen lehren uns Geduld und wie man mit einer lebenden, atmenden, fühlenden Maschine umgeht. Durch einen Welpen lernen wir sehr viel über uns selbst, denn sie lehren uns auch, nicht selbstsüchtig zu sein und Verantwortung zu tragen. Ist es nicht wunderbar, dass sie uns dabei helfen, bessere Menschen zu werden? Die Schlüssel zu einer freundschaftlichen Mensch-Hunde-Beziehung sind gute Vorbereitung, realistische Erwartungen sowie Geduld und Ausdauer. Wenn Sie zum ersten Mal einen Welpen haben – oder nach langer Zeit zum ersten Mal wieder – bereiten

Sie sich entsprechend vor. Ihr tägliches Leben wird sich ändern. Wenn Sie dazu bereit sind, wird alles gut gehen. Andernfalls dürfte so einiges schieflaufen.

Sie werden wunderbare Augenblicke erleben, in denen Sie sich warm und glücklich fühlen: Wenn der Welpe friedlich an seinem Spielzeug knabbert, über den Küchenboden rutscht oder an den Schnürsenkeln zerrt – aber es kommen auch andere Zeiten. Die Zähnchen, die gerade noch niedlich am Spielzeug geknabbert haben, zerfetzen die guten Schuhe, Zeitungen und – absoluter Horror – die Fernbedienung des Fernsehers. Mit derselben Energie, mit der ein junger Hund über den Hof tollt, zerlegt er die sorgfältig gepflegten Blumen im Vorgarten. Die Neugier, die Sie so lustig fanden, als der Welpe ins Haus kam, kann ihm auch schaden: Wenn er etwa unverschlossene Schranktüren öffnet und einen scharfen Gegenstand oder Haushaltschemikalien verschluckt. Bevor Sie also losgehen und einen Hund kaufen, sollten Sie sich prüfen, ob Sie wirklich reif dafür sind. Ob ein Hund jung oder alt ist, spielt keine Rolle. Sie sind während seines gesamten Lebens für ihn verantwortlich. Wie wir Menschen durchlebt jeder Welpe eine Zeit der Jugend und des Erwachsenwerdens. Irgendwann zwischen 18 Monaten und drei Jahren werden Hunde erwachsen. Die Zeit, in der ein Hund heranwächst, kann für die ganze Familie ziemlich stressig sein. Berücksichtigen Sie Ihre finanzielle Situation, Ihre körperliche Fitness, die Größe von Haus und Garten, Ihre Bereitschaft zu körperlicher Aktivität, Zahl und Dauer der Urlaubsreisen, und wenn Sie eine Familie haben, die Zahl, Größe und das Alter Ihrer Kinder.

Hier folgen ein paar bedenkenswerte Fakten, die Sie vor dem Kauf eines Welpen berücksichtigen sollten:

Jährliche Kosten: Unterschiedlich, zwischen 1 500 und 5 000 € für Ernährung, Tierarzt, Hundesteuer, Versicherung, Ausbildung, Hundesalon, Leckerbissen und Spielzeug, dazu Kosten für längere oder kürzere Unterbringung bei Abwesenheit; Krankheiten oder Verletzungen kosten extra.

Regelmäßige Mahlzeiten und Gassi gehen: Ein junger Hund braucht drei- bis viermal täglich Futter und muss regelmäßig ausgeführt werden, damit er völlig stubenrein wird.

Stressfaktoren: Hundehaare auf Möbeln und Kleidung können ganz schön nerven; dazu kommen Flöhe, „Unfälle" auf dem Teppich oder medizinische Notfälle.

Kastrieren: Verantwortliche Hundehalter sollten ihre Hunde rechtzeitig kastrieren lassen, es sei denn sie sind bereit, Verantwortung für weitere Welpen zu übernehmen.

Langfristiges Engagement: Wer einen Hund besitzt, übernimmt eine große Verantwortung und muss bereit sein, in guten und in schlechten Zeiten für das Tier zu sorgen. Hunde sind lebende, atmende Wesen und sind vollständig von Ihnen abhängig.

Erwachsene Hunde: Wer sich nicht mit der Verantwortung für einen Welpen belasten mag, sollte einen ausgewachsenen Hund in Betracht ziehen – er kostet weniger Zeit. Es hat zwar viele Vorteile, einen kleinen Hund aufzuziehen, aber auch ältere Hunde können wunderbare Gefährten sein.

Finden Sie noch immer, ein Welpe wäre genau das Richtige? Toll! Dann lesen Sie weiter …

Wo bekommt man einen Welpen?

Gute Welpen werden häufig über Mundpropaganda weitergegeben. Fragen Sie Verwandte, Freunde, Mitarbeiter, den Tierarzt, sogar Leute im Park, die mit einem schönen Hund spazieren gehen, wo sie ihren Hund herhaben. Erkundigen Sie sich nach den Bedingungen und ob sie zufrieden waren. Auch Tierheime, Hundeasyle, Tierschutzorganisationen, Züchter, Privatleute oder Tierkliniken sind gute Adressen, um Hunde zu bekommen.

Der Welpe aus dem Tierheim

Wer einen sehr jungen, heimatlosen Welpen adoptiert, übernimmt zwar eine enorme Verantwortung, kann das spätere Verhalten des Hundes andererseits entscheidend beeinflussen. Dieser Vorteil wiegt den Nachteil der ungewissen Herkunft mehr als auf. Den größten Einfluss auf den Welpen übt die häuslich-familiäre Umgebung aus. Indem Sie einen Hund aus dem Tierheim retten, tun Sie etwas wirklich Gutes.

Tierheime bemühen sich, möglichst viel über die Herkunft ihrer Hunde herauszubekommen. Sollte das Tier im Tierheim zur Welt gekommen sein, kennen die Mitarbeiter zumindest die Mutter und wissen etwas über deren Zustand und Verhalten. Jedes Tier, das aus einem Heim gerettet wird, senkt die oft qualvolle Überbelegung dort. In den Vereinigten Staaten leben Millionen heimatloser Hunde, und viele der kleineren Tierheime sind total überfüllt. Leider endet hier das Schicksal vieler Hunde, denn etwa die Hälfte aller eingelieferten Hunde muss eingeschläfert werden. Wenn Tierheime keinen geeigneten Welpen haben, hinterlassen Sie Ihre Adresse. Manche Heime führen Wartelisten und informieren Sie, wenn ein „passender" Hund – nach Größe, Rasse oder Temperament – verfügbar ist. Die *Humane Society* der USA (eine Tierschutzorganisation) schätzt, dass ein Viertel der eingelieferten Hunde reinrassig sind, inklusive Welpen. Manche Tierheime stellen vermittelbare „Insassen" auf ihren Internetseiten vor, oft sogar mit Fotos.

Einige Organisationen kümmern sich speziell um Rassehunde – auch hier ist für erste Kontakte eine Suche im Internet, die Nachfrage beim Tierarzt oder beim Verband für das Deutsche Hundewesen (VDH e.V., www.vdh.de) hilfreich. Manchmal werden heimatlose Hunde übergangsweise von Privatleuten aufgenommen, bis sich ein geeignetes Zuhause findet. Dank der sehr persönlichen Betreuung kennt die Gastfamilie den Charakter des Hundes recht genau und kann bereits Auskünfte über das Temperament des Tieres erteilen. Einige Tierheime arbeiten gerne mit Privatleuten zusammen; sie können gezielter nach geeigneten Haltern suchen und die Hunde sind bei ihnen in guten Händen. Die Kosten sind ähnlich gering wie in Tierheimen.

Der Welpe vom Züchter

Ein relativ großer Anteil reinrassiger Hunde stammt traurigerweise aus „Zuchtfabriken". Solche Betriebe züchten häufig Welpen unter fragwürdigen Bedingungen „am Fließband". Die Hunde bleiben dauernd eingesperrt, die Hündinnen bekommen keine Pausen zwischen den Würfen und häufig fehlen selbst einfachste medizi-

nische Standards. Die Welpen werden meist nur unzureichend
sozialisiert. Diese Züchter nehmen verantwortungslos die gene-
tischen Probleme bei Inzucht in Kauf und riskieren schlechte
Gesundheit und Verhaltensauffälligkeiten der Nachkommen. Die
Welpen landen bei Händlern und Vermittlern oder werden durch
Anzeigen in Zeitungen und im Internet angeboten.

Natürlich warnen Tierschutzorganisationen vor solchen Massen-
zucht-Anstalten, doch woran soll der Käufer erkennen, woher der
Welpe stammt, den er gerne erwerben möchte? Gerade die besonders skrupellosen Züchter legen großen Wert darauf, seriös und
vertrauenswürdig zu erscheinen.

Für einen verantwortungsbewussten Züchter ist es eine Herzens-
angelegenheit, die Welpen in gute Hände zu legen. Er wird Sie aus-
fragen, um möglichst viel darüber zu erfahren, in welche Umgebung sein Hund kommt. Es möchte sicherstellen, dass sein Hund
alles bekommt, was er braucht und zwar so lange er lebt. Letztlich
gibt es nur einen wichtigen Rat: Erkundigen Sie sich genau, fragen
Sie immer wieder und versuchen Sie auch, die Eltern des Welpen
kennenzulernen.

Beste Voraussetzungen, einen gesunden und wesensfesten Rasse-
hund-Welpen zu bekommen, haben Sie bei einem Züchter, der
dem Verband für das Deutsche Hundewesen (VDH e.V.) ange-
schlossen ist (www.vdh.de).

Der richtige Welpe für Sie

Viele Menschen haben eine klar umrissene Vorstellung von ihrem
„perfekten Hund". Manche denken an einen Golden Retriever, der
fröhlich frühmorgens durch eine Wiese streift, oder an einen Schäferhund, der mit seinem Hirten eine Herde Schafe bewacht. Leider
kommt es immer wieder vor, dass ein durchaus wohlmeinender,
neuer Hundebesitzer nach einiger Zeit feststellt: „Meinen Hund
hatte ich mir anders vorgestellt!"

Jeder Hund ist ein Individuum mit eigener Persönlichkeit, besonderen Fähigkeiten und Reaktion auf Stress, genau wie jeder Mensch spezielle Wünsche, Bedürfnisse und Fähigkeiten besitzt. Wie soll man wissen, welcher Welpe in die Familie passt? Gelegentlich trifft Mutter Natur die Entscheidung – plötzlich hat man einen gestrandeten Welpen gerettet. Alle übrigen sollten folgende Faktoren berücksichtigen:

- Gesundheit (der Familie und des Welpen)
- Persönlichkeit und Temperament (auch das Maß an Energie)
- Rassespezifische Bedürfnisse und Eigenschaften, insbesondere Fellpflege
- Größe
- Klima
- Bewegungsdrang
- andere Haustiere
- Kinder und ihr Alter

Wir möchten zwei weitere, wichtige Faktoren hinzufügen: Intuition und die „Chemie" zwischen Ihnen und dem Hund.

Gesundheitsfragen

Gesundheit steht immer an erster Stelle. Sie bestimmt über die Entscheidung für oder gegen einen bestimmten Welpen.

Die Gesundheit des Welpen

Verschaffen Sie sich im Tierheim oder beim Züchter vor dem Kauf einen Eindruck von der Gesundheit des Welpen. Ist der Welpe teilnahmslos? Hat er offene Wunden oder Geschwüre, Ausfluss aus der Nase, Augen oder dem Mund? Hat er kahle Stellen im Fell, hustet oder niest er? Stellen Sie bohrende Fragen, sehen Sie genau hin und überlegen Sie zweimal, ob Sie wirklich zugreifen wollen. Verlangen Sie einen Impfpass und eine Bescheinigung, dass er gegen Parasiten und Würmer behandelt wurde.

Ein verantwortungsvoller und seriöser Züchter wird sich nicht gegen Nachfragen dieser Art sträuben, er lebt vom guten Ruf seiner gesunden Welpen.

Die Gesundheit der Familie

Auch der Gesundheitszustand der Familienmitglieder sollte in die Überlegungen einfließen; an oberster Stelle stehen Allergien gegen Hundehaare. Das Problem lässt sich teilweise mit sogenannten hypoallergenen Rassen lösen. Sie haaren weniger und verbreiten nicht so viel Fellstaub. Es gibt allerdings keine Rasse gänzlich ohne Allergiepotenzial! Außerdem bringen Hunde, die draußen herumlaufen, in den Fellhaaren fremde Allergene mit in die Wohnung. Für dieses Problem gibt es nur eine Lösung: Das allergisch reagierende Familienmitglied sollte unbedingt bei der Auswahl des Hundes dabei sein – eine Garantie ist aber selbst das nicht. Wird der Hund regelmäßig gebadet und gebürstet, nimmt das Allergierisiko etwas ab. Allerdings ist die dauernde Baderei für den Hund nicht angenehm. Baden entfernt die natürlichen Fette im Fell, die Haut trocknet aus, Hautschuppen fliegen umher – neue Allergie. Hilfreich sind auch effektiv arbeitende Luftreiniger oder Hunde, die im Haus nur mit T-Shirt herumlaufen dürfen. Absolute Sicherheit gegen das Risiko allergischer Reaktionen bietet leider nur der Verzicht auf einen Hund.
Folgende Rassen gelten als hypoallergen: Airdale Terrier, American Hairless Terrier, Basenji, Bedlington Terrier, Bichon frisé, Border Terrier, Cairn Terrier, Cao de Agua Portugues, Chinesischer Schopfhund, Drahthaar Foxterrier, Großpudel, Havaneser, Kerry Blue Terrier, Malteser, Mittelschnauzer, Perro de Agua Espanol, Puli, Shih Tzu, Soft Coated Wheaten Terrier, Tibet Terrier, Toy Pudel, West Highland White Terrier, Yorkshire Terrier, Zwergschnauzer.

Persönlichkeit und Temperament des Welpen

Letztlich entscheiden drei Faktoren über Persönlichkeit und Temperament eines Welpen:
1. Abstammung (Genetik),
2. Sozialisation innerhalb der ersten 16 Lebenswochen – positive Erfahrungen mit verschiedenen Menschen, Tieren und der Umgebung,
3. Kontinuierliches Training und persönliche Erfahrungen.

Man kann es nicht oft genug wiederholen: Jeder Welpe ist eine ganz individuelle Persönlichkeit mit eigenem Temperament, persönlicher Energie und Sozialisationsfähigkeit. Mit Sozialisation (Geselligkeit) meinen wir seine Bereitschaft, sich in eine Gruppe aus Menschen und anderen Hunden einzuordnen und friedlich mit ihnen umzugehen. Diese Fähigkeiten sind den meisten Menschen später wichtiger als seine Leistungen im Apportieren, Hüten, Graben, Ziehen oder Jagen. In der Tat halten wir das Temperament eines Welpen für ein wichtigeres Auswahlkriterium als Rasse und Schönheit.

Viele Menschen glauben, von der Rasse auf die Fähigkeit zur Sozialisation schließen zu können. Labrador und Golden Retriever wurden speziell gezüchtet, um eine Unmenge optischer, akustischer und taktiler Reize zu tolerieren. Daher passen sie sich leichter an wechselnde Lebensbedingungen an und gelten als besonders „freundliche" und „sehr gesellige" Hunde. Das gilt allerdings nicht grundsätzlich, denn es gibt durchaus aggressive Retriever, die mit speziellem Verhaltenstraining erzogen werden müssen. Abweichende Verhaltensweisen können in der Familie liegen und/oder sind die Folge mangelnder Sozialisation in der Frühphase der Entwicklung.

Paul hält Retriever für potenziell aggressiver als andere Rassen. Das könnte möglicherweise daran liegen, dass er besonders intensiv mit Gruppen zusammenarbeitet, die sich um Problem-Retriever kümmern. Wann immer ein Retriever durch Aggressionen auffällt, ruft man Paul. Vermutlich dürfte ein Hundetrainer, der hauptsächlich mit problematischen Boxern arbeitet, dasselbe über Boxer behaupten ... oder über Deutsche Schäferhunde. Obwohl diese Rassen als „gut mit Kindern" gelten, gibt es einzelne Tiere, die knurren, die Zähne fletschen oder sogar beißen. Es kommt immer wieder vor, dass sich Kunden betrogen fühlen, wenn als freundlich bekannte Hunde plötzlich aggressiv reagieren.

Natürlich gibt es auch als aggressiv geltende Rassen. Sie werden automatisch als „gefährlich" eingestuft, durch Gesetze, Verordnungen und Vorschriften kontrolliert und von Versicherungen entsprechend eingestuft. Kein Hund wird aufgrund seiner Rasse zum aggressiven Beißer! Wir empfehlen daher, einen interessanten Welpen mehrmals zu besichtigen und seine Sozialisierung zu verfolgen. Während seiner Entwicklung kann sich das Verhalten eines Hundes in beide Richtungen verändern – er reagiert damit auf seine Umgebung (siehe auch den folgenden Abschnitt „Einen Welpen beurteilen").

Wie aber kann man das Temperament eines Welpen bestimmen? Vertrauen Sie in erster Linie auf die Erfahrungen der Züchter und Mitarbeiter in den Tierheimen. Viele Profis erkennen schon früh, wie sich Persönlichkeit und Temperament des Hundes entwickeln werden, insbesondere in Bezug auf Aggressionen oder Angst. Andererseits sollte man den Angaben nicht bedingungslos vertrauen, denn bei Welpen aus dem Tierheim liegt häufig der gesamte genetische und Sozialisationshintergrund im Dunkeln. Gehen Sie auf Nummer sicher und suchen Sie nach einem Welpen, der perfekt zu ihnen passt. Der nächste Abschnitt verrät Ihnen, wie Sie vorgehen sollten.

Einen Welpen beurteilen

Hundezüchter und -trainer haben Tests entwickelt, um das Temperament eines Welpen zu bestimmen. Solche Tests versuchen, das Verhalten des ausgewachsenen Hundes vorherzusagen. Doch helfen diese Tests tatsächlich? Leider haben alle wissenschaftlichen Untersuchungen ergeben, dass „Welpen-Tests" nicht besonders verlässlich sind. Es gibt einfach zu viele Variablen. Tests können weder das augenblickliche noch das spätere Verhalten sicher bestimmen. So kann ein Welpe bei einem Besuch vollständig anders auf plötzlichen Lärm, Streicheln und Tätscheln reagieren als beim nächsten.

Macht es dann überhaupt Sinn, das Temperament zu testen? Im Prinzip schon. Einige Tests sind durchaus aussagekräftig, vor allem zur Prognose extrem aggressiver Verhaltensweisen. Margaret Young vom Tiermedizinischen Institut der North Carolina State University fand beispielsweise heraus, dass Welpen, die in bestimmten Tests bereits früh knurrten und bellten, auch als ausgewachsene Hunde zu aggressivem Verhalten tendierten. Allerdings zeigte sie auch, dass friedliche Welpen sich durchaus zu aggressiven Hunden entwickeln konnten.

Welche Schlussfolgerungen sollten Sie daraus ziehen? Obwohl keiner der Tests unfehlbar ist, vermindert ein Temperament-Test das Risiko, einen Welpen mit extremem Temperament zu erwerben. Damit können Sie zumindest ausschließen, einen Risiko-Welpen zu erstehen.

Grundregeln fürs Testen

▶ Befragen Sie den Züchter oder die Mitarbeiter des Tierheims.

▶ Benutzen Sie kein starkes Parfüm und meiden Sie klimpernden Schmuck.

▶ Seien Sie gelassen, freundlich und ruhig.

▶ Überprüfen Sie, ob alle in Frage kommenden Welpen gesund sind.

▶ Schauen Sie sich den Welpen an drei Tagen zu verschiedenen Tageszeiten an und prüfen Sie, ob er sich ähnlich oder unterschiedlich verhält.

▶ Fragen Sie den Züchter oder die Mitarbeiter des Tierheimes, ob Sie den Welpen vom Wurf trennen und an einen anderen Ort tragen dürfen.

▶ Schauen Sie sich den Welpen bei jedem Besuch in anderer Umgebung an – drinnen, draußen, allein, mit anderen Menschen usw.

Die Vorgehensweise

Jede Bewertung oder Einschätzung zielt darauf ab, den Welpen kennenzulernen. Wie interagiert er mit Ihnen? Ist er scheu oder aufgeschlossen? Wie reagiert er auf Berührungen, Töne oder Bewegung? Im Folgenden werden sechs „Tests" vorgestellt. Entscheiden Sie sich erst nach allen Tests und nicht bereits nach einer oder zwei Aufgaben. Welpen, die in allen Tests extrem reagieren, gehören in die Hände eines erfahrenen Hundetrainers; und das kostet Zeit, Energie und Geld. Unter extremen Reaktionen verstehen wir: Welpen, die beißen, sich intensiv aggressiv verhalten, Menschen völlig ignorieren, sich verstecken und weder Interesse an Spielzeug noch kleinen Futterbelohnungen zeigen.

Wie verhält sich der Welpe, wenn Sie ...

1. ... den Raum betreten?

Wenn ein Mensch den Raum betritt, laufen die meisten Welpen auf ihn zu, schnappen nach den Schnürsenkeln und wollen spielen. Manche warten kurz ab, um zu prüfen, ob Sie ein „sicherer" Partner sind. Solche zurückhaltenden Welpen werden aber nach einer kleinen Ermunterung rasch lebhafter. Ein extrem reagierender Welpe verkriecht sich in einer Ecke und rührt sich nicht, gleichgültig, ob Sie ihn ermuntern oder sich völlig ruhig verhalten.

2. ... in die Hände klatschen?

Knien Sie sich hin und locken Sie den Welpen an, indem Sie in die Hände klatschen oder schnalzende Geräusche machen. Klatschen Sie weder zu laut noch zu leise. Strecken Sie dann Ihre Hand aus – mit der ausgebreiteten Handfläche nach oben. Darauf kommen die meisten Welpen näher, berühren die Hand und wollen mit Ihnen spielen. Extrem reagierende Welpen drücken sich an den Boden, rennen weg oder urinieren.

3. ... einen Leckerbissen anbieten?

Bieten Sie dem Welpen einen kleinen Leckerbissen an und warten Sie ab, ob er ihn aus Ihrer Hand annimmt. Die meisten Welpen sind sehr daran interessiert und lecken Ihre Hand, weil sie den Happen haben möchten. Sollte der Welpe dagegen mehrfach zubeißen, fehlt ihm die angeborene Beißhemmung. Das kann sehr bedenklich werden, insbesondere, wenn Sie Kinder haben. Je nach Ausmaß der Aggression muss sich ein Training anschließen, um dem Welpen das Beißen abzugewöhnen (mehr darüber auf Seite 225).

4. ... ihn sanft streicheln?

Beginnen Sie am Kopf des Welpen und streicheln Sie ihn bis zum Schwanz über den Rücken. Wenn er zu beißen versucht, sich duckt oder zittert und sich dieses Verhalten auch nach mehreren Besuchen nicht ändert, wird der Hund sein ganzes Leben lang unter Angst leiden.

5. ... ihn hochheben?

Wenn der Welpe selbstbewusst erscheint, sich für Sie interessiert und sie berührt, dürfen Sie ihn vorsichtig anheben. Sollte er dann ärgerlich knurren oder sie sogar in die Hand beißen, könnte er auch später aggressiv auf Berührung reagieren. Wenn die aggressive Reaktion beim ersten Kontakt auftritt, versuchen Sie es später zur Sicherheit noch einmal. Es ist ein gutes Zeichen, wenn sich der Welpe besser an die Situation gewöhnt und toleranter reagiert. Sollte sich allerdings die Reaktion nicht ändern, ist ein spezielles Training erforderlich.

6. ... einen Ball werfen?

Werfen Sie ihm einen Ball oder Spielzeug zu. Die meisten Welpen reagieren spielerisch und beginnen zu jagen. Einige bringen den Ball sogar zurück. Welpen, die keinerlei Interesse an Ihnen oder dem Spielzeug zeigen, verraten sich damit als sehr unabhängig.

Rassehunde und Mischlinge

Macht es Sinn, nach einer bestimmten Rasse zu suchen? Selbstverständlich! Warum auch nicht? Stellen Sie sich vor, Sie sehen einen treuen Schäferhund mit seinem Besitzer spazieren gehen. Sie denken an grüne Wiesen, Schafherden und alte Kinofilme. Hatte Ihr Großvater einen Schäferhund, mit dem Sie spielen durften? Jeder Schäferhund ruft die Assoziationen an einen geliebten Menschen hervor. Jäger züchten ganz bestimmte Hunderassen für die Jagd. Ohne die Liebhaber besonderer Rassen wäre die Welt der Hunde viel ärmer. Vor allem Familien wählen die Hunderasse häufig nach emotionalen Kriterien aus. Auch das ist völlig in Ordnung, solange Sie den neuen Beagle nicht mit dem durch Erinnerung verklärten Beagle aus Ihrer Jugend vergleichen – oder mit Snoopy. Es ist niemals fair, einen Hund mit einem anderen zu vergleichen, oder wägen Sie ernsthaft die Vor- und Nachteile Ihrer Kinder gegeneinander ab?

Die Hunde einer Rasse zeichnen sich durch ähnliches Aussehen und in gewissem Rahmen auch durch ein ähnliches Verhalten aus. Der Verband für das Deutsche Hundewesen anerkennt rund

340 Hunderassen, doch weltweit gibt es deutlich mehr „Rassen" oder zumindest rasseähnliche Züchtungen. Tatsächlich sind sich alle Hunde untereinander sehr viel ähnlicher, als die äußerlichen Unterschiede der Rassen vermuten lassen. Rassen sind eben keine selbstständigen Arten. Um es drastisch auszudrücken: Eine Deutsche Dogge ist einem winzigen Chihuahua ähnlicher als beispielsweise einem Fuchs.

Selbstverständlich gibt es zwischen den einzelnen Rassen enorme Unterschiede in Größe, Aussehen und den Eigenschaften und Bedürfnissen. Dennoch kann man nicht zwangsläufig von den festgelegten „Rassemerkmalen" auf den späteren Charakter und Aussehen eines individuellen Hundes zurückschließen. Jeder Welpe trägt das genetische Material seiner Eltern in sich. Es bestimmt in gewissem Rahmen über seine Gesundheit, Verhalten, Persönlichkeit und Temperament. Endgültig geformt wird der Charakter eines Hundes jedoch erst durch die Umgebung, in der er aufwächst, durch das Training und die Erfahrungen während seiner Sozialisation.

Wollte man ein analoges Beispiel aus der Computerwelt benutzen, wären die genetischen Voraussetzungen nur die „Festplatte". Jeder Hund wird beispielsweise mit einem „Jagdinstinkt" geboren. Wenn er ein relativ kleines, sich schnell bewegendes Objekt wahrnimmt, reagiert er instinktiv. Daher jagen so viele Hunde leidenschaftlich gerne hinter Stöckchen und Bällen her. Bei einigen Rassen wurde dieser Jagdinstinkt durch die Zucht noch verstärkt, deswegen reagieren Greyhounds rascher auf kleine, bewegte Objekte. Sie sprinten sofort los, konzentrieren sich stärker auf die Beute und rennen schneller als die meisten anderen Rassen. Obwohl alle Hunde diesen Jagdinstinkt haben, wurde er bei den Greyhounds durch die Zucht verstärkt; sie reagieren bereits bei sehr kleinen Schwellenwerten. Dennoch ist Greyhound nicht gleich Greyhound. Wie bei allen Hunderassen gibt es auch bei ihnen individuelle Unterschiede. Ein weiteres Beispiel ist der als Hütehund gezüchtete Border Collie. Er ist Spezialist darin, Schafe zu jagen und zur Herde zurückzutreiben; seine Aufgabe ist es, eine Herde zusammenzuhalten. Alle Hunde können jagen und treiben, bei den Border Collies wurden diese Fähigkeiten durch Zucht verstärkt. Doch selbst unter den Hütehunden gibt es große Unterschiede – einige hüten die Schafe besser als andere. Border Collies, bei denen der entsprechende Schwellenwert niedrig liegt, reagieren rascher und präziser auf ein Schaf, das auszubrechen droht. Vermutlich gibt es sogar ein paar Border Collies, die gar kein Interesse an Schafen haben, während andere extrem reagieren und ein ausbrechendes Schaf jagen, beißen, vielleicht sogar töten. Gäbe es diese Unterschiede nicht, würden die Züchter nicht versuchen, aus den jeweils besten Hütehunden noch bessere zu züchten.

Was hat das alles mit der Auswahl des besten Welpen zu tun? Neben der Größe und dem äußeren Erscheinungsbild des erwachsenen Hundes bietet die Entscheidung für eine bestimmte Rasse die Chance, das spätere Verhaltensmuster zumindest grob zu erschließen. Das ist vor allem wichtig, wenn Sie an den Bewegungsdrang des ausgewachsenen Hundes denken. Besitzer eines Border Collies werden sicher häufiger einen Ball werfen als die eines Shih Tzu. Der Besitzer eines Jack Russel Terriers dürfte merklich öfter unterwegs sein als der eines Bernhardiners. Dennoch, die Entscheidung für eine bestimmte Rasse ist keine Garantie für ein bestimmtes Verhalten.

Mischlinge

Wie sieht es mit Mischlingen aus? Wir haben jahrelang in Tierheimen ausgeholfen und immer wieder das Leid von Hunden erlebt, die kein neues Zuhause fanden. In den Vereinigten Staaten gibt es Millionen streunender Hunden, daher plädieren wir dafür, Hunde aus Tierheimen aufzunehmen. Das ist nicht nur ein Akt der Tierliebe. Hunde aus Tierheimen sind billiger und Mischlinge leiden deutlich seltener an rassespezifischen, genetisch bedingten Krankheiten. Sie treten als Folge von Inzucht auf, da die Züchter besonders begehrte Eigenschaften einer bestimmten Rasse zu betonen versuchen, wie Größe, Fellfarbe, Körperbau und Charakter. Verantwortungsvolle Züchter tun ihr Bestes, um genetische Krankheiten zu vermeiden – auch dies ein Grund, bei der Wahl des Züchters sehr sorgfältig vorzugehen („Der Welpe vom Züchter", Seite 19).

Die Größe des Hundes

Die Größe eines ausgewachsenen Hundes hat Auswirkungen auf Futterkosten (die Großen fressen ordentlich!), Sicherheit (die Großen stoßen leicht alles Mögliche um, und ein kräftiges Schwanzwedeln kann die kleine Enkelin locker umwerfen) und den Platzbedarf. Die Endgröße reinrassiger Hunde, wie Neufundländer, Mastiffs, Doggen, Berner Sennenhunden oder Bernhardinern, ist bekannt. Mögen die Welpen auch noch so niedlich sein, sie werden rasch größer und brauchen wirklich viel Platz. Bei Mischlingshunden aus dem Tierheim liegt die Endgröße nicht ganz so einfach auf der Hand, doch erfahrene Mitarbeiter können die Endgröße eines Welpen recht genau vorhersagen. Tierärzte können die Größe noch genauer bestimmen.

Checkliste zur Größe des Hundes
▶ Wohnen Sie in einem Haus oder in einer kleinen Wohnung? Fragen Sie sich, ob ein ausgewachsener Hund mit dem vorhandenen Platz zufrieden wäre.
▶ Haben Sie kleine Kinder? Welpen einer großen Hunderasse wachsen schnell heran und sind – wie alle Hundewelpen – ziemlich unternehmungslustig. Dann stehen Sie vor der Herausforderung, die Wünsche der Kinder oder des Hundes zu erfüllen. Eine kleinere Rasse ist weniger stressig.
▶ Welche Hundegröße können Sie rein körperlich bewältigen? Große Hunde sind stark. Hunde um die 20 kg ziehen schon kräftig, doch eine Rasse von 40 kg oder gar über 45 kg kann an die körperliche Grenze gehen. Pauls Golden Retriever Grady wiegt ziemlich genau 50 kg und hat es geschafft, den Verschluss am Ende der Leine aufzubiegen. Denken Sie daran: Selbst der freundlichste, liebenswerteste Hund macht keinen Spaß mehr, wenn er Sie über eine Wiese zieht, Sie freundlich zur Begrüßung an der Haustür anspringt oder sich dazu entschließt, ein Eichhörnchen zu jagen. Natürlich lassen sich solche Dinge mit Training und den geeigneten Halsbändern und Leinen unter Kontrolle bringen, doch zierliche Menschen, Ältere oder Behinderte kommen mit kleineren

Hunden einfach besser zurecht. Immerhin haben Riesenrassen wie die Doggen keinen besonders starken Bewegungsdrang. Wenn Sie kräftig sind und keine Lust auf häufige Spaziergänge haben, wäre eine große Rasse gar nicht schlecht.

Das Klima

Das jahreszeitliche Wetter am Wohnort ist nicht unwichtig. Hunde sind temperaturempfindlich und fühlen sich nicht in jedem Wetter wohl. Rassen, die für extremes Klima gezüchtet wurden, kommen am besten im Klima ihrer Heimat zurecht. Kurzhaarige Rassen mögen keine große Kälte, während langhaarige Rassen bei großer Hitze Schwierigkeiten bekommen könnten.

Bewegungsdrang und Erziehung

Es gibt kein Patentrezept, wie viel Bewegung ein erwachsener Hund braucht. Hunde, die sich zu wenig bewegen, verbrauchen zu wenig Energie und toben sich durch Bellen, Graben im Garten oder Chaos im Haus aus. Planen Sie als Faustregel zweimal pro Tag 20 bis 30 Minuten Bewegung ein. Wie Sie den Hund bewegen, spielt dabei keine Rolle: flotte Spaziergänge, Jogging, schwimmen, apportieren, suchen oder Versteck spielen.
Der Bewegungsdrang ist nicht an die Größe des Hundes gekoppelt. Viele kleine Rassen, wie die Terrier, haben einen starken Bewegungsdrang, während viele große Hunde mit weniger Bewegung auskommen. Wenn Sie von Hause aus aktiv sind, vielleicht sogar regelmäßig laufen, sollten Sie sich unbedingt für einen Hund entscheiden, der mithalten kann.

Fellpflege

Fragen Sie etwas herum. Manche Rassen mit langem oder dichtem Fell brauchen eine ausgiebige Fellpflege. Das gilt auch für die Rassen, deren Unterwolle zum Verfilzen neigt; sie müssen täglich gepflegt werden. Auskünfte erteilen Züchter, Mitarbeiter im Tierheim oder andere Spezialisten. Sie können – genügend Zeit vorausgesetzt – diese Arbeit selbst erledigen oder müssen Geld investieren, um den Hund professionell in einem Hundesalon frisieren zu lassen. Immerhin hat die intensive Fellpflege auch etwas Gutes: Fellpflege ist ein Teil der Sozialisation und knüpft ein engeres Band zwischen Ihnen und dem Welpen.

Andere Hunde im Haus

Die in ihrem Haushalt lebenden Hunde müssen sich mit dem „Neuen" arrangieren. Es wäre perfekt, wenn Sie Ihre(n) Hund(e) schon zur Auswahl des Welpen mitnehmen dürften. Dieser Kontakt im Vorfeld lohnt sich vor allem, wenn der Welpe älter ist als fünf Monate. Kommt Ihr Hund mit dem tobenden, spielenden, nagenden Neuling zurecht? Wenn die beiden sofort miteinander spielen, haben Sie die richtige Wahl getroffen. Sollte der „alte" Hund jedoch knurren, macht er dem Welpen zunächst klar, wer das Sagen hat und jagt ihn weg. Gewöhnlich legen die beiden ihre Schwierigkeiten rasch bei und beginnen zu spielen. Wenn sich Ihr Hund überhaupt nicht mit dem Welpen anfreunden will, stimmt etwas in der Chemie zwischen ihnen nicht – suchen Sie nach einem anderen Welpen. Erfahrene Mitarbeiter des Tierheims verstehen die „Hundesprache" und können Ihnen raten. Natürlich dürfen Sie auch einen professionellen Hundetrainer mitnehmen, der die Chemie zwischen dem Alten und dem Neuen aus der Körpersprache ablesen kann. Reagiert Ihr Hund aggressiv, müssen die beiden sofort getrennt werden. Liegt das Problem bei Ihrem Hund, schafft ein spezielles Training Abhilfe. Der Trainer wird den Hund untersuchen, die Gründe herausfinden und mit einem Verhaltenstraining für bessere Stimmung sorgen.

Solche Vorüberlegungen und Tests dienen nicht nur der Sicherheit des Welpen. Immerhin muss Ihr alter Hund mit dem Welpen zusammenleben. Welpen, die nicht gelernt haben, mit anderen Hunden umzugehen, stellen einen Familienhund vor schwierige Probleme.

Im fünften Kapitel („Der Welpe kommt ins neue Heim", Seite 57) geben wir ein paar Tipps, wie man einen Welpen mit den anderen Familienhunden bekannt macht.

Zwei Welpen

Was geschieht, wenn Sie gleich zwei Welpen ins Haus holen? Hunde, die zusammen aufgezogen werden, lernen Zuneigung und Aufmerksamkeit zu teilen, sie spielen und fressen gemeinsam. Glauben Sie aber bloß nicht, dass sich „die beiden gegenseitig umeinander kümmern". Zwei Welpen bedeuten doppelte Arbeit! Sie müssen doppelt so viele „Unfälle" entsorgen, die Trainingszeiten verdoppeln sich, sie müssen doppelt so oft Gassi gehen (oder doppelten Zug an der Leine aushalten), das Futter wird doppelt so teuer und auch die Kopfschmerzen verdoppeln sich. Dafür stehen auf der Habenseite allerdings doppelte Freuden!

Hinweis: Es gibt Hinweise, dass zwischen zwei Weibchen eines Wurfes mehr Aggression herrscht als zwischen anderen Paarungen (Bruder-Schwester; Bruder-Bruder). Nach unseren Erfahrungen tritt dieses Phänomen insbesondere bei Welpen aus Tierheimen auf. Offenbar gab es Mängel bei der frühen Sozialisation, die bei Welpen von renommierten Züchtern viel seltener zu befürchten sind. Sollten Sie sich also für zwei weibliche Hunde entscheiden, könnten sich später Kosten für einen professionellen Hundetrainer ergeben.

Kinder in der Familie

Wenn Ihre Kinder jünger als zwölf Jahre sind, sollten Sie sich unbedingt eine kleine Rasse anschaffen. Welpen wachsen viel schneller als Kinder. Ein großer Hund erreicht seine Endgröße innerhalb eines Jahres – dann ist Ihr Kind immer noch ein Kind! Stellen Sie sich einen sechs Monate alten, über 25 kg schweren Bernhardiner vor, der liebevoll mit einem 25 kg schweren, acht Jahre alten Kind herumtollt und es dabei umwirft. Selbstverständlich wäre es möglich, einen Welpen mit guten Manieren zu erziehen, aber ein Cairn Terrier ist allemal sicherer als eine Deutsche Dogge.

Kinder spielen oft wild und laut. Ein sehr geräuschempfindlicher Welpe, der lieber seine Ruhe hat, wäre keine gute Idee: Kinder und ihre Freunde rennen nun einmal hin und her und machen Krach (lesen Sie oben bei „Persönlichkeit und Temperament des Welpen" nach). Außerdem gehen Kinder zwischen einem und fünf Jahren oft ruppig mit Hunden und Welpen um. Legen Sie Ihren Kindern den sanften Umgang mit den Welpen ans Herz: Kein Ziehen an den Ohren oder am Schwanz; und Hunde sind keine Reitpferde! Alle Welpen knabbern und nagen gerne, doch ein Welpe, der bis aufs Blut beißt, ist definitiv gestört. In diesem Fall ist ein gezieltes Training erforderlich (Beißhemmung).

Bei der Vorauswahl sollten die Kinder noch nicht dabei sein. Erst wenn Sie einen Kandidaten gefunden haben, dürfen die Kinder das neue Familienmitglied sehen, Während manche Tierheime sogar darauf bestehen, dass sich Kinder und Welpe zunächst im Heim kennenlernen, sehen es andere nicht so gerne, wenn die Kinder mitkommen. Vor allem die erste Begegnung muss unter Aufsicht stattfinden – zur Sicherheit von Kind und Welpe. Kinder und Welpen dürfen unter keinen Umständen unbeaufsichtigt bleiben.

Auch wenn der ausgesuchte Welpe noch so kinderfreundlich ist, wenn Ihr Kind diesen oder andere Welpen grundsätzlich nicht mag, wird es in der Familie früher oder später zu Konflikten kommen. Sie sind dafür verantwortlich, dass die Kinder ein enges Band des Vertrauens zu dem neuen Familienmitglied knüpfen. Kinder können mit Hunden Mitgefühl und positives Geben und Nehmen erlernen.

Grundsätzlich gilt: Wenn Ihr Kind Hunde ablehnt oder sogar fürchtet, müssen Sie ihm diese Ängste nehmen, bevor der Welpe ins Haus kommt. Wer einen Welpen als „Überraschung" mitbringt, darf sich nicht wundern, wenn der Hund nicht alle Probleme wie ein Wunderheiler schlagartig löst! Andererseits kann die Begegnung von Kindern mit Hunden sehr fruchtbar sein – wenn Sie alles richtig machen. Das übernächste Kapitel gibt Hilfestellung, wie man Kinder auf einen Welpen vorbereitet (Seite 59).

Was Sie brauchen

Bereiten Sie Haushalt und Familie auf den Welpen vor. Wenn er einzieht, sollte alles fertig sein: Die Wohnung muss „welpensicher" gemacht werden und Spielzeuge, Futter, Halsband und Leine bereitliegen. Kümmern Sie sich rechtzeitig um Tierarzt, Hundesalon und Hundetrainer in Ihrer Nähe und klären Sie ab, wer sich um den Hund kümmert, wenn Sie außer Haus sind. Am besten hängen Sie gut sichtbar einen Zettel mit den Telefonnummern der erreichbaren Tierärzte auf. Die Telefonnummer des besten Freundes bzw. der besten Freundin dürfte ohnehin schon im Kurzwahlspeicher sein – manchmal braucht man jemanden, bei dem man seinen Frust loswird.

Holen Sie den Welpen erst dann ab, wenn Sie alles erledigt haben, was wir in diesem Kapitel vorschlagen.

Sicherheit

„Sie ist ein kleiner Teufel", meldete sich eine offensichtlich verzweifelte Frau bei Terry am Telefon. Ihr neuer Welpe Munchkin war außer Kontrolle geraten. „Sie knabbert alles an. Als ich nach Hause kam, war das Sofa zerrissen, der Küchentisch angenagt und meine neuen Schuhe lagen in Fetzen herum." Die Frau begann zu weinen und sagte: „Ich liebe sie wirklich, aber ich werde sie wohl abschaffen müssen. Inzwischen macht sie sich sogar über die Sachen her, wenn ich zu Hause bin." Terry beruhigte die Frau und fragte nach dem Alter des Hundes. „Vier Monate", antwortete sie. „Wo ist der Welpe, wenn sie nicht zu Hause sind?", fragte Terry. „Sie darf frei im Haus herumlaufen. Ich halte es für grausam, einen Hund einzusperren."

Ähnliche Szenen dürften sich in vielen Haushalten abspielen. Sie zeigen ziemlich drastisch, dass junge Hunde ständig beaufsichtigt und die Wohnung welpensicher gemacht werden muss. Alle jungen Hunde nagen gerne. Sie sind neugierig und erkunden alles

Neue mit dem Maul. So wie jede verantwortungsvolle Mutter gefährliche Gegenstände wegschließt, muss auch ein Welpe daran gehindert werden, unpassende „Spielzeuge" zu benutzen. Es gibt mehrere Möglichkeiten, potenzielle Gefahren zu entschärfen: Schließen Sie giftige und gefährdete Gegenstände weg; sperren Sie den Welpen in einer Box oder hinter Türschutzgitter ein (so kommt er nicht an „illegale" Objekte heran); stellen Sie alle verbotenen Objekte, wie den Küchenmülleimer, unerreichbar für den Welpen weg. In der folgenden Zusammenstellung sind verschiedene Gefahrenquellen aufgeführt. Lassen Sie sich in Zweifelsfällen vom Tierarzt oder erfahrenen Mitarbeitern des Tierheims beraten.

Chemie im Garten: Welpen nehmen über die Haut an ihren Pfoten alle Giftstoffe auf, mit denen sie in Kontakt kommen.

Gefahren beim Spaziergang: Achten Sie auf Glassplitter und scharfe Kanten. Entfernen Sie nach Spaziergängen im Winter das Streusalz von den Pfoten, sonst dringt das Salz (Natrium) in den Körper ein.

Gefahren im Auto: Erlauben Sie dem Welpen niemals, seinen Kopf aus dem Fenster zu stecken. Er könnte von hochgeschleuderten Steinen getroffen werden oder Insekten und Staubkörner in seine Augen fliegen. Dass ein Welpe nicht auf eine offene Ladefläche gehört, dürfte wohl ebenfalls klar sein. Hunde gehören nicht frei auf den Rücksitz, sondern in eine Box. Inzwischen werden auch Sicherheitsgurte für Hunde angeboten.

Lebensmittel: Schokolade, Weintrauben, Rosinen und Zwiebeln sind gefährlich und können für manche Hunde sogar tödlich sein. Zu fettes Futter kann zu Entzündungen der Bauchspeicheldrüse führen (Pankreatitis). Bei gekochten Knochen besteht Erstickungsgefahr, weil sie leicht splittern. Welpen dürfen niemals den Abfall nach Essbarem durchwühlen

Pflanzen, Blumenzwiebeln und Wasser aus Blumenvasen (auch aus Weihnachtsbaumständern): Sehr viele Zierpflanzen sind giftig. Informationen finden Sie in Fachbüchern, im Internet oder beim Tierarzt.

Medikamente und Reinigungsmittel: Diese Chemikalien gehören unter strengen Verschluss. Dosen und Flaschen könnten sich beim Spiel öffnen und der Inhalt den Hund vergiften.

Haushaltsgeräte: Plastikbeutel, Schnüre, Ballons, Gummibänder, Stromkabel, Lametta, Büroklammern, Nadeln, Bleistifte, Kulis und jeder Gegenstand mit scharfen Kanten können einen Welpen verletzen, der daran kaut oder ihn gar verschluckt.

Kinder- und Hundespielzeug: Es gibt gefährliches Spielzeug! Hunde reißen Teile ab, schlucken sie und können daran ersticken. Vor allem quietschende Spielzeuge sind unwiderstehlich – Hunde nagen daran herum und verschlucken den Quietscher. Auch an Leder-, Horn- oder Hufstücken kann ein kleiner Hund ersticken.

Elektrokabel: Stromführende Kabel sind tödlich für nagende Welpen.

Tischdecken: Wenn ein Hund an der Decke zieht, könnte er von einem herabfallenden Gegenstand getroffen werden.

Frostschutzmittel: Hunde lieben den Geschmack von Frostschutzmitteln; sie sind tödlich gefährlich. Sollte Ihr Hund das Mittel geschluckt haben, muss er sofort zum Tierarzt. Tierärzte kennen ungefährlichere Produkte.

Rattengift: Rattengift wirkt nicht nur tödlich auf Ratten, sondern auch auf kleine Hunde. Suchen Sie bei Verdacht sofort den Tierarzt auf!

Duftsteine in der Toilettenschüssel: Die giftigen Inhaltsstoffe schaden Hunden, die aus der Kloschüssel trinken. Verzichten Sie auf Duftsteine oder schließen Sie immer sorgfältig den Klodeckel.

Wegwerfwindeln: Einige Hunde mögen den Geschmack von Windeln. Die Chemikalien in den Absorbern sind schädlich. Auch hier helfen nur Mülleimer, die für Hunde unzugänglich sind!

Sicherheits-Checkliste

▸ Wenn Sie die Wohnung verlassen, bleibt der Welpe in einem geräumigen Laufstall oder in einem mit Türschutzgittern gesicherten Raum zurück.

▸ Leinen Sie den Welpen an ein Möbelstück oder an Sie an, sobald Sie wieder zu Hause sind. Erst wenn er wirklich keinen Unfug mehr anstellt, darf er frei herumlaufen.

▸ Lassen Sie den Welpen ruhig die Wohnung erkunden – aber unter dauernder Aufsicht. Solange er dabei die Leine hinter sich herzieht, können Sie ihn jederzeit zurückhalten.

▸ Schließen Sie alle Türen ab, vor allem Schränke, in denen Sie Reinigungsmittel aufbewahren.

▸ Entfernen Sie Schuhe, Kinderspielzeuge, Bleistifte, Kulis, Pflanzen und kleine Gegenstände, die der Welpe zerkauen und verschlucken könnte.

▸ Legen Sie keine Tischdecken auf oder nur solche, die der Welpe nicht erreichen kann.

▸ Geben Sie dem Hund passendes Spielzeug: Kongs, Kauspielzeuge, vor allem naturbelassene Objekte aus Tierhäuten.

▸ Üben und spielen Sie viel mit dem Hund. Je stärker er seinen Bewegungsdrang abreagiert, desto weniger Lust hat er, sich mit Tischbeinen zu beschäftigen.

▸ Bringen Sie ihm möglichst rasch den Befehl „Gib" oder „Aus" bei (siehe Seite 201).

Die Grundausstattung

Der folgende Abschnitt stellt Ihnen die Grundausstattung für einen Hunde-Haushalt vor. Außerdem finden Sie darin Tipps, wie die Ausstattung an die Größe und das Temperament Ihres Hundes angepasst wird.

Transportbox

Boxen und Drahtkäfige werden in verschiedenen Größen angeboten – passend für alle Rassen. Prinzipiell gibt es zwei Typen: Drahtkäfige sind rundum offen, Plastikboxen haben feste Seiten und eine Gittertür.

Stabile Käfige aus verzinktem Draht sind stabil und halten lange – in der richtigen Größe sogar lebenslang. Außerdem hat der Hund darin Rundumsicht, nimmt also selbst dann am Familienleben teil, während er in der Box sitzt. Dieser Vorteil zahlt sich auch nachts aus. Der Welpe kann weiterhin sehen, hören und riechen, was um ihn vorgeht. Nach der Trennung von Mutter und den Geschwistern fühlt er sich sicherer, wenn er Ihre Nähe spürt, und langweilt sich nicht so schnell. Ein sehr nervöser oder schreckhafter Welpe beruhigt sich allerdings schneller, wenn der Käfig mit einem Tuch abgedeckt wird, insbesondere nachts oder wenn er ein Nickerchen machen möchte. Modelle mit aufklappbaren Seitenwänden und Deckel lassen sich leicht ab- und an anderer Stelle wieder aufbauen. Nervöse Welpen, die sich leicht über unbekannte Bewegungen oder Geräusche aufregen, fühlen sich in Transportboxen mit geschlossenen Seiten sicherer. Tatsächlich lohnt es sich, beide Modelle zu kaufen: Der Drahtkäfig dient als sichere Zuflucht in der Wohnung, der Transportkäfig für Fahrten mit dem Auto.

Achten Sie beim Kauf vor allem auf die Größe: Ein ausgewachsener Hund muss im Käfig bequem liegen und stehen können, ohne anzustoßen. Die Endgröße von Mischlingen kann ein Tierarzt recht genau bestimmen. Solange der Welpe noch klein ist, wird der Käfig verkleinert (mit stabiler Pappe oder eingebauten Trennwänden), damit er sich nicht darin erleichtern kann. Wird der Hund größer, entfernen Sie die Trennwände.

Für einen Hund, der seinen Käfig viele Jahre lang benutzt, wird er zum „sicheren Ort", an den er sich immer wieder zurückzieht. Entscheiden Sie sich für gute Qualität und achten Sie auf solide Verarbeitung. Was nützt ein billiger Käfig, wenn sich der Welpe einklemmen oder verletzen könnte?

Bei Autofahrten mit dem Hund steht die Sicherheit an erster Stelle. Frei sitzende Hunde können sich oder Sie verletzen, sogar Unfälle verursachen. Für den Transport von Hunden bieten die Hersteller mehrere Optionen an:

Transportboxen sind immer noch der sicherste Weg, um einen Hund zu transportieren. Für große Rassen braucht man allerdings einen Kombi.

Trenngitter für Kombis werden zwischen Ladefläche und Sitzplätzen angebracht. Sinnvoll sind sie aber nur dann, wenn der Hund zusätzlich gesichert wird.

Türschutzgitter

Bis sich ein Welpe an seine Box gewöhnt hat, sind Türschutzgitter für Babys keine schlechte Übergangslösung. Mit Türschutzgittern können Sie den Welpen jeweils dort einsperren, wo Sie sich gerade aufhalten und ihn beaufsichtigen.

Gitter werden als feste oder bewegliche Elemente angeboten. Während die festen Elemente über Schrauben und Haken fest mit dem Türrahmen verbunden werden, klemmt man bewegliche Elemente mit einer Stange in den Türrahmen ein. Kaufen Sie ein Modell, das der Größe des Hundes angemessen ist; der Abstand zwischen den Stangen muss klein genug sein, damit sich der Hund nicht einklemmt. Bei sehr großen Rassen raten wir zu einem fest verschraubten Modell. Teure Modelle sind als Schwingtür konstruiert, sodass sie beim Wechsel des Raumes nicht jedes Mal abgebaut werden müssen.

Hinweis: Machen Sie den Raum, in dem sich der Hund aufhält, auf jeden Fall „welpensicher". Räumen Sie alles weg, was gefährlich sein könnte oder sich als Kauobjekt eignet.

Gehege für die Wohnung

Im Prinzip funktionieren diese Gehege wie ein Laufställchen für Babys. Sie werden aus hohen Wandelementen zusammengesetzt und ähneln großen Transportkäfigen. In einem Gehege ist der Welpe in der Bewegung eingeschränkt, nimmt aber am Familienleben teil. Sie eignen sich auch als Barriere außen vor der Tür. Lebhafte Hunde, die blitzschnell durch die geöffnete Tür auf die Straße flitzen, werden durch die Gitter zurückgehalten.

Auslaufgitter für Hof oder Garten

Am einfachsten konstruiert man solche Ausläufe aus mobilen (Garten)Zaunelementen aus verzinkten Metallstäben. Sie sind in verschiedenen Größen erhältlich und lassen sich über Scharniere frei kombinieren. Durch Hinzufügen neuer Elemente wächst der Auslauf mit dem Welpen mit. Natürlich können Sie den Hund auch angeleint im Garten spielen lassen, aber in einem Auslauf kann er sich völlig frei bewegen. Belohnen Sie den Welpen mit Futterstückchen, wenn er sich im Gehege aufhält und spielen und üben Sie mit ihm innerhalb des Geheges. Auf diese Weise verbindet er das Gehege mit einer positiven Erfahrung und hält sich gerne darin auf.

Tatsächlich gibt ein Gehege dem Welpen das Gefühl von Freiheit. Er kann ohne Leine herumtollen und spielen, selbst wenn Sie eine Zeit lang nicht im Garten sind. Es ist eine physikalische Barriere, die aber nicht als solche empfunden wird. Hinweis: Viele Hunde lernen, den Haken des Türelementes zu öffnen und laufen weg. Bringen Sie eine zusätzliche Sicherung an und achten Sie darauf, das Gehege stets sicher zu verschließen. Der Handel bietet auch Modelle mit elektronischer Sicherung (Draht am Zaun oder unter der Erde) an. Der Hund trägt ein Sendehalsband und bekommt einen leichten Stromstoß, wenn er die „unsichtbare Grenze" überschreitet. Wir halten diese Art der Sicherung aus vier Gründen für nicht vereinbar mit gewaltlosem Hundetraining:

1. Der Schock durch den Stromstoß, wenn der Hund die Grenze überschreitet.

2. Das System ist nicht zu 100 Prozent sicher.

3. Sollte der Hund die Grenze trotz Stromstoß überschreiten, kann er nur zurück, wenn er einen erneuten Stromstoß riskiert.

4. Fremde Hunde oder Katzen können risikolos in den Garten eindringen, denn den Stromstoß bekommt nur das Tier mit dem Sendehalsband.

Hundebesitzer, die derartige Systeme einbauen, möchten mit dem Hund draußen spielen, ohne befürchten zu müssen, er könne weglaufen. Gegen einen festen Zaun sprechen beispielsweise die Kosten oder das Verbot mancher Gemeinden, bestimmte Zauntypen zu verwenden. In solchen Fällen empfehlen wir eine simple und preiswerte Alternative – eine Laufleine. Spannen Sie eine stabile Schnur wie eine Wäscheleine zwischen zwei Bäumen, Haus und Pfosten usw. auf. Haken Sie einen Flaschenzug an, der über eine beliebig lange, zweite Leine mit dem Hundehalsband verbunden wird. Nun kann sich der Hund in begrenzter Freiheit bewegen, einem Ball oder einer Frisbeescheibe hinterherjagen, ohne sich zu würgen. Die feste Leine sollte etwa zwei Meter hoch angebracht und kann bis 30 Meter lang sein.

An der Leine

Angeleinte Hunde dürfen niemals allein gelassen werden; auch nicht wenn sie an der Laufleine hängen!

Hundebett

Hundebetten gibt es in allen Variationen, von der einfachen Decke bis zum plüschigen Korb mit dem Hundenamen in Goldprägung. Wir empfehlen Modelle mit abnehmbarem, waschbarem Bezug. Waschen Sie die Bezüge mit einem milden Produkt, denn aggressive Waschmittel rufen bei einigen Hunden Hautreaktionen hervor. Wenn Ihr Welpe bekanntermaßen gerne nagt, entscheiden Sie sich für einen Bezug, der die Angriffe seiner Zähnchen aushält. Ist der Laufstall groß genug, stellen Sie ein zweites Bett hinein, in das sich der Hund zurückziehen kann.
Wenn Sie Ihrem Welpen das Kommando „Geh zu Bett" (siehe Seite 204) beibringen, verwandelt sich das Bett zum „sicheren Platz". Es beruhigt ihn und gibt ihm Selbstvertrauen, sogar wenn Sie das Bett in der Wohnung oder auf einer Reise umstellen.

Spielzeuge

Es gibt unzählige Spielzeuge, die sich meist bestimmten Kategorien zuordnen lassen. Gute Spielzeuge beschäftigen den Welpen und halten ihn körperlich und geistig fit.

Intelligente Spielzeuge

Intelligente Spielzeuge wie der Kong bestehen aus Naturkautschuk und sind mit Leckereien gefüllt. Anders als normale Kauspielzeuge regen sie die Fantasie der Hunde an. Sie motivieren den Welpen, unterschiedliche Tricks auszuprobieren, um an die begehrten Leckereien zu kommen. Tatsächlich verbringen manche Welpen viel Zeit damit, die Futterbröckchen herauszufummeln. Die roten Kongs sind sehr, die schwarzen sogar extrem haltbar; beide Modelle gibt es in mehreren Größen.
Neben den fertigen Futtermischungen empfehlen wir für die Füllung Erdnussbutter, Käsewürfel, Trockenfutter, kleine Stücke gekochtes Geflügel oder gutes, gefriergetrocknetes Futter. Wird der

Kong mit unterschiedlichen Happen gefüllt, steigt der Reiz für den Hund, den begehrten Inhalt durch Kauen, Klopfen oder Bohren mit der Zunge herauszubekommen. Welpen beschäftigen sich mit einem gut gefüllten Kong etwa eine Stunde, noch länger, wenn Sie den Kong nach dem Befüllen einfrieren.

Ähnliche, wenn auch einfachere Spielzeuge, bestehen aus Kunststoff und werden wie der Kong mit Leckerbissen bestrichen oder gefüllt. Einige Modelle werden ausschließlich mit Trockenfutter gefüllt. Das Prinzip ist immer dasselbe: Der Welpe kommt nur mit Geschick und Ausdauer an eine Belohnung.

Ein gutes intelligentes Spielzeug hält die Balance zwischen Aufwand (wie schwierig ist der Weg zum Futter) und Motivation (wie groß ist der Reiz, diese Schwierigkeit zu überwinden). Gibt das Spielzeug seine Belohnungen nur nach sehr langen oder sehr komplizierten Anstrengungen frei, verlieren Hunde das Interesse. Geht es jedoch zu leicht oder zu schnell, ist der Hund zu rasch fertig und gelangweilt.

Kauspielzeuge

Das Angebot der Kauspielzeuge ist schier unübersehbar. Entscheiden Sie sich für gute Qualität aus naturbelassenen Materialien, denn sie lenken den Welpen davon ab, sich stattdessen die Schuhe vorzunehmen.

Tennisbälle, Frisbeescheiben, Spieltaue

Mit solchen interaktiven Spielzeugen lernt der Welpe das Wechselspiel von Geben und Nehmen. Mit dem Tennisball und der Frisbeescheibe lernt der Hund Rennen, Fangen und Apportieren. Die Spieltaue erfüllen einen anderen Zweck: Sie zeigen dem Welpen, wie weit ein „sicheres" Spiel gehen darf und er bekommt bereits erste Lektionen über die Kommandos „Hol" und „Gib" (Seite 98). Terry benutzt gerne die flexiblen Frisbeescheiben, die sich zusammenfalten und in die Tasche stecken lassen. Viel Spaß machen auch Quietschspielzeuge, die aber nur unter Aufsicht benutzt werden dürfen. Sollte der Hund das Spielzeug zerbeißen, könnte er den Quietscher verschlucken und daran ersticken.

Futter und Näpfe

Noch bevor der Welpe zu Hause eintrifft, müssen Sie entschieden haben, womit Sie ihn füttern wollen – schaffen Sie sich einen ausreichenden Vorrat an (siehe Seite 85, „Hochwertige Ernährung"). Auch die Näpfe sollten schon bereitstehen. Welpen nagen alles an und Näpfe aus Plastik mögen sie ganz besonders. Futter- und Wassernäpfe aus Keramik in unterschiedlichen Farben und Formen sind stabil und rutschen nicht so leicht über den Boden, wenn der Welpe frisst. Möglich wären auch Näpfe aus schwerem Edelstahl, die durch Gummiringe rutschfest gemacht werden.

Halsband und Geschirr

Für die gewaltlose Hundeerziehung eignen sich mehrere Typen von Halsbändern und Geschirren, sowohl im täglichen Gebrauch als auch beim Training, nicht an der Leine zu zerren.

Das Halsband für jeden Tag

Das Grundmodell gleicht einem Gürtel mit einer Plastik- oder Metallschließe. Die Weite wird so eingestellt, dass das Halsband weder drückt, noch der Hund mit dem Kopf durchschlüpfen kann. Günstig sind Halsbänder mit Anhänger für Namen und Adresse. Wir bevorzugen Bänder aus Nylon. Sie sind leicht, haltbar und ungiftig. Auch Halsbänder mit einem Martingale-Verschluss sind akzeptabel. Das flache Nylonband endet mit zwei Ringen, die mit einer Schlaufe verbunden sind. Es wird über den Kopf gestreift und durch den Zug an der Leine geschlossen. Ein passendes Martingale-Halsband hält den Hund sicher fest, ohne ihn zu würgen. Beim Spazierengehen mit dem Welpen bevorzugen wir beide ein Geschirr, denn es zieht weder am Nacken noch an der Kehle. Ein Geschirr lässt sich leicht anlegen und kann zusätzlich zum Halsband verwendet werden.

Hinweis: Weder die Grundmodelle noch Martingale-Halsbänder sind konstruiert, um den Hund am Leineziehen zu hindern. Dafür braucht man spezielle Halsbänder.

Halsbänder sind wichtig, doch bei zwei und mehr Hunden kann ein Halsband zur Gefahrenquelle werden. Wir haben Fälle erlebt,

bei denen ein Hund mit seinem Kiefer im Halsband seines Spiel-
gefährten hängen blieb. Da sich spielende Hunde gerne am Halsband packen, sollten Sie die Halsbänder grundsätzlich abnehmen,
wenn die Hunde allein bleiben. Das gilt natürlich nicht, wenn die
Hunde frei draußen herumlaufen dürfen – ohne das Namensschild
am Halsband könnten sie verloren gehen. Also: Lassen Sie die Halsbänder an, aber kontrollieren Sie jegliches Spiel. Auch bei Welpen
kommt es darauf an, eine möglichst gefahrenfreie Umgebung zu
schaffen. Einige Halsbänder sind so konstruiert, dass sie sich bei
starker Drehung öffnen; sie verhindern Schlimmeres, wenn Ihre
Hunde sich regelmäßig im Spiel an den Halsbändern packen.

Erziehungsgeschirre für zerrende Hunde

Wir empfehlen solche Geschirre immer dann, wenn die Welpen zu
einer der vier folgenden Gruppen gehören:
1. Welpen, die grundsätzlich an der Leine zerren;
2. Welpen, die nur bei Fahrrädern, Motorrädern, Autos, Joggern,
Rollerbladefahrern, Skateboardfahrern an der Leine zerren;
3. Welpen, die aggressiv auf andere Hunde oder Menschen reagieren;
4. Welpen voller Bewegungsdrang, die mit einem normalen Halsband nicht zu bändigen sind.

Bei großen, kräftigen Hunden lohnt sich das Erziehungsgeschirr
Easy Walk. Es hat ein gutes Design und lässt sich einfach anlegen:
Die Leine wird in einen Ring über der Brust eingehängt. Wenn der
Hund zu zerren beginnt, zieht ihn der Ring zur Seite und hemmt
seine Vorwärtsbewegung.

Das Halti, eine Art Kopfhalfter – angeboten von verschiedenen
Herstellern – legt man über den Kopf des Hundes. Bei ihnen setzt
der Zug nicht am Hals, sondern am Kopf an. Ein ringförmiges
Band schließt um die Schnauze des Hundes, ein zweites führt über
den Hinterkopf, direkt hinter den Ohren. Die Leine wird in die Hal-
terung unter dem Kinn eingeclickt. Das Kopfgeschirr funktioniert
so ähnlich wie ein einfaches Halfter beim Pferd: Der Kopf gibt die
Richtung vor, der Körper folgt.

Hinweis: Manche Welpen brauchen ein paar Tage, um sich an ein Kopfgeschirr zu gewöhnen. Viele mögen den Zug über der Nase nicht und versuchen, das Geschirr mit den Pfoten abzustreifen. In diesem Fall sollten Sie das Geschirr mit einer Hand halten und in der anderen Hand einen Leckerbissen anbieten. Wenn der Welpe den Kopf vorstreckt, um den Bissen zu schnappen, legen Sie ihm das Geschirr um. Nach einigen Tagen verbindet der Welpe das Geschirr mit einer positiven Erfahrung. Erst danach dürfen Sie mit ihm spazieren gehen. Nicht jedes Geschirr funktioniert bei jedem Hund: Lässt das Zerren an der Leine nicht nach, probieren Sie ein anderes Modell aus.

Alle Formen von Würgehalsbändern, Drosselketten und andere Erziehungsgeschirre, die auf physischer Gewalt und Bestrafung basieren, haben in der gewaltfreien Hundeerziehung nichts zu suchen. Sie werden über den Hals gelegt und sind so konstruiert, dass durch Zug an der Leine Druck ausgeübt wird. Selbstverständlich sind auch alle Formen von Stachelhalsbändern völlig inakzeptabel. Sie bestehen aus Metall und die nach innen gerichteten Zacken drücken den an der Leine zerrenden Hunden in den Hals. Obwohl sie in der Praxis trotz ihres Aussehens weniger Schaden anrichten als Würgehalsbänder, bestrafen sie unerwünschtes Verhalten und haben in der gewaltfreien Erziehung nichts zu suchen. Dasselbe gilt für die mittlerweile verbotenen Elektrohalsbänder. Manche Hundetrainer stellen sie angeblich so fein ein, dass sie nur eine „Korrekturwirkung" haben sollen. Dennoch ist jede Art von Elektroschock – auch als „Korrektur" – immer eine Bestrafung und erzwingt ein erwünschtes Verhalten über Schmerz und Angst. Damit widerspricht es unserem Ansatz des gewaltfreien, sanften Hundetrainings.

Natürlich kann jedes Hilfsmittel – auch ein sanftes – unter physischer Gewalt als Druckmittel eingesetzt werden. Umgekehrt könnte auch ein auf Bestrafung basierendes Hilfsmittel bei entsprechend sorgfältiger Anwendung durchaus gewaltfrei verwendet werden. Aber das erfordert in jedem Einzelfall perfektes Timing, perfekte Abstufung und andauernde Beobachtung der Reaktionen. Selbst ein erfahrener Hundetrainer braucht Jahre, um den richtigen Umgang mit diesen Hilfsmitteln zu lernen. Unsere Position ist dagegen völlig klar: Halsbänder dienen der Erkennung; sie werden nur im normalen Umgang mit dem Hund benutzt, nicht bei der Ausbildung.

Jedes Hilfsmittel wird so gewählt, dass es beim Welpen minimalen Stress verursacht und ihn nicht behindert. Es liegt in Ihrer Verantwortung, an der Reaktion des Welpen zu überprüfen, ob er unter Schmerz oder emotionalem Stress leidet.

Leine

Für die täglichen Spaziergänge bevorzugen wir elastische „Bungee-Leinen" mit Rückdämpfer. Sie schleifen nicht über den Boden und hängen nicht so tief wie die üblichen Leinen, sodass die Welpen seltener darauf treten. Auch ganz normale Nylonleinen (etwa 2 m) sind gut geeignet.

Um den Welpen im Haus oder im Freien an einer bestimmten Stelle zu fixieren (mit Karabiner am Gürtel, an einem Möbelstück) sind sichere Leinen nötig, die dauerhaft den nagenden Zähnchen widerstehen.

Für Welpen raten wir von den beliebten Rollleinen ab, bei denen die Leine aus einem Gehäuse abrollt. Welpen müssen noch über die Leine kontrolliert werden, vor allem, wenn sie sich zu einer Hetzjagd entschließen sollten. Verzichten Sie auf die Rollleine, wenn:

1. Sie in einer Gegend wohnen, in der andere Hunde frei herumlaufen,

2. wenn Katzen, Kaninchen oder Eichhörnchen ihren Weg kreuzen,

3. wenn Ihr Hund schwerer als neun Kilogramm ist.

Anhänger und Mikrochips

Selbst wenn Sie noch so gut aufpassen, es kann vorkommen, dass ein Welpe etwas Interessantes sieht, ausbüchst und nicht mehr zurückfindet. Ein Anhänger am Halsband ist relativ preiswert und verhütet Schlimmeres. Darauf sollte zumindest Ihre Telefonnummer stehen; Sie können auch den Namen des Hundes, Ihren Namen und Adresse darauf schreiben lassen. Viele Zoohandlungen prägen Beschriftungen in einen Anhänger ein. Tierärzte können einen Mikrochip unter die Haut des Hundes implantieren. Er verwächst mit dem Bindegewebe und enthält alle wichtigen Informationen. Jeder andere Tierarzt oder die Mitarbeiter in einem Tierheim können die Daten mit einem Scanner ablesen und Sie anrufen. Es gibt allerdings einige Klagen, dass der implantierte Chip Gesundheitsschäden hervorruft, wenn er zu wandern beginnt. Die Faktenlage ist zwar noch ungeklärt, aber immerhin berichten Tierärzte, dass die Probleme verschwanden, nachdem der Chip entfernt wurde. Auf der Habenseite steht, dass jeder Hund, der einen Mikrochip trägt, wieder mit seinem Halter vereinigt werden kann.

Letztlich muss jeder Hundehalter selbst entscheiden, ob er den Chip implantieren lässt oder nicht. Da in einigen Bundesländern für bestimmte Hunderassen eine Markierungspflicht besteht, sollten Sie sich bei Ihrem Tierarzt kundig machen.

Fellpflege-Utensilien

Die regelmäßige Fellpflege ist ein wichtiger Teil der Gesundheitsvorsorge. Stellen Sie sich so rasch wie möglich die wichtigsten Pflegemittel zusammen.

Bürsten

Welpen (und später die ausgewachsenen Hunde) mit langem Fell brauchen eine Zupfbürste oder eine Drahtbürste. Auf dem meist rechteckigen Kopf der Zupfbüsten sitzen feine, spitze Borsten. Drahtbürsten haben Borsten aus Draht mit abgerundeten Spitzen. Welpen mit mittellangem Fell (Deutscher Schäferhund, Husky) kommen am besten mit einer flachen Zupfbürste zurecht. Hunde mit kurzem Fell lassen sich gut mit Noppenbürsten aus Gummi pflegen. Die Bürste wird mit einer Schlaufe in der Handfläche gehalten.

Welpen unter zwölf Wochen haben eine sehr empfindliche Haut und vertragen unter Umständen keine Drahtbürsten. Greifen Sie stattdessen zu einer weichen Bürste mit Nylonborsten – wie eine

Haarbürste für Menschen. Dieser Tipp gilt übrigens für alle Rassen: Beginnen Sie mit einer weichen, angenehmen Bürste und wechseln Sie erst später zur kräftigeren Bürste, wenn der Welpe sich an das Bürsten gewöhnt hat.

Hunde-Shampoo

In den Zoohandlungen warten ganze Regale von Welpenshampoos auf Kunden. Wir empfehlen rückfettende, milde Produkte ohne scharfe Inhaltsstoffe, medizinische oder insektizide Zusätze. Probieren Sie aus, bis Sie ein mildes Shampoo gefunden haben, das die Augen nicht tränen lässt – Welpen mögen es gar nicht, wenn die Augen brennen oder schmerzen. Shampoos für Menschenhaar ist nichts für Welpen!

Alle Hunde brauchen nur dann gebadet zu werden, wenn sie sich sehr schmutzig gemacht oder in einer stinkenden Substanz gewälzt haben. Bei normalem Dreck reicht meist das Abspülen mit klarem Wasser.

Flohshampoos oder ähnliche Produkte verwenden Sie nur bei Bedarf und nach Rücksprache mit Ihrem Tierarzt.

Krallenzange

Die gängigsten Typen von Krallenscheren oder -zangen funktionieren entweder nach dem Guillotineprinzip oder arbeiten wie eine Gartenschere: Bei den Guillotine-Modellen werden die Krallen durch ein Loch gesteckt und durch einen Druck auf die Handgriffe abgeknipst. Scheren schneiden die Krallen ab. Beide Modelle erfüllen ihren Zweck; Sie sollten sich für das Modell entscheiden, mit dem Sie am besten zurechtkommen. Für die weichen Krallen sehr junger Welpen (bis etwa zwölf Wochen) kleiner Rassen eignen sich auch handelsübliche Nagelscheren. Wenn sich der Welpe an die regelmäßige Krallenpflege gewöhnt hat (siehe auch Seite 111), wechseln Sie zu den größeren Modellen über. Nach dem Schnitt werden die Krallen mit einer Nagelfeile geglättet.

Experten rund um den Hund

Mit der Grundausstattung haben Sie den ersten Schritt getan. Bevor der Welpe ins Haus kommt, sollten Sie sich nun einen Überblick über potenzielle Betreuer, Fachgeschäfte, Tierärzte und Dienstleister in erreichbarer Nähe verschaffen. Vor allem, wenn Sie andere Haustiere haben, muss der Welpe zunächst von einem Tierarzt untersucht werden: Ist er völlig gesund? Wie sieht es mit Flöhen oder Zecken aus? Bei einem Problem kann der Tierarzt unmittelbar tätig werden und Sie beraten, welche Risiken für die anderen Tiere bestehen.

Tierarzt

Wir raten zu einem Facharzt, der nicht nur eine klassische Tierarztausbildung genossen hat, sondern auch alternative, „ganzheitliche" Methoden einsetzt. Darunter verstehen wir Chiropraxis, Akupunktur, Homöopathie, Kräuter und Ernährungsberatung. In vielen Fällen sind diese Methoden wirksamer als eine klassische Behandlung. Ganzheitlich orientierte Tierärzte achten sehr genau auf eine optimale Ernährung und können Futter empfehlen, das nach besten Standards mit Zutaten hergestellt wird, die auch für menschlichen Verzehr geeignet wären.

Fragen Sie im Freundes- und Bekanntenkreis nach guten Tiermedizinern. Denken Sie daran: Der Tierarzt wird Ihren Hund lebenslang begleiten, und Sie und Ihr Hund müssen ihm vertrauen. Normalerweise haben die Praxen nachts geschlossen. Erkundigen Sie sich bei Ihrem Tierarzt rechtzeitig nach dem Notdienst; dort wird Ihrem Hund bei akuten Notfällen geholfen.

Tierarzt-Checkliste
▶ Lassen Sie sich die Praxis zeigen und erkundigen Sie sich, welche Behandlungen durchgeführt werden können.
▶ Steht die Tierklinik/-praxis auch nachts oder an Wochenenden für Notfälle bereit?

- ▸ Praktiziert der Arzt ganzheitliche Heilmethoden oder lehnt er sie ab?
- ▸ Fühlen Sie sich in der Praxis sicher und gut aufgehoben?
- ▸ Sind der Arzt und die Mitarbeiter(innen) hilfsbereit, geduldig und bereit, Ihre Fragen zu beantworten?

Notfallnummern
Bringen Sie gut sichtbar folgende Notfallnummern in Ihrer Wohnung an (Kühlschrank, Notizbrett):
Ihr Tierarzt
Notdienst
Giftzentralen

Hundesalon

Bei der Fellpflege müssen Sie Ihren Welpen ganz zwangsläufig berühren. Damit bereiten Sie ihn auf die Berührungen durch Tierarzt, Kinder und Fremde vor. Bei der Fellpflege entfernen sie Parasiten und sehen, ob Hautkrankheiten, Infektionen oder Zahnfleischkrankheiten drohen.

Sie können die Fellpflege selbst erledigen oder sie einem Profi im Hundesalon überlassen. Ein wenig hängt das davon ab, wie schwierig die Pflege ist – manche Rassen brauchen mehr Sorgfalt als andere, werden getrimmt oder geschoren. Hier hilft die Nachfrage bei Bekannten oder eine Suche im Internet. Wenn Sie sich für die professionelle Pflege entscheiden, sehen Sie sich mehrere Betriebe und die Mitarbeiter an; erst suchen Sie den Salon mit dem Welpen auf.

Lassen Sie sich vom Tierarzt oder im Hundesalon zeigen, wie man die Zähne der Welpen reinigt. Manche Tierärzte empfehlen eine tägliche Zahnpflege. Diese Pflege ist nicht unbedingt erforderlich, gewöhnt den Hund aber daran, dass sie ihn im Maul berühren – ein gutes Training.

Es kann nichts schaden, wenn mehrere Familienmitglieder lernen, den Hund zu pflegen. Das stärkt die Bindung an die Familie und der Welpe lernt, nicht nur mit einer Person, sondern auch mit anderen tolerant umzugehen (siehe Sozialisation, Seite 95).

Hundesalon-Checkliste

- ▸ Ist der Betrieb sauber? Sehen die behandelten Hunde zufrieden oder gestresst aus?
- ▸ Bitten Sie das Pflegepersonal, bei einer Behandlung zuschauen zu dürfen. Manche Hundesalons erlauben das.
- ▸ Suchen Sie nach einem Betrieb, der sanfte Methoden bevorzugt (unruhige Hunde werden durch Leckerbissen und Belohnungen ruhig gehalten).
- ▸ Besprechen Sie mit einem Mitarbeiter, wie Sie vorgehen sollen, um den Welpen an die Prozedur zu gewöhnen.

Hundeschule

Das Training mit einem neuen Welpen ist kein Luxus, sondern unbedingt notwendig, denn ihm erscheint die Welt der Menschen bizarr und beunruhigend. Sie tragen die Verantwortung, ihn zu einem gelassenen und selbstbewussten Mitglied dieser neuen Welt zu machen. Wenn Sie die Tipps dieses Buches konsequent befolgen, dürften keine Probleme auftreten. Möglicherweise möchten Sie aber an einer Hundeschule teilnehmen, deren Trainer sanfte, positive Erziehung praktizieren.

Das Training in der Hundeschule sollte so früh wie möglich beginnen. Da beliebte Hundeschulen möglicherweise Wartelisten führen, sollten Sie den Welpen früh genug anmelden. In den „Kindergarten-Kursen" lernen Welpen unter fünf Monaten ihre ersten Lektionen („Welpenspielstunden"). Es mag zwar Ausnahmen geben, doch die meisten Trainer nehmen die Welpen erst auf, wenn Sie die erforderlichen Schutzimpfungen nachweisen (Impfpass).

Die richtige Hundeschule zu finden, ist nicht ganz einfach. Fragen Sie im Bekanntenkreis nach persönlichen Erfahrungen oder bitten Sie Ihren Tierarzt oder die Mitarbeiter eines Tierheims um Empfehlungen. Bei Rassehunden kann es sich lohnen, nach eingetragenen Vereinen zu suchen, die spezielle Trainingsstunden anbieten.

Wenn Ihr Hund komplexere Probleme hat, die über eine normale Grundausbildung hinausgehen – Aggressionen, ängstliches Verhalten, Trennungsängste – sollten Sie sich einem Spezialisten anvertrauen. Auch hier kann am ehesten der Tierarzt eine Empfehlung aussprechen.

Hundeschulen-Checkliste

Nicole Wilde hat in *Der ängstliche Hund* und anderen Büchern die folgenden Fragen zusammengestellt, um einen guten Hundetrainer zu erkennen:

1. „Wie lange sind Sie schon Hundetrainer?" Die Frage ist trickreich. Damit können Sie zwar die echten Anfänger aussortieren, aber ein Hundetrainer mit 30-jähriger Berufserfahrung muss nicht besser sein als einer mit zehnjähriger Erfahrung. Er könnte sogar noch immer an den althergebrachten Methoden festhalten, was zur nächsten Frage führt.

2. „Wie wurden Sie ausgebildet? Besuchen Sie weiterführende Seminare?" Wirklich gute Trainer arbeiten an sich. Sie besuchen Seminare, um die neuesten Erkenntnisse in ihre Arbeit einfließen zu lassen. Hüten Sie sich vor Trainern, „die alles schon wissen"!

3. „Nach welchen Methoden unterrichten Sie?" Auch eine trickreiche Frage. Ich habe noch nie gehört, dass jemand antwortet: „Hart, mit regelmäßigen Strafen." Damit kommen Sie nicht weiter. Wenn jemand behauptet, er ginge „sanft" vor, bohren Sie weiter. Fragen Sie, was er macht, wenn ein Hund absolut nicht gehorchen will. Setzt er Würgehalsbänder und Ähnliches ein (in der Sprache vieler Trainer „Korrekturen")? Natürlich gehen Trainer, unabhängig von den benutzten Methoden, nach persönlichem Temperament hart oder weniger hart vor. Für einen guten Trainer spricht, wenn er den Clicker benutzt. Auch nachdem Sie sich für eine Hundeschule/Trainer entschieden haben, sollten Sie alles genau beobachten. Sobald Sie oder Ihr Hund sich unwohl fühlen, brechen Sie den Unterricht ab und wechseln an eine andere Schule.

4. „Sind Sie ein hauptberuflicher Trainer?" Hundetrainer, die nur als Nebenbeschäftigung mit Hunden arbeiten, müssen nicht unbedingt schlecht sein. Tatsächlich reichen sie meist sogar aus, um Ihrem Hund die notwendigen Grundkenntnisse beizubringen. Geht es allerdings um ernstere Verhaltensprobleme, empfehlen wir einen hauptberuflichen Hundetrainer, der mehrere Jahre Be-

rufserfahrung vorweisen kann und sich mit dem speziellen Problem auskennt.

5. Wenn Sie Ihren Hund zu Hause trainieren lassen möchten: Bietet die Schule/der Trainer Einzelstunden an, oder müssen Sie ein ganzes Paket im Voraus bezahlen? Fallen Ihnen Unterschiede bei den Methoden auf?

6. Arbeitet der Trainer nur mit dem Hund, oder bezieht er Sie in das Training mit ein? Wir halten die zweite Option für empfehlenswert, denn letztlich muss der Hund Ihnen und nicht dem Trainer gehorchen.

7. Sofern Ihr Hund ernste Verhaltensprobleme hat: Wie viel Erfahrung hat der Trainer mit diesem speziellen Problem? Manche Trainer weigern sich, sehr aggressive Hunde zu behandeln.

8. Wenn der Unterricht in der Gruppe stattfindet: Erlaubt man Ihnen, einer Stunde als Zuschauer zu folgen? Gute Trainer haben nichts gegen Zaungäste.

9. Wie viele Hunde nehmen am Unterricht teil? Je größer die Gruppe, desto weniger kann sich der Trainer mit den Schwierigkeiten Einzelner befassen. Optimal sind kleine Gruppen, in denen sich der Trainer dem Hund und seinem Besitzer zuwendet und hilft. Beim Zuschauen sollten Sie spüren, dass Hunde und Menschen Spaß am Unterricht haben.

Gute Trainer haben nichts gegen Fragen und beantworten sie freundlich und zuvorkommend. Trainer, die Sie unfreundlich behandeln, werden es mit den Hunden kaum anders machen.

Hundesitter

Es wird immer wieder vorkommen, dass Sie den Welpen eine Zeit lang allein lassen müssen. Je nach der Dauer können Sie sich für einen „Hundesitter" oder eine Hundepension entscheiden. Ein guter Hundesitter kümmert sich um Ihren Welpen, geht mit ihm Gassi, spielt mit ihm und hilft dabei, den Hund zu sozialisieren.

In einer Hundepension verbringt der Welpe unter Aufsicht der Mitarbeiter den ganzen Tag. Im freien Spiel – ohne Leine – lernt er zusammen mit anderen Hunden Sozialverhalten und Kommunikation. Einige Hundepensionen haben Freigehege für die Tiere. Selbst wenn Sie eine wirklich gute Pension gefunden haben, könnte sich der Welpe dort unwohl fühlen. Vor allem scheue oder ängstliche Welpen werden von der Zahl der anderen Hunde schier überwältigt. Einige Hunde brauchen eine längere Eingewöhnungszeit und gewöhnen sich erst nach und nach an die anderen Hunde. Beobachten Sie eine Zeit lang, wie sich der Welpe zusammen mit den anderen Hunden verhält, ehe Sie ihn für längere Zeit allein lassen.

Im Urlaub oder bei längerer Abwesenheit haben Sie drei Möglichkeiten: Sie finden eine Vertrauensperson, die mit dem Hund in Ihrem Haus wohnt; Sie geben den Hund bei Bekannten ab oder Sie greifen wieder auf die Hundepension zurück. Ein Hundesitter, der mit dem Welpen in der vertrauten Umgebung bleibt, verursacht den geringsten Stress für das Tier. Gute Hundesitter finden Sie am besten über Mundpropaganda.

Hundesitter-Checkliste

► Laden Sie den Hundesitter zu sich und dem Welpen nach Hause ein und besprechen Sie die Umstände. Stellen Sie klar, was Sie von ihm erwarten. Achten Sie darauf, wie er mit dem Welpen umgeht. Fühlt sich der Hund unwohl oder mag er den neuen Betreuer? Wenn Sie sich einig sind, geben Sie ihm einen schriftlichen Futterplan, falls nötig, medizinische Anweisungen.

► Fragen Sie nach, ob der Hundesitter versichert ist. Hundesitter, die eine Versicherung abgeschlossen haben beweisen damit, dass sie sich ihrer Verantwortung für den Hund (und das Haus) bewusst sind.

► Fragen Sie ihn nach seiner „Hundephilosophie" aus, vor allem, ob er willens ist, physischen Druck auszuüben. Das bekommen Sie beispielsweise heraus, wenn Sie fragen, was er bei einem Hund unternimmt, der dauernd an der Leine zerrt. Mit dem Abschnitt „Laufen ohne zu ziehen" (Seite 193) können Sie sich auf das Gespräch vorbereiten.

► Wenn der Welpe gerade stubenrein gemacht wird, besprechen Sie Ihre Vorgehensweise mit dem Betreuer.

Hundepension-Checkliste

▸ Besuchen Sie die Einrichtung zunächst allein, ohne den Hund. Achten Sie auf Sauberkeit und Geruch. Gummierte Fußböden sprechen dafür, dass die Einrichtung die Gefahrenquellen minimieren möchte, wenn Hunde springen oder herumlaufen.

▸ Erkundigen Sie sich nach dem Verhältnis von Hunden zu Pflegepersonal. Je mehr Angestellte sich um die Hunde kümmern, desto länger kümmern sich die Pfleger um die einzelnen Hunde. Kommen zu viele Hunde auf einen Mitarbeiter, könnten Probleme entstehen.

▸ Schauen Sie sich an, wie die Mitarbeiter mit den Hunden umgehen. Sind sie sorgfältig und mit Begeisterung bei der Arbeit?

▸ Beobachten Sie die Hunde. Fühlen sie sich wohl? Oder arten ihre Spiele aus und werden rau und heftig? Gibt es Hunde, die sich dem Trubel entziehen und sich verstecken oder in eine Ecke zurückziehen?

▸ Fragen Sie, ob es eine eigene Abteilung für die Welpen gibt, damit sie von den anderen getrennt sind und sich wieder beruhigen dürfen.

▸ Erkundigen Sie sich danach, ob es feste Vorgehensweisen gibt, wie neue Hunde in die Gruppe eingeführt werden; damit würde Ihr Welpe besser in die neue Gruppe integriert.

▸ Fragen Sie Mitarbeiter und Angestellte nach ihrer „Hundephilosophie" aus. Wie werden Probleme gelöst? Versuchen Sie herauszubekommen, ob körperliche Strafen geduldet werden. Achten Sie darauf, wie die Mitarbeiter einen Streit zwischen Hunden schlichten.

▸ Wenn der Welpe gerade stubenrein gemacht wird, besprechen Sie Ihre Vorgehensweise mit dem Leiter der Einrichtung.

Der Welpe kommt ins neue Heim

Nehmen Sie sich für die erste Eingewöhnungsphase ein paar Tage Zeit. Nur wenn Sie ständig präsent sind, wird dem Welpen der reibungslose Übergang in sein neues Zuhause problemlos gelingen. Halten Sie den Welpen mit Türschutzgittern, Laufstall und Leine an bestimmten Orten und verlieren Sie ihn möglichst nicht aus den Augen. Unter dauernder Aufsicht wird er auch schneller stubenrein.

Die Fahrt nach Hause

Holen Sie den Welpen mindestens eine Stunde nach seiner letzten Mahlzeit, noch besser vor seiner ersten Mahlzeit ab. „Leere" Welpen leiden weniger unter Reisekrankheit und entleeren sich nicht so leicht im Wagen. Welpen mit bekannt empfindlichem Magen sollten vor der Fahrt auch keine Leckerbissen bekommen.

Holen Sie den Welpen zu zweit ab: Einer fährt den Wagen, der Partner sitzt mit dem Welpen auf dem Schoß auf dem Rücksitz. Der enge Kontakt schützt den Welpen nicht nur vor den Bewegungen des Autos, sondern er fühlt sich in der Wärme eines lebenden Wesens auch viel sicherer und empfindet die Fahrt nicht als Stress. Wenn Sie allein fahren müssen, gehört der Welpe in einen Transportkäfig auf den Rücksitz. Auf keinen Fall darf der Hund frei sitzen, weil er bei jeder Bewegung des Autos umhergeschleudert wird – sehr gefährlich und viel Stress für den Welpen! Wenn Sie eine längere Strecke fahren müssen, machen Sie einmal pro Stunde Halt, damit sich der Hund erleichtern kann (außer er schläft).

Checkliste für die Fahrt nach Hause

▸ Fahren Sie den Welpen nicht mit vollem Magen nach Hause; stimmen Sie den Abholtermin mit dem Futterplan des Verkäufers ab.

▸ Kommen Sie zu zweit, dann kann der Welpe während der Fahrt auf dem Schoß sitzen.

▸ Sorgen Sie für Ruhe; laute Musik könnte den Welpen verstören.

▸ Halten Sie auf längeren Fahrten einmal pro Stunde an, damit sich der Welpe erleichtern kann; aber nicht aufwecken.

Die ersten Stunden

Lassen Sie den Welpen sofort nach der Ankunft zu Hause für zehn Minuten in den Garten, damit er sich erleichtern kann. Damit bekommt er seine erste Lektion im Sauberkeitstraining, denn viele Hunde nehmen den ersten Ort, an dem sie sich erleichtern, für später als „Toilette" an. Tatsächlich kann diese Bindung an einen Ort sehr stabil sein und lange andauern. Der Welpe sollte an der Leine bleiben (wenn er das gewöhnt ist; siehe nächster Abschnitt) oder innerhalb eines umzäunten Bereiches.

Dann darf der Welpe die Wohnung unter Ihrer Aufsicht etwa eine halbe Stunde lang erkunden. Sobald er an einem Gegenstand zu knabbern beginnt, lenken Sie ihn ab: Machen Sie ein schnalzendes Geräusch oder klatschen leise in die Hände und rufen Sie ihn zu sich. Beim ersten Anzeichen, dass er sich erleichtern möchte – am Boden schnuppern, sich drehen, einen Buckel machen – gehen Sie mit ihm wieder ins Freie. Schon in der ersten halben Stunde darf der Welpe die anderen Familienmitglieder kennenlernen. Alle sollten ruhig und freundlich mit ihm umgehen, keinesfalls enthusiastisch. Es kommt entscheidend darauf an, dass der Welpe den Kontakt mit anderen Menschen als positive Erfahrung empfindet. Ein Gedränge rund um das neue Tier, wenn jeder versucht, es als Erster zu streicheln, wäre falsch. Machen Sie weder schnelle Bewegungen noch großen Krach.

Jeder darf dem Welpen einen Leckerbissen auf der offenen Hand anbieten. Nimmt er ihn an – die meisten Welpen tun das – und nähert sich weiterhin freundlich, darf man ihm sanft über den Kopf und Rücken bis zum Schwanz streicheln. Sollte er sich jedoch sträuben oder weggehen, darf er zu nichts gezwungen werden. Jeder Welpe braucht seine eigene Zeit, um sich selbstbewusst fremden Menschen zu nähern. Wenn es am ersten Tag gar nicht klappt, lässt man ihn zunächst in Ruhe und versucht es nach einiger Zeit, oder am nächsten Tag, aufs Neue. Fühlt sich der Welpe dagegen wohl, nähert sich allen Familienmitgliedern ohne Scheu und bettelt um Aufmerksamkeit, dann bekommt er sein erstes Spielzeug.

An Halsband und Leine gewöhnen

Ohne Halsband und Leine läuft gar nichts. Dass sich viele Welpen heftig sträuben, wenn sie zum ersten Mal das Halsband spüren, hat nichts zu bedeuten. Es ist sogar ziemlich einfach, Hunde an ein Halsband zu gewöhnen. Lenken Sie ihn mit ein paar Leckerbissen ab, wenn Sie das Halsband anlegen. Sollte er immer noch versuchen, den Fremdkörper loszuwerden, sprechen Sie ihn mit freundlicher Stimme an, geben ihm einen Leckerbissen und beschäftigen ihn mit einem Spiel (mit ihm durch die Wohnung laufen, ein Spielzeug geben). Oder sie legen ihm das Halsband unmittelbar vor dem Füttern an. Diese Maßnahme schafft eine positive Assoziation zwischen Halsband und Futter.

Wenn Sie mit dem Welpen ins Freie gehen, wird ihm zum ersten Mal eine Leine angelegt. Sollte er sich sträuben, reden Sie freundlich mit ihm, werfen Leckerbissen vor ihn hin und regen ihn an, ihnen zu folgen. Schon bald wird der Welpe Halsband und Leine mit einer positiven Erfahrung verbinden: Es geht raus, es folgt ein Spiel, es gibt etwas Leckeres usw. – er wird die Leine lieben. Bis dahin lenken Sie ihn jedes Mal mit etwas Angenehmem ab, wenn er versucht, Halsband oder Leine loszuwerden.

Die Kinder lernen den Welpen kennen

Kinder lieben Hunde und Hunde lieben Kinder; es kann allerdings etwas dauern. Wenn ein Welpe einen Erwachsenen anspringt oder anknabbert, mag der das vielleicht lästig finden, für ein kleines Kind sind das ernst zu nehmende Gefahren. Ein zehn Kilogramm schwerer Junghund kann ein zweijähriges Kind locker umwerfen. Ein Biss in die Ferse eines Erwachsenen trifft ein krabbelndes Baby im Gesicht.

Gewöhnen Sie den Welpen immer nur an ein Kind zur Zeit. Er bleibt dabei stets an der Leine oder wird von einem Erwachsenen gehalten.

Kinder und Hunde
Lassen Sie Kleinkinder niemals mit dem Welpen allein. Beide könnten verletzt werden. Behalten Sie Kind und Hund stets im Auge oder trennen Sie die beiden durch ein Türschutz- oder Laufstallgitter.

Machen Sie Ihren Kindern klar, den Hund wie einen Freund und nicht wie ein Spielzeug zu behandeln. Man darf an Hunden weder herumzerren, noch sie schlagen oder wie ein Pferd reiten. Auch alle Körperkontakte (Streicheln, Tätscheln) sollten immer sanft sein. Gegen hochspringende Welpen gibt es ein gutes Mittel: Man kreuzt die Arme über der Brust und dreht sich weg. Erst wenn der Welpe seine Vorderbeine wieder auf den Boden stellt, wendet man sich ihm zu und belohnt ihn – diesen Trick sollten auch die Kinder kennen und benutzen. Wenn alles nichts hilft, zieht man den Welpen vorsichtig an der Leine zurück.

Hinweis: Jeder Welpe möchte Aufmerksamkeit und will spielen. Er muss lernen, dass er durch das Anspringen keine Aufmerksamkeit bekommt, sondern sie verliert. Stößt ein Kind den springenden Hund zur Seite, empfängt er die falsche Botschaft: Springen und Schupsen ist für Welpen ein tolles Spiel!

Kinder, die älter sind als fünf Jahre, dürfen sich ruhig an der Erziehung des Hundes beteiligen. Einfache Kommandos, wie „Sitz", „Platz", „Bleib" oder „Geh ins Körbchen" kann auch ein Kind vermitteln. Sieben Jahre oder ältere Kinder dürfen die Fütterung übernehmen. Allerdings sollten Sie Kinder jeden Alters bei der Fütterung beaufsichtigen. Wenn Kinder den Futternapf auf den Boden stellen, kommt ihr Gesicht dem Hundemaul sehr nahe. Ein Welpe könnte vor lauter Vorfreude auf das Futter zu früh zuschnappen und das Kind verletzen.

Beachten Sie zum Schutz von Kind und Hund dabei immer folgende Regeln:

1. Leinen Sie den Welpen an ein Möbelstück an (oder ein Erwachsener hält die Leine).
2. Das Kind gibt die Kommandos „Sitz" und „Bleib".

3. Dann stellt das Kind den Napf auf den Boden und schiebt ihn mit dem Fuß zu dem Hund.

4. Erst wenn das Kind „Okay" sagt, wird die Leine gelockert (siehe hierzu auch die Vorschläge in den Abschnitten über Sozialisation, Seite 95).

Regeln für Kinder

▸ Sei freundlich und ruhig. Zieh den Welpen weder am Schwanz noch an den Ohren; ärgere ihn nicht.

▸ Jage ihn nicht umher.

▸ Hebe ihn nicht hoch.

▸ Lass den Welpen schlafen, wecke ihn nicht auf.

▸ Störe ihn nicht, wenn er frisst.

▸ Spiele und übe mit ihm, benutze sanfte, positive Methoden.

Die anderen Familienhunde lernen den Welpen kennen

Um den oder die Familienhunde an den „Neuen" zu gewöhnen, brauchen Sie einen Helfer. Er bringt den älteren Hund an der Leine zu einem Treffpunkt außerhalb der Wohnung. Welpen unter vier Monaten sollten den älteren Hund vor dem Haus oder im Garten treffen. Ist der Welpe schon etwas älter, können sich die beiden auch in einem Park oder im Garten eines Bekannten treffen. Beide Hunde bleiben locker angeleint und dürfen sich beschnuppern und begrüßen. Dann gehen Sie mit beiden zusammen spazieren. Gehen Sie so vor: Der Helfer führt den Welpen an der Leine, Sie den älteren Hund. Wenn Ihr Helfer den Welpen streichelt und mit ihm spielt, machen Sie dasselbe mit dem älteren Hund. Halten Sie die Leine fest, denn der ältere Hund könnte noch seine Abneigung zeigen. Wenn alles glatt geht und sich der Ältere zum Spielen wendet, lassen Sie die Leinen los und geben die beiden frei – allerdings nur innerhalb eines eingezäunten Bereiches.

Aggression im Spiel

Ein gut sozialisierter, älterer Hund geht normalerweise tolerant und geduldig mit einem spielenden Welpen um – solange sich der Welpe an die „Spielregeln" hält. Sollte der Welpe allerdings zu fest beißen und gar keine Ruhe geben, wird der ältere Hund knurren oder umfaßt dessen Fang mit seiner Schnauze, um den Kleinen zu warnen. Noch besteht kein Grund zur Sorge, denn damit zeigt er dem Welpen nur die Grenzen sicheren Spiels auf. Nur wenn der Ältere offensichtlich keine Toleranz zeigt, werden die beiden getrennt. Dann sollte sich ein Hundetrainer das Verhalten ansehen.

Nach zehn bis 15 Minuten freiem Spiel werden die beiden getrennt. Geben Sie beiden einen Futternapf. Sie bleiben durch ein Gitter getrennt, können sich aber gegenseitig sehen. So verbindet der ältere Hund das Spazierengehen, Spielen und den Kontakt mit dem Welpen mit positiver Erfahrung. Halten Sie die beiden am Anfang noch sicher getrennt. Im Verlauf der nächsten Monate dürfen sich die beiden nach und nach näherkommen – entfernen Sie beispielsweise das Trenngitter bei der Fütterung – doch immer unter Ihrer Aufsicht.

Der Welpe lernt, allein zu sein

Nachdem der Welpe einige Stunden lang die neugierigen Familienmitglieder kennengelernt hat, dürfte er müde sein. Jetzt muss er lernen, allein zu bleiben und dass Alleinsein Ruhe und Sicherheit bedeutet. Lassen Sie den Welpen für kürzere oder längere Perioden allein (in einem anderen Zimmer, ohne Sie allein im Haus). Dieses Training ist sehr wichtig, denn niemand kann dem Welpen als ständiger Spielgefährte zur Seite stehen. Außerdem beugt das frühe Training eventuellen Trennungsängsten vor. Spielen Sie vor der ersten Trennung mit ihm und gehen Sie mit ihm Gassi. Nun probieren Sie es zunächst mit ein oder zwei Stunden – das Wochenende ist ideal. Wenn der Welpe an einen Laufstall gewöhnt ist, kommt er während dieser Zeit in eine Box oder in ein kleines Zimmer mit

Türschutzgitter. Lassen Sie beruhigende Musik laufen und ignorieren Sie sein Winseln. Die meisten Welpen beruhigen sich innerhalb von 20 Minuten und schlafen ein. Welpen zwischen acht und zwölf Wochen dürfen tagsüber bis zu einer Stunde alleine bleiben. Danach gehen Sie mit ihnen Gassi. Ältere Welpen dürfen ruhig länger allein bleiben. Näheres im Abschnitt über die Sauberkeitserziehung (Seite 68). Auch wenn es Ihnen noch so schwer fällt: Lassen Sie den Welpen bereits am ersten Tag in seinem neuen Heim für eine gewisse Zeit allein. Sonst müsste sich der Welpe nach der Eingewöhnungszeit, wenn Sie wieder arbeiten gehen, an eine völlig andere tägliche Routine gewöhnen. Er muss von Anfang an lernen, dass Sie auf jeden Fall zurückkommen und eine Trennung auf Zeit völlig normal ist.

Wann darf ein Welpe frei im Haus herumlaufen?

Der Welpe sollte sich während Ihrer Abwesenheit frei im Haus bewegen dürfen – Ausnahmen bestätigen die Regel. Natürlich ist das erst möglich, wenn der Welpe stubenrein ist und in Ihrer Abwesenheit keine Gegenstände mehr annagt. Lassen Sie ihn zunächst in einem Raum frei herumlaufen. Normalerweise sind Welpen mit neun bis zwölf Monaten soweit.

Tipps für das Alleinsein

Bleiben Sie ruhig. Hunde ahnen bestimmte Dinge voraus. Bleiben Sie völlig ruhig, wenn Sie den Welpen in seinen abgeschlossenen Raum setzen; auch wenn Sie die Wohnung verlassen oder zurückkommen. Sobald Sie beim Kommen und Gehen hektisch werden, spürt der Welpe Ihre Stimmung und reagiert unruhig. Um diesen Teufelskreis zu durchbrechen, müssen Sie äußerlich stets völlig ruhig bleiben. Sagen Sie gar nichts oder höchstens ein kurzes „Tschüss", wenn Sie gehen. Ignorieren Sie ihn bei der Rückkehr, bis er sich beruhigt hat (warten Sie etwa 90 Sekunden). Dann belohnen Sie ihn mit Streicheln und Zuwendung und lassen ihn heraus. Nach und nach lernt der Welpe, dass er mit Zuwendung rechnen darf, solange er ruhig bleibt.

Bewegung. Ein müder Welpe hat weniger Energie, um sich zu beschweren. Spielen Sie 10–20 Minuten mit ihm, ehe er in seinen abgeschlossenen Raum kommt.

Kauspielzeuge. Viele Welpen verarbeiten Stress, indem sie an Gegenständen kauen. Ein mit Leckerbissen gefüllter Kong oder andere Kauspielzeuge lenken ihn ab.

Lassen Sie Musik laufen. Viele Welpen entspannen sich leichter bei leiser Musik. Außerdem kann die Musik den Tagesablauf strukturieren. Hören Sie gemeinsam Musik, dann assoziiert der Welpe die Musik mit Ihrer Gegenwart. Wenn Sie das Haus verlassen, beruhigt ihn die Musik.

Vertrauter Duft. Legen Sie dem Welpen ein T-Shirt oder ein anderes, weiches Kleidungsstück mit Ihrem Geruch in den abgeschlossenen Raum.

Stubenreinheit. Wenn Sie längere Zeit außer Haus sind, braucht Ihr Welpe einen Ort, an dem er sich erleichtern kann, der genügend weit vom Schlafplatz entfernt ist. Daher dürfen Welpen nicht für längere Zeit in einer Box eingesperrt bleiben. Stellen Sie die Box am besten in ein größeres Gehege oder in einen Raum mit Türschutzgitter.

Boxen-Training

Jeder Welpe muss sich daran gewöhnen, seine Hundebox als „sicheren Ort" zu empfinden. Darin kann er sich ausruhen, schlafen oder mit einem Kauspielzeug beschäftigen. Vor allem während des Sauberkeitstrainings ist der sichere Ort ein wichtiges Hilfsmittel. Selbst wenn Sie gar nicht vorhaben, den Hund für längere Zeit einzusperren, sollten Sie die Box in die Ausbildung einbeziehen, denn der Welpe kann sich bei Schwierigkeiten an seinen sicheren Ort zurückziehen. Außerdem ist das Boxen-Training eine gute Vorbereitung für Fahrten zum Tierarzt, Hundesalon oder in die Hundepension. Einige Züchter gewöhnen die Welpen daher schon früh an eine Box. Wenn Ihr Welpe seine Box gerne aufsucht und sich darin wohlfühlt, können Sie sich den Rest des Kapitels sparen. Allerdings nochmals eine Warnung: Lassen Sie den Welpen nicht für längere Zeit allein. Acht bis zehn Wochen alte Welpen dürfen maximal eine bis zwei Stunden, zehn Wochen und ältere Welpen bis zu vier Stunden in die Box. Gewöhnen Sie den Welpen sehr langsam an die Box, indem Sie die Dauer seines Aufenthaltes über einen längeren Zeitraum schrittweise verlängern. Auf diese Weise empfindet er die Box nicht als Gefängnis und geht ohne Stress hinein. Wenn Ihr Welpe bellt, sabbert, nervös hin und her läuft oder an den Gitterstäben nagt, fühlt er sich unwohl. Dann müssen Sie wieder mit viel kürzerem Aufenthalt neu beginnen – bis er sich wieder wohl und sicher fühlt. Bis ein Welpe seine Box endgültig akzeptiert, können fünf Minuten, fünf Tage, aber auch fünf Monate vergehen. Setzen Sie ihn nicht unter Druck; der Welpe bestimmt das Tempo des Trainings. Den größten Lernerfolg erzielen Sie, wenn die Verweildauer in 5- bis 10-Minuten-Schritten verlängert wird. Schieben Sie zwischen den Aufenthalten in der Box jeweils mindestens eine halbstündige Spielphase ein.

Tipps fürs Boxen-Training

▸ Verstecken Sie ab und zu ein paar Leckerbissen in der Box (wenn der Hund gerade nicht hinsieht). Er wird rasch lernen, dass es sich lohnt, regelmäßig in seiner Box nachzuschauen.

▸ Füttern Sie den Welpen in der Box. Wenn er ohne zu zögern zu seinem Napf in der Box läuft, schließen Sie ihn ein, solange er frisst.

▸ Geht der Welpe zufällig freiwillig in die Box, loben Sie ihn und geben ihm einen Leckerbissen, den er besonders gerne mag (siehe Magnetspiel, Seite 151).

▸ Achtung: Sobald der Welpe die Gitterstäbe seines Käfigs annagt, die Tür zu öffnen versucht oder länger als 20 Minuten winselt, darf er nicht eingesperrt werden! Manche Hunde empfinden das Eingesperrtsein als Stress. Vermutlich rührt diese Furcht von einer tief sitzenden Trennungsangst her, die nur durch einen erfahrenen Hundetrainer behoben werden kann. Wird ein Welpe mit Trennungsängsten eingesperrt, kann er schwere psychische Schäden davontragen.

So lernt der Welpe, in die Box zu gehen

Nachdem sich der Welpe an den Käfig gewöhnt hat und sich darin wohlfühlt, lernt er, „auf Stichwort" hineinzugehen. Diese Übungen laufen so ähnlich ab, wie das Einüben von „Gehe zu..." (Seite 204); es gibt allerdings einige feine Unterschiede. Da die Box ein abgeschlossener Raum ist, müssen Sie sensibel vorgehen: Wie kommt der Welpe mit der Enge zurecht und wie reagiert er auf die geschlossene Tür?

Schritt eins. Stellen Sie das Hundebett in die Box oder legen Sie seine Decke hinein – die Tür bleibt weit offen. Nehmen Sie die Ausgangsstellung ein: Hände geschlossen vor der Brust. Nun werfen Sie mit einer Hand einen Leckerbissen in die Box, den er besonders gerne mag (beispielsweise ein Stückchen Putenbrust). Wenn der Welpe in die Box läuft, um sich den Bissen zu schnappen, loben Sie ihn ausgiebig. Er darf so lange in der Box bleiben, wie er mag; die Tür bleibt offen. Wiederholen Sie die Übung fünf- bis zehnmal.

Wenn der Welpe zögert oder sich nicht in den Käfig traut, hilft die Hänsel-und-Gretel-Taktik: Legen Sie eine Spur aus Leckerbissen bis zur Tür des Käfigs. Loben Sie ihn bei jedem Schritt, den er in Richtung Käfig macht. Sollte er sich nur bis zur Tür trauen und dann zurückgehen, ist das völlig in Ordnung – legen Sie eine neue Spur aus. Solange Sie ihn nicht zu etwas zwingen, wird er nach und nach mehr Zutrauen gewinnen und sich der Tür immer mehr nähern. Erst wenn er ohne zu zögern bis zum Eingang läuft, verlängern Sie die Leckerbissen-Spur bis in den Käfig hinein. Lassen Sie den Welpen so lange darin, wie er möchte.

Schritt zwei. Nun muss der Welpe lernen, die Box mit einem Stichwort zu verbinden. Unmittelbar bevor Sie den Leckerbissen hineinwerfen, sagen Sie: „Geh in die Box", „Geh in dein Haus" oder irgendetwas in der Art. Wie das Kommando lautet, spielt keine Rolle, es muss nur immer dasselbe sein. Wenn Sie das fünf oder sechs Mal wiederholt haben und der Welpe jedes Mal dem Leckerbissen in die Box gefolgt ist, folgt die nächste Stufe. Sie geben das Kommando, *ohne* etwas in die Box zu werfen. Sollte der Hund auch jetzt bereitwillig hineingehen, überschütten Sie ihn mit Lob und geben ihm den Jackpot (ein paar seiner absoluten Lieblingsleckerbissen), solange er noch in der Box ist. Auch diese Übung wird fünf- bis zehnmal wiederholt; jedes Mal gibt es eine Belohnung. Wenn der Welpe nicht 45 Sekunden nach dem Kommando in die Box geht, beginnen Sie eine Stufe weiter zurück: Kommando – Leckerbissen werfen; etwa fünfmal wiederholen. Dann eine Stufe nach vorn: Kommando – keinen Leckerbissen werfen. Es ist kein Beinbruch, wenn der Welpe die Lektion nicht gleich beim ersten Mal versteht. Tipp: Manchmal hilft es, wenn Sie das Kommando geben und gleichzeitig auf die Box blicken. Vielleicht folgt der Welpe Ihrem Blick und erkennt, was Sie meinen. Geht er freiwillig auf die Box zu, loben Sie ihn; er bekommt aber keine Belohnung.

Schritt drei. Sagen Sie „Geh in die Box" und verschließen Sie die Tür, wenn er drin ist; loben Sie ihn und geben Sie ihm einen Leckerbissen, den er besonders schätzt. Dann wird die Tür sofort geöffnet und er darf wieder raus. Fünf- bis zehnmal wiederholen. So lernt der Welpe, eine positive Erfahrung mit der verschlossenen Tür zu verbinden. Wenn Sie merken, dass er ohne Stress reagiert, bleibt die Tür zwei Sekunden geschlossen, danach darf er wieder raus. Bringen Sie ihm diesen Schritt nur in sehr kurzen, positiven Lektionen bei.

Tipp: Bereiten Sie vor der Lektion einen Kong vor (siehe Seite 42). Geben Sie das Kommando und wenn er gehorcht, legen Sie ihm den Kong in die Box. Schließen Sie die Tür 30-60 Sekunden lang – so lange dürfte er beschäftigt sein. Dann lassen Sie den Welpen heraus und nehmen ihm den Kong wieder weg. Wiederholen Sie die Lektion geraume Zeit später. Diesmal schließen Sie die Tür der Box und entfernen sich für etwa eine Minute. Achten Sie darauf, wie lange sich der Welpe ruhig mit dem Kong beschäftigt. Sobald er nervös wird, lassen Sie ihn heraus und merken Sie sich die Zeit. Beim nächsten Versuch bleiben Sie etwas kürzer weg. Der Welpe muss lernen, sich in der Box sicher und wohl zu fühlen; er gibt die Dauer seines Aufenthaltes vor, nicht Sie.

Wenn bis dahin alles glatt gegangen ist, bleibt er sukzessive länger mit seinem gut gefüllten Kong in der Box (bis zu zwei Minuten).

Nehmen Sie ihm jedes Mal den Kong weg, wenn er die Box verlässt. So lernt der Welpe, den Kong mit seinem Aufenthalt in der Box zu verbinden.

Stubenreinheit

Jeder Welpe kann ganz ohne Bestrafung stubenrein werden. Die meisten sind – richtiges Training vorausgesetzt – im Alter von etwa sieben Monaten stubenrein. Bis dahin müssen Sie mit „Unfällen" in Form kleiner Häufchen oder Pfützen rechnen. Die hier vorgestellte Methode kann jedoch die Zahl der Unfälle und die anschließende Reinigung merklich reduzieren. Bleiben Sie geduldig, gehen Sie mitfühlend und konsequent vor. Solange Sie sich an die Anweisungen halten, dürfte Ihr Welpe schneller stubenrein sein, als sie glaubten.

Hinweis: Achten Sie auf verräterische Signale. Wenn ein Welpe jappst, sich im Kreis dreht, den Boden beschnuppert oder Sie ansieht – sei es auch nur kurz – steht er oft kurz davor, sich zu erleichtern. Selbst wenn er sich vielleicht sogar zurückhalten möchte, seine Schließmuskeln machen noch nicht mit.

Regelmäßigkeit

Stellen Sie einen Welpen-Stundenplan auf: Füttern und Gassi gehen sollten immer zur selben Zeit stattfinden. Je regelmäßiger Verdauung und Ausscheidung erfolgen, desto einfacher wird das Sauberkeitstraining. Sobald sich der Welpe daran gewöhnt hat, zu einer ganz bestimmten Zeit Gassi zu gehen, wird er diesen Zeitpunkt abwarten. Für den Anfang sollten Sie achtmal mit ihm Gassi gehen:

1. Gleich nach dem Aufwachen
2. 20 Minuten nach der Fütterung
3. Nach dem Spielen am Vormittag
4. Nachdem er eingesperrt war (Schlafen)
5. 20 Minuten nach der Fütterung
6. Nach dem Spielen oder Ausruhen am Nachmittag
7. 20 Minuten nach der Fütterung
8. Unmittelbar vor dem Einschlafen

Jeder Welpe reagiert etwas anders. Verstehen Sie diesen Plan als Vorschlag und passen ihn individuell an. Manche Welpen müssen sich beispielsweise erst 40 Minuten nach dem Fressen erleichtern. Wenn Sie die Wartezeit zu kurz wählen, müssen Sie die Folgen der falschen Zeitplanung eben vom Boden aufwischen. Nur eine Veränderung des Zeitplans löst das Problem. Hat sich der Zeitplan erst eingespielt, wird er strikt eingehalten, auch am Wochenende. Wenn Ihr Hund langsam erwachsen wird, dürfen Sie den Zeitplan flexibler gestalten, doch in der Anfangsphase kommt es auf extreme Genauigkeit an.

Tipps zur Stubenreinheit

▸ Bevor Sie mit dem Welpen im öffentlichen Grün Gassi gehen, sollten Sie sich bei Ihrer Stadtverwaltung erkundigen. Vielerorts muss Hundekot vom Besitzer eingesammelt werden.

▸ Entfernen Sie den Wassernapf ein bis zwei Stunden vor dem Schlafengehen; das reduziert die Gefahr nächtlicher Blasenentleerung.

▸ Gehen Sie nicht zu häufig Gassi. Sonst erleichtert sich der Welpe nach Belieben und gewöhnt sich nicht an feste Zeiten.

Der richtige Platz

Beim Sauberkeitstraining lernt der Welpe, sich regelmäßig am selben Ort (sein stilles „Örtchen") zu erleichtern – natürlich im Freien. Hunde suchen regelmäßig bestimmte Orte auf, an denen sie koten und urinieren. Wenn es Ihnen gelingt, einen Welpen an einen bestimmten Platz zu binden, wird er immer wieder dorthin zurückkehren. Das Training baut also auf einer natürlichen Verhaltensweise auf.

Gehen Sie mit dem angeleinten Welpen an die ausgewählte Stelle und bleiben Sie stehen. Wenn der Welpe sich dort gleich beim ersten Mal erleichtert, haben Sie gewonnen. Sparen Sie weder mit Lob noch mit köstlichen Leckerbissen, wenn der Hund fertig ist. Ihr Welpe soll sich daran erinnern, dass es sich für ihn lohnt, sich an diesem Ort zu erleichtern. Gehen Sie zur Belohnung noch etwas mit dem Welpen spazieren oder spielen mit ihm im Garten.

Hinweis: Wenn Sie Gassi gehen, dann immer sofort zu dem „bewussten" Ort, Machen Sie keine Spaziergänge und spielen Sie nicht. Der Welpe muss lernen, dass es beim Gassi gehen nur um die Erleichterung geht. Sollte er auch nach fünf Minuten noch keine Anstalten machen, gehen Sie zurück in die Wohnung. Versuchen Sie es 20 Minuten später erneut. Und was sollen Sie in dieser Zeit tun? Um den neuen Teppich fürchten? Das bringt uns zu Element drei ...

Überwachung in der Wohnung

Während der Sauberkeitserziehung bleibt der Welpe niemals unbeaufsichtigt in der Wohnung; er wird in der Box, einem Laufstall oder einem Raum mit Türschutzgittern eingeschlossen oder mit der Leine fest an ein Möbelstück gebunden (siehe „Festbinden", Seite 74) – andernfalls wird er nicht stubenrein. Wenn Sie in einen anderen Raum gehen, muss der Welpe Ihnen folgen. Immer. In dieser Phase kann es sich lohnen, in jedem Raum eine Leine zu fixieren; dann müssen Sie nur jeweils das Halsband neu anclicken. Sie könnten ihn auch mit der Leine an Ihren Gürtel binden. Dann ist er gezwungen, Ihnen auf Schritt und Tritt zu folgen.

Dank dieser strikten Überwachung behalten Sie den Welpen immer im Auge. Nur so können Sie ihn beim ersten Anzeichen zum Erleichtern nach draußen bringen, oder ihn dabei sogar unterbrechen. Das Unterbrechen ist wörtlich gemeint: Sie greifen sofort ein, wenn er sich dreht, den Boden beschnüffelt oder sich an eine Wand stellt. Sagen Sie „Nein, nein, nein, nein" und gehen Sie mit ihm nach draußen. Wenn er draußen weitermacht, wird er sofort belohnt. Sollte auch nach fünf Minuten nichts passieren, gehen Sie entspannt wieder ins Haus, machen gegebenenfalls sauber, beobachten ihn weiter und versuchen es erneut. Mit Druck erreichen Sie gar nichts.

Hunde leben im Augenblick; sie assoziieren nur Dinge, die direkt aufeinanderfolgen. Wenn er sich im Zimmer vollständig erleichtert hat, ist es zu spät, ihm etwas über Sauberkeit beizubringen. Es kommt darauf an, ihm sofort ein Feedback zu geben – mitten im Erleichtern.

Hinweis: Einen Welpen zu schlagen, der sich am falschen Ort erleichtert, seine Nase darin zu reiben oder ihn anzuschreien nützt nichts. Er gerät unter Stress und Sie erreichen genau das Gegenteil. Jede Art von Bestrafung, *nachdem* etwas passiert ist, verpufft nutzlos. Erfolg verspricht nur Konsequenz: Sofortige Unterbrechung im Zimmer und Belohnung jedes Erfolges im Freien. Viele Hundebesitzer machen den Fehler, den Hund für längere Zeit unbeaufsichtigt draußen anzubinden und abzuwarten. Selbst wenn sich der Welpe dann erleichtert, ist niemand da, der ihn sofort für „erwünschtes" Verhalten belohnt.

Natürlich kommt es immer wieder vor, dass Sie das Haus verlassen müssen und der Welpe unbeaufsichtigt in seinem Käfig zurückbleibt. Ein drei Monate alter Welpe kann sich bis zu vier Stunden zurückhalten, aber natürlich ist jeder Hund anders. Wenn er es gar nicht mehr aushält, wird sich jeder Welpe erleichtern, gleichgültig wann und wo. Das bedeutet aber auch, dass er unter Umständen seine Box als „Örtchen" benutzen muss – damit fällt die Box als „sicherer Ort" aus. Nochmals: Versuchen Sie stets, Blase und Darm des Welpen nicht überzustrapazieren!

Papiertraining

Wenn Ihr Tagesablauf keinen regelmäßigen Gassi-Plan zulässt oder Sie die Wohnung regelmäßig für längere Zeit verlassen müssen, bietet sich eine andere Möglichkeit an. Legen Sie für den Welpen in seinem abgeschlossenen Zimmer oder in einem Gehege einen „künstlichen" Platz an (ausgelegt mit reichlich Zeitungspapier). Es macht nichts, wenn sich der Welpe an diesen Platz gewöhnt – später verlagern Sie den Platz nach draußen. Wenn Sie Zeit für einen Spaziergang haben, nehmen Sie eine Zeitung mit, breiten sie direkt vor der Tür aus und setzen den Welpen darauf. Halten Sie ihn an der Leine auf der Zeitung fest. Wenn er sich binnen fünf Minuten erleichtert, gibt es wieder Lob, eine Belohnung und ein Spielchen im Freien. Wenn nicht, gehen Sie mit ihm zurück in den abgeschlossenen Raum und versuchen es 20 Minuten später erneut. Wenn er gelernt hat, sich draußen auf dem Papier zu erleichtern, breiten Sie die Zeitung bei jedem Spaziergang ein Stückchen

weiter weg von der Tür aus – bis der Welpe sich an Ihrem Wunsch-
ziel erleichtert. In der Zwischenzeit legen Sie weiterhin die Zeitung in den abgeschlossenen Raum – immer näher zur Tür. Damit wird der Welpe
veranlasst, bei einem drängenden Gefühl in Richtung Tür zu laufen. Sobald er sich endgültig an sein Örtchen im Freien gewöhnt
hat, können Sie die Zeitung im Zimmer weglassen. Da der Auslöser für das Verhalten – die Zeitung – fehlt, wird sich der Welpe nur
noch im Freien erleichtern. Allerdings haben Blase und Darm eines Welpen nur eine bestimmte Kapazität; auch ein fast stubenreiner Welpe muss regelmäßig nach draußen.

Im letzten Schritt verzichten Sie völlig auf die Zeitung. Gehen Sie
mit ihm zum Örtchen, lassen Sie ihn sitzen und warten Sie ab.
Wenn er sich auch ohne Zeitung (Auslöser) erleichtert, wird er mit
Zuwendung, Leckereien und Spiel belohnt. Wenn nicht, gehen Sie
zurück in die Wohnung und versuchen es 20 Minuten später noch
einmal. Wiederholen Sie die Prozedur, bis alles klappt. Das Papier-
training dauert länger, ist aber eine gute Alternative für Hundebesitzer, die es sich zeitlich nicht leisten können, achtmal pro Tag mit
dem Welpen Gassi zu gehen.

Die erste Nacht

Die erste Nacht im neuen Heim fällt fast allen Welpen schwer. Sie
spüren weder das warme Fell noch den Herzschlag von Mutter und
Geschwistern. Welpen sind soziale Tiere und fühlen sich in der
Familie am wohlsten. Die Familie bedeutet Sicherheit. Um ihm
den Übergang leichter zu machen, darf der Welpe neben dem Bett
schlafen. Breiten Sie eine weiche Decke im Laufstall aus. Manche
Hundebesitzer nehmen den Welpen mit ins Bett, doch das könnte
bis zum Alter von sechs Monaten feuchte Probleme geben. Außerdem besteht das Risiko, den Welpen zu quetschen oder ihn aus
dem Bett stoßen. Dabei kann er sich verletzen und durch den
Schock sogar hypersensibel werden. Ein stubenreiner Welpe ab
etwa sechs Monate darf dann durchaus im Bett schlafen (siehe
„Schlaf", Seite 133).

Nach 20 Uhr erhält der Welpe nichts mehr zu fressen oder zu trinken. Spielen Sie etwa eine halbe Stunde vor der Schlafenszeit mit ihm, damit er schneller müde wird. Anschließend geht es nochmals kurz zum Gassi hinaus und dann kommt der Welpe in die Box. Schließen Sie die Tür. Die meisten Welpen schlafen nach 20 Minuten ein; manche werden durch eine tickende Uhr außerhalb der Box ruhiger. Lassen Sie sich nicht erweichen, selbst wenn der Welpe winseln sollte; er hört nach etwa 20 Minuten auf. Ab der dritten oder vierten Nacht sollte er binnen weniger Minuten einschlafen.

Stellen Sie den Wecker auf vier Stunden; dann gehen Sie mit dem Welpen Gassi, damit er sich auf keinen Fall in der Box erleichtert. Anschließend kommt er wieder in seine Box – nicht auf das Winseln reagieren. Nach einigen Nächten wird die Schlafzeit in 15-Minuten-Schritten verlängert. Durch die zunehmend längeren Schlafzeiten lernt der Welpe, seine Blase zu kontrollieren. Etwa bis zum Alter von vier bis fünf Monaten wird die Schlafenszeit ausgedehnt, bis er die ganze Nacht durchschläft. Sollte er sich in der Zwischenzeit dennoch wieder unkontrolliert erleichtern, verkürzen Sie die Schlafzeiten und gehen etwas langsamer voran.

Sperren Sie den Welpen niemals ein, wenn er erregt ist. Wenn er auch nach 20 Minuten noch winselt, kläfft, mit den Pfoten am Gitter kratzt oder keine Ruhe findet, sollten Sie einen professionellen Hundetrainer aufsuchen. In der Zwischenzeit kommt der Welpe ins Bad oder hinter ein Türschutzgitter in die Küche. Noch besser wäre ein offenes Gehege im Schlafzimmer, denn häufig beruhigen sich Welpen, wenn sie mehr Platz haben.

Die ersten Tage

In den ersten Tagen im neuen Heim gewöhnt sich der Welpe an seine neue Familie – er wird sozialisiert (mehr darüber ab Seite 95). Er lernt seine Box kennen und beginnt mit dem Sauberkeitstraining. Wenn Sie das „Alleinsein" üben, stellt er sich langsam auf die regelmäßigen Tagesabläufe ein. Als Nächstes werden wir uns mit dem Anbinden beschäftigen.

Anbinden

Damit meinen wir, dass der Hund über eine Leine (alle Arten von bissfesten Hundeleinen) an einen Gegenstand gebunden wird. Das Anbinden ist ein gutes, vorbeugendes Mittel, um dem Welpen Schwierigkeiten zu ersparen. Er kann weder herumspringen noch aus der Tür rennen oder verbotene Gegenstände anknabbern. Auch beim Sauberkeitstraining ist Anbinden notwendig; der Welpe kann nicht unbemerkt verschwinden und sich irgendwo im Haus erleichtern. Wenn Sie die Leine an Ihrem Gürtel anclicken, kann sich der Welpe nicht unbemerkt entfernen. Der verstorbene Hundetrainer Job Michael Evans hat dafür den Begriff „Nabelschnur" geprägt – eine treffende Umschreibung.

Sie können die Leine auch in einem Haken in der Fußleiste oder am Fuß eines Möbelstücks befestigen.

Um den Welpen an einer Tür festzubinden, gibt es zwei Möglichkeiten: Klemmen Sie das Ende der Leine unter der Tür fest oder öffnen Sie die Tür und hängen das Ende der Leine an den Türgriff. Dann wird die Leine unter der Tür durchgezogen und die Tür wieder verschlossen. Da die Leine in beiden Fällen flach auf dem Boden liegt, kann sich der Welpe weder darin verwickeln noch sich selbst würgen.

Wenn Sie beim Spaziergang mit dem Welpen einen Bekannten treffen und mit ihm reden möchten, stellen Sie sich auf das Ende der Leine. Die Leine sollte etwas Spiel haben. Ist sie zu lang, könnte der Welpe weglaufen und sich würgen. Ist sie zu kurz, zieht sie seinen Kopf nach unten und er fühlt sich unwohl. Da der Welpe in Ihrer Nähe ist, können Sie ihn sofort loben und belohnen, wenn er sich setzt oder hinlegt. Mit dieser Methode lernt er ganz nebenbei, sich bei jedem Stopp zu setzen oder hinzulegen.

Der Tagesablauf in den ersten Wochen

Die nun folgende Tabelle soll Ihnen eine Vorstellung vermitteln, wie der typische Tagesablauf eines Welpen aussehen könnte. Benutzen Sie die Angaben als Gedächtnisstütze. Die Tabelle enthält

Vorschläge für den Tagesablauf des Welpen

8-10 Uhr	Gassi gehen nach dem Aufstehen Füttern Gassi gehen (nach dem Fressen, Ruhen oder Spiel) Spielen, Training, Bewegung Übungen zur Sozialisation (siehe S. 95) Überwachte Freizeit für Erkundungen Ruhen und allein sein
10-12 Uhr	Gassi gehen (nach dem Fressen, Ruhen oder Spiel) Übungen zur Sozialisation (siehe S. 95) Spielen, Training, Bewegung Überwachte Freizeit für Erkundungen Eine Zeit lang anbinden, beispielsweise während Sie arbeiten Ruhen und allein sein
12-14 Uhr	Gassi gehen (nach dem Fressen, Ruhen oder Spiel) Spielen, Training, Bewegung Überwachte Freizeit für Erkundungen Füttern Übungen zur Sozialisation (siehe S. 95) Eine Zeitlang anbinden, beispielsweise während Sie essen
14-16 Uhr	Ruhen und allein sein
16-19 Uhr	Gassi gehen (nach dem Fressen, Ruhen oder Spiel) Füttern Spielen, Training, Bewegung Übungen zur Sozialisation (siehe S. 95) Überwachte Freizeit für Erkundungen Ruhen und allein sein
19-20 Uhr	Gassi gehen (nach dem Fressen, Ruhen oder Spiel) Spielen, Training, Bewegung Übungen zur Sozialisation (siehe S. 95) Eine Zeit lang anbinden, beispielsweise während Sie fernsehen Ruhen und allein sein
20-8 Uhr	Falls nötig, auch nachts Gassi gehen

nicht nur die wichtigsten Hinweise zum Boxen- und Sauberkeitstraining, sie bezieht auch bereits Details mit ein, die in den nächsten Kapiteln ausführlich behandelt werden.

Dieser Tagesablauf ist selbstverständlich nur ein Vorschlag; er muss individuell auf die Bedürfnisse jedes Welpen abgestimmt werden. Wenn Sie den ganzen Tag arbeiten gehen, sollten Sie versuchen, die einzelnen Punkte so gut wie möglich in Ihre Termine einzubauen (siehe auch „Der Welpe lernt, allein zu sein", S. 62). Das Magnetspiel ist nicht in der Liste enthalten. Sie können es immer dann einsetzen, wenn sich der Welpe zufällig hinlegt oder ein geeignetes Spielzeug aufnimmt.

Atmung – das wichtigste Trainingswerkzeug

Fast alle Teilnehmer bei Pauls Hundekursen sind zunächst verblüfft, wenn er mit Atemübungen beginnt, statt mit den Hunden zu arbeiten. Bis heute hat sich aber noch niemand darüber beschwert, denn die Vorteile sind ganz offensichtlich.

Was hat die richtige Atmung mit der Erziehung eines Welpen zu tun? Einen Welpen zu trainieren, kann sehr stressig werden. Der Erfolg stellt sich umso eher ein, je ausgeglichener und ruhiger der Mensch bleibt, und dabei hilft die richtige Atemtechnik. Wer vor jeder Trainingseinheit eine Atemübung macht, bleibt konsequent und ruhig zugleich, weil er seine Konzentration und den Blick auf das Ziel schärft. Wird der Körper ausreichend mit Sauerstoff versorgt, erhöht sich auch die Wachsamkeit, und die Reaktionsschnelligkeit nimmt zu. Beides ist gut für den Lernprozess.

In der Tat reagieren Hunde auf den emotionalen Zustand eines Menschen. Wenn Sie erregt sind, regt sich auch der Hund auf; wenn Sie sich freuen, ist auch der Hund glücklich; wenn Sie Angst haben, fürchtet sich auch der Hund. Welpen lernen sehr schnell, das Verhalten eines Menschen mit bestimmten Konsequenzen zu assoziieren. Ganz oben in der Liste stehen die Emotionen. Spaß, Freude, Verzweiflung, Ärger oder Wut äußern sich in Form von subtilen Veränderungen unserer Mimik und Körpersprache. Hunde „lesen" diese Änderungen, ebenso ein verändertes Atemmuster. Bei gestressten Menschen wird die Atmung flacher, die Muskeln spannen sich an, vor allem die Gesichtsmuskeln, und es wird Adrenalin ausgeschüttet. Hunde erkennen mit ihren schärferen Sinnesorganen die Veränderungen von Emotion und Körper. Je nachdem, wie intensiv unsere Stressreaktion ist, reagieren Hunde mit Kampfbereitschaft, Erstarren oder Flucht. Wenn Sie sich entspannen und Ihre Energien durch Atemübungen bündeln, färbt das auf den Welpen ab. Paul hat dieses Phänomen häufig in Tierheimen voller nervöser, bellender Hunde demonstriert. Er stellt sich hin, macht seine Atemübungen und entspannt sich völlig. Nach und nach entspannen sich auch die Hunde und das Gebell hört auf. Beginnen Sie jede Trainingseinheit mit einer Atemübung: Sie werden die starke emotionale Bindung zu Ihrem Welpen selbst spüren.

Atmen Sie tief und kräftig ein: Das Blut transportiert mehr Sauerstoff und schwemmt Giftstoffe aus, Ihr Gehirn wird besser mit Sauerstoff versorgt, Sie können sich besser konzentrieren und zielgerichtet arbeiten. Beim tiefen, bewussten Atmen entspannen sich die Muskeln, die sonst Zwerchfell, Bauch, Brust und den unteren Rücken unter Spannung halten. Ihr Körper wird ruhiger und beweglicher. Durch die bewusste Atmung lenken Sie alle Energien auf die künftige Aufgabe und vergessen Unwohlsein und Schmerzen. Der Hunde bemerkt, wie sich Ihr Körper entspannt und lernt, diese Veränderungen mit dem zu assoziieren, was danach kommt: Er wird getätschelt, bekommt Leckerbissen und wird freundlich und ruhig angesprochen. Also freut er sich im Voraus und entspannt sich gleichfalls.

Die normale Atmung wird wie der Herzschlag automatisch durch unser vegetatives Nervensystem gesteuert. Allerdings können wir die Atmung willentlich beeinflussen: wir können flach oder tief atmen und sogar eine Zeit lang die Luft anhalten.

Da die meisten Menschen nur sehr flach atmen, nutzen sie nur einen Teil ihrer Lungen (dabei wird der Brustkorb nach außen gedehnt). Wenn man sie bittet, tief einzuatmen, blasen sie den Brustkorb oder den Bauch auf und halten gespannt die Luft an. Damit inhalieren sie nur wenig mehr Sauerstoff, verbrauchen aber sehr viel Energie.

Richtiges Atmen entspannt den Welpen

Terrys Erfahrungen mit der neuen Atemtechnik dürften ziemlich typisch sein. Vor etwa zehn Jahren nahm er an einem Hundekurs mit Paul teil und lernte dort, die bewusste Atmung als schnelles, einfaches und wertvolles Hilfsmittel in sein ganzes Leben einzubauen. Terry wandte die Atemtechnik regelmäßig an, bevor er mit seinem Welpen Magoo zu arbeiten begann. Außerdem half ihm das bewusste Atmen dabei, seinen Stress zu bewältigen. Jedes Mal, wenn er nach Hause kam und sah, was Magoo in der Wohnung angerichtet hatte, stieg sein Stresspegel enorm an. Damals hielt Terry die Hundebox noch für grausam. Wenn er das Haus verließ, sperrte er Magoo mit Türgittern in der Küche ein und ließ ihn mit genügend Spielzeug zurück. Allerdings fand der Welpe den Fußbodenbelag interessanter, riss Streifen davon ab und knabberte ausgiebig an den Schranktüren.

Terry wusste immerhin, dass Bestrafungen nach der Tat keinen Sinn gemacht hätten, aber der Gedanke an die Vorwürfe seines Vermieters ließ ihn erschauern. Magoo spürte die enorme emotionale Belastung Terrys und wertete sie als eine Art von Strafe. Endlich war sein Herrchen nach Hause gekommen, doch statt sich zu freuen und mit ihm zu spielen, reagierte der wie in einem Alptraum. Während Terry wütend das Chaos beseitigte, zog sich Magoo verwirrt in eine Ecke zurück. Terry erkannte noch nicht, dass sein eigener Stress den Stresspegel des Hundes verstärkte. Damit wurde der Welpe noch abhängiger von seinem emotionalen Zustand. Wenn Terry am nächsten Tag das Haus verließ, machte sich der arme Magoo völlig gestresst wieder über die Küche her und wenn Terry abends nach Hause kam ... der Teufelskreis ließ sich nicht mehr unterbrechen.

Nachdem Terry die Entspannungsatmung verinnerlicht hatte, machte er erst drei tiefe Atemzyklen, bevor er die Tür zu seinem Appartement aufschloss. Die Wirkung grenzte an Magie: Von Tag zu Tag wurde das Chaos geringer. Terry stellte sich vor, dass Magoo seine beruhigenden Atemübungen durch die Tür mitbekam und damit selbst ruhiger wurde. In der Rückschau wurde Terry allerdings klar, dass Magoo kaum weniger Zerstörungen als vorher angerichtet hatte. Geändert hatte sich seine Sicht der Dinge – Terry akzeptierte seinen Anteil an den Vorgängen. Hätte er Magoo in eine Box gesperrt, hätte es keine Verwüstung gegeben. Terry erkannte Magoos Trennungsängste und seinen Versuch, sie mit wilder Aktivität zu bekämpfen.

Von da an begrüßte er seinen Welpen freundlich schon an der Tür, selbst wenn die Fetzen noch herumlagen. Damit gewann Magoo größeres Vertrauen in die Stabilität ihrer Beziehung und seine Zerstörungswut ließ nach. Um Magoo zusätzlich zu helfen, kaufte Terry eine Box und einen Kong (siehe Seite 42). Ohne die Entspannungsatmung wäre diese Kette von Ereignissen nie in Gang gekommen.

Ruhig sein ist mehr als Schweigen und Bewegungslosigkeit. Vielmehr geht es um die innere Ruhe, um ein wohliges, angstfreies Gefühl. Der Umgang mit Menschen und Situationen wird konzentrierter und weniger chaotisch. Unser emotionaler Zustand beeinflusst das Verhalten und Ruhe, Angst oder Zorn schlagen sich immer auch im Verhalten des Welpen nieder. Innerlich ruhig und gelassen schaffen Sie eine optimale Atmosphäre, in der Ihr Welpe mit Freuden lernt. Je ruhiger und gelassener sie werden und reagieren, desto besser können Sie sich auf das Training konzentrieren und sofort auf jede Reaktion ihres Welpen reagieren. Der Welpe wird es Ihnen mit besserer Reaktion und schnelleren Lernerfolgen danken.

Der Atemzyklus

Ein Atemzyklus beginnt mit dem gleichmäßigen Ein- und Ausatmen durch die Nase – ohne Pause und gleich lang. Die Übung kann im Sitzen oder Stehen, beim Gehen und bei jeder anderen Tätigkeit, mit offenen oder geschlossenen Augen, gemacht werden (im Straßenverkehr selbstverständlich nur mit offenen Augen). Horchen Sie vorher nach innen, prüfen Sie Kopf, Gesicht, Schultern, Arme, Rücken, Bauch, Becken, Hüften, Beine und Füße. Achten Sie auf Muskelspannungen und „lassen Sie los". Erst wenn Sie entspannt sind, beginnt die Übung.

Sollten Sie sich an irgendeiner Stelle schwindelig fühlen, machen Sie eine Pause, machen Sie nur einen Atemzyklus statt drei.

1. Stellen Sie sich Ihre Lungen als Wassergläser vor, die Sie langsam mit Wasser füllen. Atmen Sie ein und füllen Sie die „Gläser" unten mit Wasser. Ihr Bauch unterhalb der Rippen wird sich dabei leicht nach außen dehnen; keine Muskelspannung aufbauen. Nun füllen Sie mit dem Wasser die mittlere Partie der Gläser. Fühlen Sie, wie die Luft den mittleren Teil Ihrer Lungen füllt, Brust und Rücken dehnen sich aus. Nun füllen sich die oberen Teile der Lungen bis zur Schulter. Achten Sie darauf, keine Spannung aufzubauen.

2. Sobald die Lungen gefüllt sind, „laufen die Gläser" von oben nach unten wieder aus. Atmen Sie nur durch die Nase. Wenn fast alle Luft ausgeatmet ist, drücken Sie mit den Bauchmuskeln nach innen, um auch die letzte Luft aus den Lungen zu entfernen.

3. Unmittelbar nach dem Ausatmen folgt der nächste Zyklus. Der ganze Vorgang ist kürzer als die Zeit, die Sie zum Lesen brauchen: Drei Sekunden ein- und drei Sekunden ausatmen. Ideal sind drei aufeinanderfolgende Zyklen in möglichst gleicher Zeit. Es schadet nichts, wenn Sie am Anfang beim Ein- und Ausatmen jeweils bis drei zählen. Die Übergänge vom Ein- zum Ausatmen und umgekehrt sollen so weich wie möglich erfolgen.

Hinweis: Sänger oder Bläser haben eine größere Lungenkapazität. Sie verlängern die Zyklen entsprechend. Wesentlich ist die zeitliche Abfolge: Wenn Sie sechs Sekunden lang einatmen, müssen Sie auch sechs Sekunden lang ausatmen.

Je häufiger Sie diese Übung ausführen, desto länger können Sie ein- und ausatmen. Machen Sie die Übungen nach dem Aufstehen und vor dem Schlafengehen. Gut geeignet ist auch die Zeit unmittelbar vor einem erwartungsgemäß stressigen Termin – vor der Arbeit, vor den Übungen mit dem Welpen oder während Sie die Spuren beseitigen, wo sich der Welpe eben erleichtert hat.

Überprüfen Sie Ihre Fortschritte nach drei Monaten. Sind sie ruhiger, weniger gestresst, gesünder und voller Energie? Hat sich Ihre Konzentration und Effizienz verbessert? Machen Sie weiter so! Ihr Welpe wird es Ihnen danken.

Die Zutaten für optimale Entwicklung

In den letzten Jahren haben die alten Konzepte einer ganzheitlichen Medizin wieder an Bedeutung gewonnen. Viele Menschen haben erkannt, dass Gesundheit und Verhalten mehr sind als Symptome und dass viele Probleme nicht auf einem einzigen, sondern auf einem Geflecht von Faktoren basieren. „Ganzheitlich" bedeutet, die Gesundheit als Zusammenspiel von Körper, Geist und Seele zu verstehen. Das Konzept lässt sich auch ganz allgemein anwenden. Alle Aspekte im Leben eines Menschen (und Hundes) – Umwelt, Ernährung und sogar Gedanken – beeinflussen die Gesundheit und das Verhalten. Indem wir diese wechselseitigen Einflüsse erkennen und ins Gleichgewicht bringen, können wir die Gesundheit erhalten oder wiederherstellen.

Paul hat ein ganzheitliches System der Welpenerziehung und -entwicklung entwickelt, das auf neun Zutaten basiert. Wer diese neun Zutaten in den Alltag seines Welpen integriert, sichert ihm eine gesunde, selbstbewusste Entwicklung:

1. Hochwertige Ernährung
2. Spielen
3. Sozialisation
4. Ruhezeiten
5. Übungen

6. Arbeit
7. Schlaf
8. Gesundheitsvorsorge
9. Training

Tatsächlich brauchen wir alle einige dieser Zutaten, um ein fröhliches, gesundes Leben zu führen.

Als Terry vor vielen Jahren an einem Hundekurs teilnahm, lernte er diese neun Zutaten kennen und schätzen. Inzwischen ist er selbst erfolgreicher Hundetrainer, therapiert verhaltensgestörte Hunde und schwört selbst auf dieses ganzheitliche Erziehungssystem. Die Kombination dieser neun Zutaten wirkt synergistisch, d.h. das Ganze ist mehr als die Summe seiner Teile. Sie wirken harmonisch zusammen und formen einen körperlich, geistig und gefühlsmäßig gesunden Hund. Das kann nur funktionieren, wenn die einzelnen Zutaten mit größter Sorgfalt „gefüttert" werden – in der besten Qualität und der optimalen Menge. Nach diesem Ansatz ist „Ernährung" für Menschen mehr als der Teller mit Essen. Alles was wir mit unseren Sinnen aufnehmen, was wir schmecken, hören, sehen, fühlen und berühren, beeinflusst uns geistig, körperlich und emotional.

Was wir **sehen**, ist sichtbare Nahrung: Wunderschöne Blumen, ein lächelndes Baby, ein geliebter Mensch beeinflussen uns auf wundervolle Weise.

Was wir **hören**, ist hörbare Nahrung: Harmonische Musik, der liebliche Gesang eines Vogels, das Lachen eines Freundes erzeugen Gefühle von Freude und Zufriedenheit.

Was wir **riechen**, ist duftende Nahrung: Ein selbst gekochtes Essen, eine duftende Rose, eine salzige Meeresbrise rufen wohlige Gefühle in uns hervor.

Was wir **fühlen** ist taktile Nahrung: Eine liebevolle Umarmung, ein anerkennender Klaps auf die Schulter, ein freundlicher Händedruck stärken unseren Sinn für Verbundenheit und Gemeinschaft.

Auch unsere Welpen leben von dieser Art von „Nahrung", ihnen fehlt allerdings die Wahlmöglichkeit, da wir ihnen das Futter vorsetzen. Kleine Kinder necken sie, sie riechen schweres Parfüm, hören Geschrei und laute Musik, und werden vom Krach und der Bewegung von Flugzeugen, Müllautos, Motorrädern, Joggern und Skatern gestört. Auch diese „Nahrung" beeinflusst ihre Sicherheit, Gesundheit, Emotionen und ihr Verhalten. Positive, sanfte Welpenerziehung basiert darauf, welche Entscheidungen wir treffen. Wir bestimmen über die Umgebung und die „Nahrung", die ein Welpe bekommt; wir können dafür sorgen, dass er wächst, gedeiht und sein Leben genießt.

Eine Indianergeschichte

Einst besuchte ein Junge seinen alten Großvater. Er war zornig, weil ihm ein Freund Unrecht getan hatte. Der Großvater sagte: „Ich möchte dir eine Geschichte erzählen. Auch ich war früher voller Hass auf Menschen, die anderen weh tun, ohne an die Folgen zu denken. Aber Hass schadet nur dir selbst, deinen Feind lässt er kalt. Es ist genauso, als würdest du Gift trinken, damit dein Feind stirbt. Ich habe oft mit solchen Gefühlen gekämpft."

Er fuhr fort: „Manchmal fühle ich zwei Wölfe in mir; einer ist gut und tut niemandem etwas zuleide. Er lebt in Harmonie mit seiner Umgebung und ist nicht beleidigt, wenn es keinen Grund dafür gibt. Er kämpft nur, wenn er im Recht ist und dann auch nur auf die richtige Art und Weise."

„Und dann gibt es da noch den anderen Wolf. Er ist voller Zorn. Schon beim kleinsten Anlass wird er zornig. Er bekämpfte dauernd alle und jeden, auch ohne Grund. Vor lauter Wut und Hass kann er nicht klar denken. Es ist schwer, mit diesen beiden Wölfen zu leben, denn beide wollen Besitz von meinem Geist ergreifen."

Der Junge sah seinem Großvater aufmerksam in die Augen und fragte: „Und welcher der beiden gewinnt, Großvater?"

Der Großvater antwortete: „Der, den ich füttere."

Wird eine der neun Zutaten nicht in ausreichendem Maß „gefüttert"– nicht zu viel und nicht zu wenig – oder ist von schlechter

Qualität, werden Gesundheit und Verhalten des Welpen beeinflusst. Wenn Sie das Verhalten Ihres Welpen verändern möchten, müssen Sie dafür sorgen, ihm die neuen Zutaten im ausgewogenen Verhältnis anzubieten. Was und wie wollen Sie den Welpen füttern? Was tun, wenn er ständig bellt, springt, sich erleichtert usw.? Machen Sie einen „mentalen Schnappschuss" seines täglichen Lebens. Bekommt er wirklich alle neun Zutaten im richtigen Verhältnis, oder von einer zu viel oder zu wenig? Häufig reicht es aus, die Menge einer Zutat zu erhöhen: Üben Sie beispielsweise mehr mit ihm oder bieten Sie ihm anregende Spielgeräte an. Viele Verhaltensauffälligkeiten erledigen sich dann von selbst – ohne die Hilfe eines professionellen Hundetrainers.

Denken Sie an Ihre eigenen Erfahrungen. Wenn Sie zu wenig essen oder schlecht schlafen, wenn Sie zu viel arbeiten, sich mit langweiligen Dingen befassen müssen oder Ihre Freunde zu selten sehen, dann bauen sich Ängste und Frustration auf. Unter Angst und Frust ändert sich unbewusst Ihr Verhalten. Sie achten weniger auf Ihre Mitmenschen, machen mehr Fehler und neigen zu Unfällen. Nochmals: Fangen Sie sich, atmen Sie ruhig und entspannen Sie sich. Schauen Sie sich die neun Zutaten an und entscheiden Sie, was fehlt.

Diese Philosophie basiert auf dem gesunden Menschenverstand. Sie brauchen Hingabe und müssen das körperliche, geistige und emotionale Wohlbefinden Ihres Welpen zu einem festen Bestandteil Ihres täglichen Lebens machen.

Die Kombination der Zutaten – leicht gemacht

Betrachten Sie die neun Zutaten ganzheitlich und nicht als isolierte Komponenten. Fragen Sie sich jederzeit, ob Sie alle Zutaten in der richtigen Menge angeboten haben, bzw. welche noch fehlt; probieren Sie kreative Kombinationen aus. Gehen Sie beispielsweise mit dem Welpen für eine Stunde in den Park, lassen Sie ihn mit anderen Hunden spielen und unterhalten Sie sich mit den anderen Hundebesitzern. Werfen Sie ein paar Bälle und üben Sie den Rückruf. Damit haben Sie schon vier der Zutaten in das tägliche Menü „eingerührt": Übungen, Sozialisation, Spielen und Training; alles in einem Rutsch. Wie die Zutaten kombiniert werden, ist ganz Ihrer Fantasie überlassen. In jedem der nun folgenden acht Kapitel wird eine der neun Zutaten ausführlicher behandelt. Der neunten, dem Training, wird im Teil II („Verhalten und Training") ein breiterer Raum eingeräumt.

Zutat 1: Hochwertige Ernährung

„Ein Welpe ist, was er (fr)isst." Gesundheit und Verhalten eines Hundes gehen durch den Magen. Nahrung ist Brennstoff. Sie ist eine kompakte Form von konzentrierter „Lebensenergie". Die Nahrung wird im Körper des Welpen in wachsende Knochen und Muskeln, Gehirnmasse und Nervensystem umgewandelt und beeinflusst damit indirekt, wie der Welpe rennt, springt und die vielen Tausenden von positiven und negativen Anregungen in seinem täglichen Leben bewältigt. Auf diese Weise bestimmt das tägliche Futter – Menge und Qualität –, wie erfolgreich er sein Leben meistert. Zu reichliches Futter, vor allem Futter minderer Qualität, führt zu Verfettung, Stress und Schmerzen; es behindert den Hund beim Spiel und sozialen Aktivitäten. Er langweilt sich, wird ängstlich, beginnt zu bellen und an den Möbeln zu kauen. Zu wenig Futter schwächt ihn, er verliert seinen „Biss", wächst schlecht und kann nervöse Verhaltensweisen, wie andauerndes Lecken und Fellpflege, entwickeln.

Warum kein „normales" Essen für den Welpen?

Es soll Leute geben (nun ja), die noch erlebt haben, dass Hunde mit den Tischabfällen der Familie gefüttert wurden. Vor etwa 50 Jahren begann der Siegeszug des kommerziell hergestellten Hundefutters. Die Firmen warben damit, dass die Inhaltsstoffe der menschlichen

Nahrung nicht geeignet seien, einen Hund angemessen zu ernähren. Die Grundidee ist sicher gut. Doch sind die Angebote in den Regalen der Supermärkte und Zoohandlungen wirklich die beste Wahl für die Ernährung eines Welpen? Immer mehr Tierärzte ziehen das in Zweifel. Viele der gängigen Produkte, selbst einige in sogenannter Premium-Qualität, enthalten nicht alle notwendigen Nährstoffe. Der Tierarzt Alfred J. Plechner fand eine Korrelation zwischen kommerzieller Hundenahrung und bestimmten Hautallergien, Nieren- und Lebererkrankungen, Schlaganfällen, Pankreasentzündungen und anderen gesundheitlichen Problemen. In der Tat sind viele der angebotenen Produkte selbst dann von geringer Qualität, wenn die Zutaten als „sicher" und „angemessen" bezeichnet werden. Andi Brown (Autor von *The Whole Pet Diet: Eight Weeks to Great Health for Dogs and Cats*) leitet die Firma *Halo, Purely for Pets*, die ihre Produkte ausschließlich mit Zutaten für den menschlichen Verzehr herstellt. Er erklärt das Phänomen so: „Viele Produkte, selbst die aus sogenannten Naturprodukten, können Beimischungen enthalten, die nicht für den menschlichen Verzehr geeignet sind. Dabei handelt es sich um Schnäbel, Füße, Federn, Haare, Hufe und Knochen. Tatsächlich wurden in den USA Fälle aufgedeckt, in denen Hersteller über mehrere Jahre lang die Überreste von toten Hunden und Katzen verarbeiteten. Dabei handelte es sich um Tiere, die mit Gift eingeschläfert wurden und teilweise noch Halsbänder und Anhänger trugen.

Wie hoch der Anteil dieser Haustierkadaver in der Tiernahrung tatsächlich ist, können wir nicht einschätzen. Immerhin hat Paul in einem Tierheim gearbeitet, deren Arbeiter zugaben, Kadaver an Futtermittelfirmen abzugeben. Nach Ann N. Martin, der Autorin des gut recherchierten und viel gelobten Buches *Food Pets to Die For*, halten einige Tierärzte dies für eine gängige Praxis; die Hersteller der Tiernahrung bestreiten dies allerdings vehement.

Bei der Herstellung kommerzieller Tiernahrung (Trocken- und Dosenfutter) werden die Zutaten hohen Temperaturen ausgesetzt. Neben den Keimen werden dabei viele Nährstoffe, nützliche Bakterien und Enzyme zerstört, die für eine gesunde Verdauung notwendig wären. Selbst bei besonders hochwertigen Zutaten nimmt daher der Nährwert ab, bedingt durch den Herstellungsprozess.

Optimale Fütterung

Wer seinen Hund natürlich und mit Futter hoher Qualität ernähren möchte, hat drei Möglichkeiten: Dosen- oder Trockenfutter aus Zutaten für den menschlichen Verzehr mit zusätzlichen Vitaminen und Mineralien, selbst gekochtes Futter oder rohes Futter. Je mehr das Futter verarbeitet wird, desto mehr Nährstoffe gehen verloren. Somit wäre frisches Futter am besten, gefolgt von Dosen- und von Trockenfutter.

Dosen- oder Trockenfutter

Viele Herstellerfirmen geben sich große Mühe, ihr Tierfutter aus Zutaten zuzubereiten, die auch für den menschlichen Verzehr geeignet wären. Man bekommt solches Futter in guten Zoofachgeschäften, Bioläden oder über das Internet. Dieses Futter ist zwangsläufig teurer als Angebote beim Discounter, aber Ihr Welpe wird es Ihnen mit besserer und gesünderer Entwicklung danken. Um die Verluste bei der Herstellung auszugleichen, empfehlen wir die unten aufgeführten Zusatzstoffe.

> **Meiden Sie Hundefutter mit folgenden Inhaltsstoffen**
> Fleischnebenprodukte, Fleischmehl, Weizen, Mais, künstliche Konservierungsstoffe, Zucker, Zusatzstoffe, Farbstoffe.
> Nicht für Hunde geeignet sind weiterhin: rohes Schweinefleisch, Schokolade, Weintrauben, Rosinen, Zwiebeln, zu viel Knoblauch, klebriges Futter und gekochte Knochen.

Auch wenn viele Firmen mit der hohen Qualität ihrer Tiernahrung werben, sollten Sie sich einen kritischen Blick bewahren. Veränderte Herstellungsbedingungen, Wechsel im Management oder Kostendruck können dafür sorgen, dass die Standards gesenkt werden. Prüfen Sie regelmäßig und sorgfältig die Inhaltsstoffe oder Beipackzettel, selbst, wenn Sie das Produkt seit langem kaufen.

Zusatzstoffe

Die meisten der unten vorgestellten, nährstoffreichen Zutaten können Sie problemlos ins Futter mischen. Möhren, Äpfel und kleine Fleisch- oder Käsestückchen eignen sich wunderbar als kleine Leckerbissen zur Belohnung, die Sie während des Trainings geben.

Rohes Gemüse: Fügen Sie für jeweils 5 kg Körpergewicht 1/8 bis 1/4 Tasse rohes Gemüse zum Futter hinzu. Probieren Sie aus, was Ihr Welpe am liebsten mag; zerkleinerte Möhren, Zucchini, geschnittener Salat oder Gemüsepaprika. Sie können ihm von Zeit zu Zeit auch ein Stück rohe Möhre als Belohnung geben.

Frische Früchte: Fügen Sie dem Futter mehrmals pro Woche eine kleine Menge roher Früchte hinzu, wie Äpfel oder Wassermelonen (Rosinen und Weintrauben können für Hunde giftig sein – verzichten Sie darauf).

Biofleisch: Fügen Sie für jeweils 5 kg Körpergewicht 1/8 bis 1/4 Tasse rohes, gegrilltes oder gebratenes Biofleisch zum Futter hinzu. Geeignet ist Hähnchen-, Puten-, Rind- oder Lammfleisch; möglichst von frei laufenden Tieren.

Acidophilus: Die Enzyme dieses Lactobacillus verbessern die Darmflora. Fügen Sie dem Futter 1/4 bis 1/2 Teelöffel (flüssig, Pulver oder als Kapselinhalt) pro Woche hinzu. Fragen Sie in der Zoohandlung oder in Bioläden nach; Acidophilus steht im Kühlregal.

Joghurt: Ein kleiner Welpe bekommt 2–3 Esslöffel, ein größerer 4-6 Esslöffel gelegentlich als Belohung oder als Beimischung mehrmals pro Woche zum Futter. Kaufen Sie Naturjoghurt aus dem Bioladen.

Hüttenkäse und andere Milchprodukte: Hüttenkäse enthält leicht verdauliche Eiweiße. Fügen Sie dem Futter dreimal pro Woche ein wenig Hüttenkäse hinzu. Wenn Ihr Welpe krank ist, kann er täglich Hüttenkäse bekommen. Homogenisierte Ziegenmilch ist besonders leicht verdaulich und enthält mehr Nährstoffe als Kuhmilch. Sollte Ihr Welpe von Kuhmilch (Voll- oder H-Milch, Sahne) Durchfall bekommen, verzichten Sie darauf.

Hinweis: Wir und die meisten unserer Klienten benutzen kleine Käsestückchen als Belohnungen. Einige Welpen können die Milch allerdings nicht verdauen. Um herauszubekommen, ob Ihr Welpe

Käse verträgt, geben Sie ihm einige Tage lang jeweils drei bis vier Stückchen ins Futter. Wenn er Durchfall oder Verstopfung bekommt, weichen Sie von Käse auf andere Leckerbissen aus. Gut geeignet ist gebratene Pute oder Trockenfutter hoher Qualität.

Vitamine und Mineralien: Entscheiden Sie sich für ein Produkt, das speziell auf Welpen ausgerichtet ist. Es sollte ausschließlich aus natürlichen Grundstoffen bestehen und wird dem Futter als Pulver beigemischt. Andere Produkte bringen die Vitamine und Mineralien in Form von Knabberprodukten „an den Hund".

Futter aus rohen Zutaten

Welpen profitieren von einer Ernährung, die dem Futter ihrer wilden Vorfahrten angeglichen ist. Daher gewinnt die Fütterung mit rohen oder halb rohen Zutaten immer mehr Anhänger. Sie setzt sich aus rohem Fleisch (Rind, Fisch, Geflügel, Reh, Lamm und Kaninchen) in Kombination mit Gemüse, Obst, naturbelassenen Ölen und Zutaten wie Petersilie, Ingwer und Knoblauch zusammen. Einige Hundebesitzer fügen auch Getreide hinzu.

Es gibt zwei Argumente, die Zweifler gegen rohes Fleisch im Futter ins Feld führen:

1. Könnten die Knochenstücke im rohen Fleisch nicht den Magen oder Darm des Hundes verletzen? Als Paul zum ersten Mal von der Ernährung mit rohem Fleisch hörte, hatte er genau diese Befürchtungen. Er ließ sich aber davon überzeugen, dass erst gekochte oder tiefgefrorene Knochen zu einer Gefahr werden. Selbst rohe Knochen von Hühnern oder Pute werden problemlos verdaut. Es gibt Hundebesitzer, die ihre Tiere seit Jahren mit rohem Fleisch und Knochen – Hühnerhälse und -rücken – füttern, ohne dass Probleme aufgetreten wären. Trotz allem geht Paul lieber auf Nummer sicher und mahlt die Knochen, bevor er sie verfüttert.

2. Könnten die Bakterien im rohen Fleisch Krankheiten verursachen? Das kurze Verdauungssystem des Hundes mit seinem saurem pH-Wert ist bestens ausgestattet, um mit den Bakterien fertig zu werden. Die meisten Hunde haben auch keine Probleme mit den Keimen auf alten, vergrabenen Knochen.

Hinweis: Unser eigenes Verdauungssystem ist nicht so robust wie das eines Hundes. Nach der Arbeit mit rohem Fleisch sollten Sie sich unbedingt die Hände waschen.

Fütterungszeiten

Wenn Sie den Welpen abholen, fragen Sie den Züchter, wie oft und wann der Welpe üblicherweise gefüttert wurde. Halten Sie sich zunächst so genau wie möglich an die gewohnte Fütterungsroutine. Die meisten Welpen unter vier Monaten brauchen drei- bis viermal täglich Futter. Später kommen sie mit zwei Fütterungen aus. Hinweis: Während des Trainings bekommt ein Welpe über die Belohnungen insgesamt eine relativ große Menge qualitätsvoller Nahrung. Reduzieren Sie die Mengen der regelmäßigen Mahlzeiten entsprechend.

Wechsel der Ernährungsweise

Da sich der Verdauungstrakt eines Welpen an die jeweilige Nahrung gewöhnt, müssen Sie jede Veränderung langsam vornehmen und genau beobachten, wie der Welpe darauf reagiert. Beginnen Sie mit einem Teil neuer Nahrung auf neun Teile des bisherigen Futters. Tauschen Sie über einen Zeitraum von zehn Tagen bis zwei Wochen die alte nach und nach gegen die neue Nahrung aus – schließlich frisst der Welpe ausschließlich das neue Futter.

Frisches Wasser ist wichtig

Hunde brauchen immer einen Vorrat an frischem Wasser. Ohne Wasser dehydrieren Hunde sehr viel schneller, als manche Menschen glauben. Insbesondere bei heißem Wetter kann Wassermangel zum echten Problem werden. Wasser versorgt ihren Körper nicht nur mit Flüssigkeit, sondern auch mit Mineralien und Spurenelementen. Stellen Sie dem Welpen immer einen Napf mit frischem Wasser hin. Spülen Sie den Napf jeden Tag gründlich aus, damit sich weder Bakterien noch mineralische Ablagerungen bilden. Nehmen Sie auf Autofahrten oder bei Spaziergängen stets eine Flasche mit sauberem Wasser mit, vor allem wenn es sehr heiß ist.

Zutat 2: Spielen

Spielen ist ein unverzichtbarer Bestandteil im Leben von Hunden und Menschen. Auch unsere Gesundheit, Glück und Entwicklung sind davon abhängig, wie viel Spaß wir haben: Menschen treiben gerne Sport und Spiele, erzählen Witze und lachen darüber, laufen umher und manchmal benehmen wir uns albern. Hunde rennen, springen, rollen sich im Gras, kämpfen und jagen. Im Spiel begegnen sich Mensch und Hund in enger Kommunikation. Durch ein Spiel wird auch der Stress – bei Hund und Mensch – abgebaut. Ein Welpe, der nicht unter Stress steht, wird sich besser entwickeln, gesund bleiben und nur selten Verhaltensprobleme bekommen. Das Gleiche gilt auch für Menschen: Wir fühlen uns besser, sind entspannter und leben in besserer, innerer Harmonie. Gehen Sie spielen!

Was ist eigentlich Spielen?

Es gibt viele Definitionen von Spielen: Spaß, Unfug oder – im Gegensatz zum Ernst – unbeschwerte Aktivität. Spiel kann mit Sport aber auch mit anderen Formen körperlicher und geistiger Bewegung assoziiert sein. Tatsächlich passen viele dieser für Menschen gedachten Attribute auch auf spielende Welpen. Ein spielender Hund kann mit anderen Hunden raufen oder sie jagen, ohne dass sie sich gegenseitig verletzen. In ihrem „Kampf" spiegeln sich die Bewegungsabläufe eines echten Kampfes wider, aber mit geringerer Intensität. Wenn ein Welpe hinter einem Ball herjagt oder an einem Kauspielzeug nagt, dann war er auf der Jagd, hat Beute gemacht und frisst sie auf. Im Spiel leben Hunde ihre natürlichen Verhaltensweisen aus. Außerdem spielen auch Hunde manche Spiele völlig zweckfrei – nur zum Spaß.

Wenn Sie der Spielfreude Ihres Hundes Struktur geben, lernt er
sein Maul richtig einzusetzen, wechselseitiges Geben und Nehmen
und gewinnt Selbstkontrolle über seine aggressiven Tendenzen.
Welpen müssen lernen, spielerisch mit den Menschen in ihrer
Umgebung umgehen. Die Interaktionen mit anderen Hunden und
Kauspielzeugen sind wichtig, reichen aber nicht aus. Nur ein Hund,
der regelmäßig und vertrauensvoll, fröhlich und kooperativ mit
Menschen umgeht, unterscheidet sich von einem wilden Hund,
der seine Grenzen nicht kennt.

Zum Spiel gehören das Einüben von Tricks, Kommandos wie Apportieren oder Dinge loslassen („Gib" oder „Aus"), Verstecken spielen, nach ungiftigen Seifenblasen springen und Tauziehen. Selbst
einen der seltenen Welpen, die scheinbar ungern spielen, werden
Sie dazu bringen, Spielzeuge und Spiele zu lieben. Versuchen Sie
beispielsweise ihn zu fangen, während er zufällig mit etwas spielt,
und bringen Sie ihn dazu mitzumachen. Wenn Ihr Welpe irgendetwas anstellt, was an ein Spiel erinnert, ist es auch ein Spiel. Machen Sie mit, wenn sich der Welpe anbietet.

Spielregeln

Als Erstes muss ein Welpe lernen, dass jedes Spiel bestimmten Re-
geln folgt.
Regel 1: Keine Zähne auf der Haut.
Regel 2: Auf Kommando muss er Spielzeug oder Futter fallen las-
sen.
Regel 3: Geduldig abwarten, bis erlaubt wird, ein Spielzeug aufzu-
nehmen.
Regel 4: Das Spiel endet auf Ihr Kommando.

Ab Seite 198 werden wir am Beispiel von „Hol" und „Gib" erklären,
wie man Schritt für Schritt vorgeht, damit der Hund die Regeln
verinnerlicht. Diese vier einfachen Regeln verhindern, dass der
Welpe nach Gegenständen, Händen, Füßen und Kleidung schnappt
und auf Ansprache wieder loslässt.

Tauziehen

Ob Tauziehen mit Spielseilen ein angemessenes Spiel ist, ist unter Hundetrainern umstritten. Einige Trainer glauben, dass der Hund dabei die Kraft seiner Kiefer trainiert und ermuntert wird, die Kiefer auch im Biss einzusetzen. Allerdings gibt es bisher keine Hinweise darauf, dass Tauziehen aggressive Tendenzen hervorruft. Bei richtiger Dosierung lernen die Welpen stattdessen, dass und wie sie Objekte im Spiel mit Ihnen teilen können. Sie lernen, dass es nicht erlaubt ist, ihre Kiefer beim Menschen einzusetzen und dass ihre Zähne ausschließlich erlaubte Gegenstände berühren dürfen (siehe „Knabbern und Beißen", Seite 225).

Zum Tauziehen eignet sich jedes stabile Spielzeug, das Ihr Hund mag. Das muss nicht eines der üblichen Spieltaue sein, auch weiche Frisbees, Quietschspielzeuge und ausgestopfte Stoffspielzeuge eignen sich dafür. Allerdings sollten Sie beachten, dass diese Spielzeuge auch Gefahr bedeuten. Ein allzu lebhafter Welpe könnte Teile des Spieltaus verschlucken, am Quietscher ersticken oder die Füllung aus einer Spielpuppe reißen. Geben Sie dem Welpen die Spielzeuge für das Tauziehen nur dann, wenn Sie dabei sind und mit ihm spielen.

Tauziehen verbessert, wie jedes andere Spiel, die Beziehung zwischen Ihnen und dem Welpen aber nur dann, wenn die vier Regeln eingehalten werden. Auf Ihr Kommando („Gib" oder „Aus") muss der Welpe das Spieltau fallen lassen. Das Spiel beginnt erst, wenn Sie ihm erlauben, das Spieltau aufzunehmen. Ein erfolgreiches Tauziehspiel basiert auf dem wechselseitigen Geben und Nehmen. Andernfalls wird der Welpe rasch herausfinden, dass er schneller ist als Sie und sich mit dem Spieltau als Belohnung aus dem Staub machen. Dann verwandelt sich Tauziehen in das (bei Hunden) beliebte Ich-jage-dich-um-das-Haus-Spiel. Ohne die vier Regeln könnte sich der Welpe außerdem angewöhnen, alles zunächst mit seinem Maul zu prüfen. Damit wird er zwar nicht aggressiv, aber lästig wäre ein solches Verhalten allemal. Um es geradeheraus zu sagen: Tauziehen ist Segen oder Fluch – je nachdem, wie es gespielt wird.

Das Spiel kann den Welpen etwas stärker aufregen als gewöhnlich. Gelegentlich beginnt er sogar zu knurren. Das „Spielknurren" ist allerdings höher und nicht so intensiv wie aggressives Knurren. Der Unterschied lässt sich mit einem einfachen Test demonstrieren: Sollte der Welpe während des Tauziehens zu knurren beginnt, lassen Sie los – der Welpe stellt sofort das Knurren ein und kommt mit dem Spielzeug auf Sie zu. Er möchte weiter „Ich nehme dir das Spielzeug weg" spielen. Immer wenn Sie das Gefühl haben, der Welpe regt sich zu sehr auf und das Spiel könne ausarten, unterbrechen Sie. Erst wenn er das Spielzeug loslässt und sich wieder beruhigt, geht das Spiel weiter. Da er gerne spielen möchte, lernt er seine Aufregung zu zügeln – eine gute Übung, um aggressive Tendenzen zu dämpfen.

Natürlich ist jeder Welpe anders. Manche sind leicht erregbar und können sich kaum wieder beruhigen, andere reagieren merklich gelassener. Nur in sehr seltenen Fällen wird ein Welpe durch das Tauzieh-Spiel sprunghafter und beginnt, alles anzuknabbern. In solchen Fällen sollten Sie einen professionellen Hundetrainer um Hilfe bitten.

Zum Schluss noch eine Warnung: Reißen Sie nicht zu heftig an dem Spieltau, sonst könnte sich der Hund verletzen. Am besten funktioniert es mit gleichmäßigem Zug auf beiden Seiten. Bei dem Spiel darf keiner der beiden Partner Schaden nehmen.

Solange Tauziehen richtig gespielt wird, macht es großen Spaß. Hier einige Hinweise:

► Bringen Sie dem Welpen das Kommando „Gib" oder „Aus" bei (siehe Seite 201).

► Sagen Sie ihm jeweils vor dem Spiel, ehe Sie das Spieltau loslassen, „Okay" oder „In Ordnung".

► Wenn der Welpe ein Objekt im Maul hat, dürfen Sie ihn niemals daran in die Höhe ziehen.

► Ziehen Sie das Spieltau nicht ruckweise hin und her.

Zutat 3: Sozialisation – die Eintrittskarte in die Welt der Menschen

Missgeschicke kommen vor: Welpen stoßen sich den Kopf, treten auf Bienen oder werden krank. Menschen treten Hunden auf den Schwanz oder lassen laut scheppernd eine Pfanne auf den Boden fallen. Es ist unmöglich, seinen Welpen in Watte zu packen. Er muss lernen, die Dinge so zu nehmen, wie sie kommen. Durch die Sozialisation lernt der Welpe seine Stellung im Leben kennen – was es ihm zu bieten hat und wie er sich den Anforderungen stellen kann. Dr. Karen Overall meint: „Er lernt, Irrtümer zu überleben."

Sollte ein Unfall geschehen, müssen Sie als guter Schauspieler reagieren. Helfen Sie dem Welpen, indem Sie ruhig und kontrolliert reagieren. Sagen Sie mit ruhiger, angehobener Stimme: „Au! Ich habe eine Pfanne runtergeschmissen! Hier hast du ein Stück Käse." Oder: „Na toll, ich bin dir auf den Schwanz getreten; hier hast du ein Stück Hähnchen." Auch wenn Sie innerlich noch so kochen über Ihr Missgeschick und den armen Hund am liebsten vor Mitleid knuddeln würden, er muss lernen, dass so etwas eben passieren kann. Indem er solche und ähnliche Situationen und Ihre nüchterne Reaktion darauf mehrfach erlebt, lernt er damit fertig zu werden (sollten Sie ihn verletzt haben, greifen Sie selbstverständlich sofort helfend ein!).

Welpen müssen ihre Umwelt erkunden und verschiedene Menschen treffen. In diesem Kapitel beschreiben wir, wie Sie einen Welpen auf sichere Weise auf die verwirrenden Ansichten, Geräusche und Gerüche der Welt vorbereiten. Dabei geht es nicht darum, den Welpen zu verhätscheln oder auszugrenzen. Er soll Menschen aller Größen und Gestalten mit unterschiedlichen Verhaltensweisen kennenlernen – ohne dass er überfordert wird. Sie bestimmen darüber, wie stark die Sinne des Welpen belastet werden dürfen. Sollte Ihr Welpen emotional sensibel sein, wäre der allseits beliebte Onkel Günther sicher nicht gut für ihn: „Ich weiß alles über Hunde, sie lieben mich!" Dann packt er Ihren armen Welpen, hebt ihn hoch und schüttelt ihn. „Hunde lieben das!" – definitiv keine gute Idee.

Tatsächlich steht die Sozialisation ganz oben auf der Aufgabenliste für Welpen. Wir verstehen unter „Sozialisation" einen Prozess, in dem der Welpe lernt, alle möglichen Menschen, Tiere, Orte und Situationen zu tolerieren oder sogar zu genießen. Er darf nichts dabei finden, auf den Untersuchungstisch des Tierarztes gehoben und mit einer Nadel gestochen zu werden. Er sollte Wasser und Shampoo im Hundesalon ertragen, das Brummen eines elektrischen Haarschneiders oder die Schere an seinen Krallen möglichst ruhig zu tolerieren. Er sollte neue Hunde aller Größen und jeglichen Aussehens begrüßen, als gehörten sie seit Langem zur Familie, nicht als Eindringlinge, die ihm sein Futter, seinen Platz und die Zuneigung der anderen wegnehmen. Er sollte auf dem Spaziergang fremden Menschen begegnen – großen, bärtigen Männern mit lauten Stimmen, alten Menschen mit Stock, rennenden, springenden und kreischenden Kindern, merkwürdigen Menschen in Uniform, die große Taschen tragen oder Wagen schieben, dazu jede Menge rollende Wägelchen mit schreienden, kleinen Wesen darin und schnelle Rollerblader, Radfahrer, Autos und Rasenmäher. Diese Liste ließe sich beliebig verlängern.

Eine Investition in die Zukunft
Die Zeit, die Sie jetzt aufwenden, um Ihren Welpen zu sozialisieren, zahlt sich im Alter aus. Gut sozialisierte Hunde sind freundlicher, sicherer und haben ein ruhigeres Temperament.

Damit Ihr Welpe die Anforderungen des Lebens ruhig und selbstbewusst bewältigt, muss er entsprechend ausgebildet werden. Diese Ausbildung beginnt schon am ersten Tag, an dem der Welpe in sein neues Heim kommt – und alles beginnt mit Sozialisation. Die Sozialisation ist in der Tat viel wichtiger als das Beherrschen von Kommandos oder ruhig an der Leine zu gehen. Stellen Sie sich Sozialisation als eine Art Landkarte vor. Ihr Welpe benutzt diese Karte, um sich in einer für ihn völlig fremden Welt zu orientieren.

Diese „Karte" begleitet ihn auf seinen Wegen zur Sicherheit, Futter, Zuneigung und zum Spiel. Einem Welpen diese Karte zu vermitteln, macht viel Spaß und ist nicht besonders schwierig.

Die Entwicklung eines Welpen

Der Prozess der Sozialisation wird leichter verständlich, wenn man die Entwicklungsstadien eines Hundes kennt. In den 40er- und 50er-Jahren des vergangenen Jahrhunderts haben John Scott und John Fuller in einer 13-jährigen Studie Hunderte von Welpen und Hunden untersucht und die körperliche Entwicklung und Verhaltensbildung aufgezeichnet. Sie konnten im Leben eines Hundes bestimmte Entwicklungsphasen feststellen, die sich allerdings in Beginn und Dauer individuell von Hund zu Hund unterschieden. Außerdem überlappen sich einige der Phasen.

Neonatale Phase: Geburt bis zwölfter Tag
Die neonatale Phase beginnt mit der Geburt und zieht sich über etwa zwölf Tage hin. Augen und Ohren des Welpen sind noch geschlossen, sein Geruchssinn kaum entwickelt, nur schmecken kann er bereits. Ohne Sicht und Gehör bleibt dem Welpen fast alles verborgen, was außerhalb seiner direkten Umgebung geschieht. Die Umgebung hat noch keinen Einfluss auf seine körperliche und mentale Entwicklung. Diese Isolation hat zur Folge, dass eine Sozialisation nur sehr begrenzt möglich ist. Nur über den Tastsinn bekommt er eine Vorstellung davon, was außerhalb des Nestes auf ihn wartet. Gute und verantwortungsvolle Züchter berühren die Welpen mehrere Minuten am Tag. Welpen, die regelmäßig vorsichtig angehoben und gestreichelt wurden, erwiesen sich später als emotional stabiler. Sie duldeten es, von Menschen angefasst und hochgehoben zu werden. Fragen Sie den Züchter, ob seine Welpen regelmäßigen Körperkontakt hatten.
In der neonatalen Phase erfährt der Welpe soziale Kontakte vorwiegend durch seine Mutter. Er kann sich nicht weit von der Mutter und vom Nest entfernen und im Zentrum seines Interesses stehen die Zitzen der Mutter. Welpen dieses Alters reagieren empfindlich

auf Kälte und reagieren sofort mit hohen Rufen, wenn sie den Körperkontakt mit der Mutter oder Geschwistern verlieren. Die Rufe alarmieren die Mutter; sie sucht den Welpen und holt ihn zurück. Die Mutter säugt die Welpen aber nicht nur, sondern leckt regelmäßig ihre Hinterteile – die Welpen erleichtern sich.

Übergangsphase: 2. bis 3. Woche

In dieser Phase dreht sich das Leben des Welpen nicht mehr ausschließlich um die Mutter. Er beginnt, die große Welt außerhalb des Nestes zu entdecken. Der Übergang wird körperlich eingeleitet: Der Welpe öffnet seine Augen, kann sich etwas besser orientieren und beginnt, vorsichtig ein paar Schritte zu tapsen. Noch immer entfernt er sich aber nicht sehr weit von der Mutter. Die Welpen werden noch gesäugt, doch am Ende der dritten Woche brechen die ersten Zähnchen durch, sodass sie weiche Nahrung aufnehmen können. Einige Mütter beginnen die Entwöhnung damit, dass sie vorverdautes Futter auswürgen. Die Welpen erleichtern sich nun auch ohne Stimulation durch die Mutter. Dazu verlassen sie das Nest. Dieses Schlüsselverhalten kann man später bei der Sauberkeitserziehung nutzen.

Während der Übergangsphase spielen die Welpen miteinander und bauen erste soziale Kontakte auf – zusätzlich zum engen Kontakt mit der Mutter. Die Übergangsphase endet, wenn sich die Ohren der Welpen öffnen. Nun reagieren sie überrascht auf laute Geräusche, wie Händeklatschen oder Pfiffe. Sie spitzen die Ohren und drehen sich in Richtung des Tons, manche zucken auch zusammen. In der Übergangsphase beginnen die Welpen mit dem Schwanz zu wedeln, um einen Menschen zu begrüßen, der ihre Aufmerksamkeit erregt. Damit zeigen sie ihre Bereitschaft, eine emotionale Bindung mit einem Menschen einzugehen. Der Welpe braucht zunehmend soziale Kontakte, um sich wohlzufühlen. In einem Experiment hatten die Welpen die Wahl zwischen einer Drahtpuppe, die Milch gab, und einer „trockenen" aber mit Stoff bespannten Puppe – sie entschieden sich für die weichere Stoffpuppe, die ihnen offenbar mehr Sicherheit gab.

In der neonatalen Phase nahmen die Welpen nur wahr, was in der

engen Umgebung des Nestes geschah. Zum Ende der Übergangsphase stehen ihnen alle notwendigen Sinnesorgane zur Verfügung.
Sie gehen neugierig auf ihre neue Umgebung zu. Zu Anfang der
Übergangsphase lernen die Welpen, ihre Sinne einzusetzen. Sie
können ein bestimmtes optisches, akustisches oder Duftsignal
noch nicht mit einem zukünftigen Ereignis (es gibt Futter) verknüpfen. Gegen Ende der Übergangszeit ist dieser Lernprozess abgeschlossen – sie haben nun dieselben sinnlichen Fähigkeiten wie
ein erwachsener Hund. Wird in der Übergangsphase kurz vor der
Fütterung ein Licht angeschaltet, lernt der Welpe rasch, Licht und
Futter zu verknüpfen: Er reagiert mit freundlichem Schwanzwedeln auf das Licht und rennt zum Napf. Welpen, die von ihren
Hundemüttern mit ausgewürgter Nahrung versorgt werden, reagieren ähnlich. Wenn die Mutter das Nest verlässt und wieder zurückkommt, dürfte es bald etwas Leckeres geben. In Erwartung des
Futters lecken sie die Schnauze der Mutter. Dieses Verhalten, anspringen und lecken, behalten sie später bei, wenn der Mensch die
Stelle ihrer Mutter eingenommen hat. Damit folgen sie einem Ur-
verhalten, das ihnen die Mutter beigebracht hat und das etwa bedeutet: „Kümmere dich um mich."

Sozialisationsphase: 3. bis 16. Woche
In diesem Alter saugen Welpen wie ein Schwamm alle neuen Erfahrungen auf, die ihnen die Welt zu bieten hat. In dieser „kritischen Phase" der Sozialisation werden die Weichen gestellt. Der
Welpe lernt, was „gut" (sicher, lohnend) und was „schlecht" (be-
drohlich, schmerzhaft) ist. Die jetzt gemachten Erfahrungen bestimmen darüber, wie der ausgewachsene Hund auf Gefühle, opti-
sche und akustische Reize reagiert.
Nehmen wir einen Welpen, der gute Erfahrungen mit den Menschen gemacht hat, die täglich zu ihm in die Wohnung kommen.
Sie bringen ihm Leckereien mit, spielen mit ihm und beschützen
ihn vor allem, was furchterregend oder zu überwältigend ist. Dieser
Welpe wird auch als ausgewachsener Hund jeden Gast freundlich
willkommen heißen.
Stellen wir uns dagegen einen anderen Welpen vor: Er hat viele

schlechte Erfahrungen mit Gästen gemacht. Sie waren laut und haben ihn durch schnelle Bewegungen erschreckt. Als ausgewachsener Hund wird er misstrauisch gegenüber jedem Fremden sein und ängstlich oder aggressiv reagieren.

Tatsächlich wäre es ein großer Fehler, den Welpen während der Sozialisationsphase von Fremden abzuschotten. Menschen im Arbeitsprozess haben häufig nur wenig Lust, jemanden einzuladen, solange der Welpe noch klein ist. Immerhin fühlt sich der kleine Hund doch offensichtlich wohl. Er ist freundlich, verspielt und glücklich. Warum sollte es Probleme mit Fremden geben? Für uns sind alle Menschen gleich, zu Hause oder draußen, Familie oder Gäste. Der Welpe unterscheidet jedoch sehr subtil zwischen „Familie" und Fremden. Gäste sind anders! Wenn Ihr Welpe nie Gelegenheit hatte, sich mit Fremden auseinanderzusetzen, kann er später nicht entscheiden, ob der Besuch „gut" oder „schlecht" ist. Er weiß als erwachsener Hund nicht, wie er reagieren soll. In dieser für sie schwierigen Situation schalten viele Hunde auf ein natürliches Verhalten um: Sie fliehen vor der Gefahr oder greifen an (mit zahlreichen Zwischenstufen).

Sozialisation nach der 16. Woche

Keine Panik, wenn Ihr Welpe nach der 16. Woche noch nicht völlig sozialisiert ist – es ist nie zu spät! Die Vorschläge unten sind dazu gedacht, Hunde jeder Altersstufe zu sozialisieren.

Hinweis: Hunde lassen sich nur durch ständiges Üben an den Umgang mit anderen gewöhnen. Stellen Sie sich vor, Sie hätten nur als Kleinkind mit anderen Menschen gespielt und gelernt. Danach hätten Sie 15 Jahre lang nur noch Kontakt mit den Eltern und Geschwistern gehabt. Ganz sicher wäre kein besonders lebenstüchtiger Mensch aus Ihnen geworden. Das Gleiche gilt für Welpen: Sozialisation ist ein Prozess, der niemals zu Ende geht.

Der Sozialisationsprozess

Fünf einfache Regeln helfen Ihnen dabei, Ihren Welpen zu sozialisieren:

1. Verhätscheln Sie den Welpen nicht. Sozialisation ist nur möglich, wenn der Welpe in einer Umgebung aufwächst, die sein Selbstvertrauen wachsen lässt. Wenn Sie ihn zu sehr verhätscheln, wird er von Ihnen abhängig. Sie sollen nicht alles für ihn tun, sondern er muss lernen, bestimmte Dinge selbst zu tun. Manchen Welpen gelingt es sehr schnell, sich in der neuen Umgebung zurechtzufinden, andere brauchen mehr Zeit und Erfahrungen. Verstehen Sie die unten aufgeführten Übungen als Vorschläge. Konfrontieren Sie den Welpen mit Situationen, die ihn stärker fordern, aber überfordern Sie ihn nicht.

2. Bieten Sie ihm positive Anreize. Verknüpfen Sie seine Begegnungen mit anderen Menschen und Hunden mit fröhlichen, freundlichen Erfahrungen und sparen Sie nicht mit Leckerbissen! Beim Tierarzt gibt es etwas Leckeres, Ihre Gäste dürfen ihn mit Leckereien füttern und denken Sie auch an den Briefträger. Sie verstehen sicher, was wir meinen. Der Einwand, ein Hund würde durch die dauernde Fütterung verwöhnt und reagiere später nur „nach Bestechung", ist falsch. Es ist sogar ziemlich leicht, ihn später wieder zu entwöhnen.

3. Machen Sie kurze Übungseinheiten. Kurze Lektionen sind interessanter, aufregender und bleiben besser im Gedächtnis haften. Zu lange Lektionen könnten Ihren Welpen überfordern.

4. Üben Sie regelmäßig. Durch die regelmäßigen Übungen prägt sich das Gelernte besser ein. Außerdem stärken die regelmäßigen Kontakte das Vertrauen zwischen Ihnen und dem Welpen. Gehen Sie nach der Faustregel „drei bis vier neue Erfahrungen täglich" vor.

5. Gehen Sie auf Nummer Sicher. Neue Situationen bergen auch Gefahren für den Welpen. Beherzigen Sie folgende Hinweise:

▸ Spiele im Freien nur in eingezäunten Gehegen.

▸ Achten Sie bei warmem Wetter auf Schatten und genügend frisches Wasser.

▸ In der Wohnung keine Spiele auf glatten Fußböden.

▸ Keine Elektrokabel, keine Lampen, Vasen oder andere Gegenstände, die abgerissen oder umgeworfen werden könnten.

Der Zeitplan unten stellt Ihnen eine typische Woche mit Sozialisationsaufgaben für einen jungen Welpen vor. Selbstverständlich können Sie den Zeitplan Ihren persönlichen Möglichkeiten anpassen. Denken aber bitte daran: Sie „opfern" keine Zeit, sondern tun sich und dem Welpen etwas Gutes! Auf Seite 74 haben wir einen Tagesablauf vorgestellt; bauen Sie die Übungen in diesen Tagesablauf ein. Mit zunehmendem Alter des Welpen sollten Sie die auf S. 112 vorgestellten erweiterten Sozialisationsübungen durchführen, damit er selbstbewusster mit neuen Situationen umgehen lernt.

Hinweis: Sollte sich der Welpe an irgendeiner Stelle ängstlich oder aggressiv verhalten, gehen Sie behutsamer vor. Dämpfen Sie die Intensität der neuen Erfahrungen: Halten Sie einen größeren Abstand von Fremden, Tieren und Orten ein, senken Sie die Lautstärke, verlangsamen Sie Bewegungen und berühren Sie ihn sanfter. Sollten Aggression und Furcht nicht nachlassen, brechen Sie den Unterricht ab. Vorsichtiges Vorgehen ist insbesondere in der Zeit zwischen der 8. und 10. Woche wichtig. In dieser Phase prägt sich der Welpe negative Erfahrungen sehr stark ein; sie wirken sich auf sein späteres Verhalten aus. Lassen sich Angst und Aggression auch durch behutsame Vorgehensweise nicht besänftigen, sollten Sie einen professionellen Hundetrainer aufsuchen.

Viele dieser Übungen finden in der Öffentlichkeit statt. Da Ihr Welpe dort zwangsläufig Kontakt mit anderen Hunden hat, muss er seine Schutzimpfungen erhalten haben (siehe „Infektionskrankheiten und Impfungen", Seite 138). Sollte er noch keinen vollen Impfschutz haben, nehmen Sie ihn nur an sichere, saubere Orte mit. Meiden Sie vor allem Stellen, wo sich viele Hunde erleichtern. Nehmen Sie den Welpen in Zweifelsfällen einfach auf den Arm; auch von dort kann er andere Menschen und Hunde begrüßen.

Lassen Sie sich aber aus Angst vor Infektionen keinesfalls davon abhalten, mit dem Welpen in die Öffentlichkeit zu gehen. Der Tierarzt Robert K. Anderson schreibt in einem offenen Brief an seine Kollegen: „Das Risiko, dass ein Hund an einer Infektion wie Staupe oder dem Parvovirus stirbt, ist viel geringer als die Gefahr zwangsweiser Einschläferung, die einem Hund mit ernsten Verhaltensproblemen droht." Dr. Anderson empfiehlt daher, den Sozialisationsprozess in der 8. oder 9. Woche zu starten; in diesem Zeitfenster sind die Welpen besonders empfänglich für soziale Kontakte. Hinweis: Ab Seite 136 gehen wir ausführlich auf Infektionskrankheiten und die erforderlichen Schutzimpfungen ein.

Zeitplan für die erste Woche

Mit diesen Plänen lassen sich verschiedene Übungen zur Sozialisierung in den Tagesablauf Ihres Welpen einbauen: beim Füttern, wenn Freunde zu Besuch kommen, auf einem Spaziergang usw. Suchen Sie nach Übungen, die auch problemlos in Ihren eigenen Tagesablauf passen, möglichst in Aktivitäten, die Sie ohnehin geplant haben. Passen Sie die Intensität der neuen Erfahrungen der Aufnahmefähigkeit des Welpen an.

1. Tag

Fütterung: Setzen Sie sich mit dem Futternapf auf dem Schoß auf den Fußboden (bei jeder Fütterungszeit). Füttern Sie den Welpen mit Futterstückchen aus der Hand. Bei Dosenfutter oder rohem Fleisch wird die ganze Sache etwas klebrig; nehmen Sie einen Löffel. Manche Hundebesitzer mahlen rohes Fleisch oder Dosenfutter; es lässt sich besser verfüttern, wenn es kurz vor der Fütterung im Tiefkühlschrank etwas anfrieren darf. Zerschneiden Sie es anschließend in kleine Stücke. Beteiligen Sie mindestens ein weiteres Familienmitglied an der Fütterung. Auf diese Weise gewöhnt sich der Welpe daran, dass mehrere Menschen um seinen Napf herumstehen. Schon im Verlauf der ersten Woche werden Sie bemerken, dass der Welpe sicherer wird und nicht versucht, sein Futter mit Knurren oder Beißen zu verteidigen, wenn ein Kind oder anderes Tier kommt. Gehen Sie schrittweise vor, wechseln Sie die Fütterungstechnik, bis der Welpe verstanden hat, dass ihm niemand sein Futter wegnehmen will, sondern dass ihn die Menschen mit diesen Leckerbissen versorgen.

Freunde vorstellen: Bitten Sie Besucher, dem Welpen schon von der Tür aus einen Leckerbissen zuzuwerfen. Der Welpe darf selbst entscheiden, ob er näher kommen möchte oder nicht. Geht er freundlich auf Ihren Freund zu – die meisten Welpen machen das – darf er freundlich getätschelt werden (dabei geben Sie ihm einen Leckerbissen). Dann bekommt er ein paar Leckerbissen vom Besucher. Ist der Welpe immer noch interessiert, kann der Besuch ein paar Bälle oder ein Quietschspielzeug werfen. Nach dem Spiel gibt es nochmals eine Belohnung und die Übung endet freundlich.

Briefträger vorstellen: Passen Sie den Briefträger ab und gehen Sie mit dem angeleinten Welpen an den üblichen Platz, wo er sich erleichtern kann. Dann stellen Sie sich einige Meter neben dem Briefkasten auf. Sobald der Briefträger erscheint, bekommt der Welpe einen ständigen Strom von Leckerbissen – bis der Briefträger weitergeht. Vermutlich wird sich Ihr Welpe am nächsten Tag schon auf den Briefträger freuen. Sollte er allerdings wegen der Uniform und der Post ängstlich werden, gehen Sie ein Stück weiter weg.

Auf dem Spaziergang: Wenn sich ein Fremder nähert, halten Sie an und geben dem Welpen einen Leckerbissen. Falls ein Passant den Hund streicheln möchte, bitten Sie ihn, zunächst einen Leckerbissen zu füttern, dann darf er ihn streicheln. Zum Abschluss bekommt er noch eine Belohnung von Ihnen. Es wäre noch besser, wenn Sie solche Begegnungen gezielt mit einem Bekannten arrangieren.

Sanfte Kontrolle – am Halsband halten: Setzen Sie sich in der letzten Ruhepause vor dem Schlafengehen mit dem Welpen auf den Boden. Sehen Sie fern oder reden Sie mit der Familie. Fahren Sie mit den Fingern vorsichtig unter das Halsband und halten Sie ihn fest; geben Sie ihm einen Leckerbissen und lassen Sie ihn wieder los. Mehrfach wiederholen. Der Welpe sollte den Zug am Halsband als positive Erfahrung vermerken; auf diese Weise behalten Sie ihn später über das Halsband unter Kontrolle. Fassen Sie immer nur sanft zu, nicht reißen, zerren oder am Halsband drehen. Anschließend darf er jedes Mal eine Minute frei herumlaufen, dann schieben Sie wieder die Hand unter sein Halsband – begleitet von einem Leckerbissen; wieder loslassen. Nach und nach lernt der Welpe, wie angenehm das Festhalten ist: Er bekommt einen Leckerbissen und darf danach völlig frei herumlaufen. Er gewinnt immer!

2. Tag

Fütterung: Füttern Sie weiter aus der Hand; gehen Sie wie ersten Tag vor.

Kinder vorstellen: Gehen Sie in einen Park, in dem Kinder spielen. Bleiben Sie mit dem angeleinten Welpen in gehörigem Abstand von den Kindern stehen. Die Kinder rufen und rennen herum. Füttern Sie den Welpen mit Leckerbissen, während er die Kinder beobachtet. Wenn er sich ruhig verhält, gehen Sie näher heran – Belohnungen nicht vergessen. Warten Sie wieder etwas und nähern Sie sich den Kindern immer weiter, solange der Welpe sich nicht duckt, wegzulaufen versucht, sich hinter ihnen versteckt, den Schwanz einzieht, knurrt oder andere Anzeichen von Furcht zeigt. Wenn eines der Kinder den Welpen streicheln möchte, erklären Sie ihm die Regeln (Leckerbissen, wie oben) und erlauben Sie immer nur einem Kind, sich dem Hund zu nähern. Vermeiden Sie drängelnde Kinder. Tätscheln Sie den Welpen anschließend unter dem Kinn und geben Sie ihm sofort danach einen Leckerbissen. Sobald der Welpe Angst zeigt, entfernen Sie sich ein Stück weiter, bleiben aber völlig ruhig und geben ihm einen Leckerbissen. Wenn das nicht hilft, brechen Sie die Übung ab. Sollte der Welpe beißen oder extrem ängstlich reagieren, bitten Sie einen professionellen Tiertrainer um Hilfe. Bis zum Termin halten Sie den Welpen von Kindern fern.

Andernfalls verlassen Sie die Kinder nach relativ kurzer Zeit und beenden Sie die Übung mit einem Highlight: Gehen Sie in einen ruhigen Teil des Parks und spielen Sie mit dem Hund. Lassen Sie den Hund angeleint, es sei denn, es gibt spezielle, eingezäunte Hundespielplätze.

Beteiligen Sie Ihre Kinder und deren Freunde an der Sozialisation des Welpen. Achten Sie aber darauf, dass der Welpe auch Kontakt mit völlig fremden Kindern hat. Er soll keinen Unterschied zwischen „Familienkindern" und fremden Kindern machen. Auch wenn Sie Ihren Kindern noch so sehr vertrauen, lassen Sie den Welpen niemals mit ihnen allein. Kinder und Hunde können im Spiel spontan die Kontrolle verlieren und bei einem ausgearteten Spiel könnten sich sowohl Ihr Kind als auch der Welpe verletzen.

Der Hund behielte eine lebenslange Angst vor Kindern zurück und könnte aggressiv reagieren.

Briefträger vorstellen: Hat es gestern geklappt? Reagierte der Welpe freundlich und blieb ruhig sitzen oder ließ er Anzeichen von Angst erkennen? Fahren Sie mit den Leckerbissen fort, während Sie wie gestern auf den Briefträger warten. Reagieren Sie wie gestern, wenn der Hund ängstlich reagiert: Abstand vergrößern, neue Leckerbissen geben.

Weitere Fremde und andere Hunde vorstellen: Gehen Sie in einen Park, wo andere Menschen ihre Hunde ausführen. Wenn Sie jemand mit einem Hund sehen, fragen Sie ihn höflich, ob der Hund freundlich reagiert und ob der Welpe ihn begrüßen darf. Halten Sie die Leine locker, während sich die beiden beschnuppern. Der Welpe wird um den anderen Hund herumgehen, vielleicht etwas springen und spielen. Viele Hundebesitzer sehen es nicht gerne, wenn sich Welpen anderen Hunden nähern, weil sie nicht wissen, ob der Kontakt sicher sein wird. Tatsächlich ist es problematisch, einen Welpen an der Leine zurückzuhalten; er beginnt an der Leine zu ziehen, ist frustriert und regt sich noch mehr auf. Er versteht nicht, warum er nicht näher kommen darf und empfängt die unterschwellige Botschaft: Fremde Hunde könnten eine Bedrohung sein. Einige Hunde entwickeln daraus die sogenannte Leinenaggression: Sie reagieren aggressiv, wenn sie angeleint werden, obwohl sie ohne Leine freundlich sind. Halten Sie die Leine also locker! Wenn Sie sich unsicher fühlen, lassen Sie das Ganze besser. Nach einer oder zwei Minuten wird der Welpe gelobt, er bekommt eine Belohnung und darf den Spaziergang fortsetzen. Sie werden bald feststellen, dass schon die Begegnung mit einem anderen Hund für die meisten Welpen Belohnung genug ist; dann können Sie auf Leckerbissen verzichten. Damit vermeiden Sie außerdem das Risiko, dass der fremde Hund futterneidisch reagieren könnte. Sollte der Welpe Anzeichen von Angst oder Aggression zeigen, gehen Sie sofort weiter.

Für Welpen unter sechs Monaten ist das Risiko in einem Park, in dem die Hunde frei laufen dürfen, zu groß. Wenn Sie den Welpen unbedingt frei mit anderen Hunden spielen lassen möchten, erkundigen Sie sich in einer Hundeschule nach Welpengruppen (siehe Tag 4 und zusätzliche Übungen zur Sozialisation).

Sanfte Kontrolle – Hochheben und Halten: Wiederholen Sie zunächst die Halsbandübungen von Tag 1. Legen Sie Ihre Handfläche unter den Brustkorb des Welpen und heben Sie ihn an; kurz vor Ihre Brust halten. Wenn sich der Welpe windet, setzen Sie ihn erst wieder ab, nachdem er damit aufgehört hat; dann wird er gelobt und bekommt einen Leckerbissen. Eigentlich lehnt das Konzept der sanften Hundeerziehung Festhalten gegen den Willen des Hundes ab, weil sich darin unterschwelliger Druck äußert. Bei dieser Übung lernt der Welpe aber, mit Ihnen zu kooperieren. Führen Sie diese Halteübung daher unbedingt durch und lassen ihn erst los, wenn er sich beruhigt. Geben Sie ihm anschließend zur Bestärkung einen Leckerbissen. Normale Welpen lernen rasch, sich in Ihren Armen zu entspannen und mögen es sogar ganz gern. Hunde, die sich ohne Protest hochnehmen lassen, haben es später leichter. Gehen Sie langsam vor, nichts übereilen. So lässt sich der erwachsene Hund später von anderen Menschen hochnehmen – Tierarzt, Hundefriseur, Kinder – selbst, wenn sie dabei vielleicht nicht besonders geschickt vorgehen sollten.

3. Tag

Fütterung: Stellen Sie den leeren Futternapf auf den Boden vor den Welpen. Legen Sie mit der Hand ein Futterstückchen hinein. Erst wenn er es gefressen hat, folgt das nächste Stück. Fahren Sie fort, bis alles aufgefressen ist.

Weitere Freunde vorstellen: Bitten Sie einen Freund oder Bekannten, an der Tür zu läuten. Wenn das neue Geräusch ertönt, bekommt der Welpe einen Leckerbissen. Nachdem der Freund eingetreten ist, fahren Sie fort wie am ersten Tag.

Spazieren gehen: Gehen Sie an einen Ort, wo sich mehrere Menschen versammeln. Halten Sie Abstand und versorgen Sie den Welpen regelmäßig mit Leckerbissen. Wenn der Welpe ruhig bleibt, gehen sie näher heran (Leckerbissen nicht vergessen). Sollte er Zeichen von Angst zeigen, rücken Sie etwas ab. Gehen Sie weiter und begrüßen Sie Fremde und freundliche Hunde wie an den Vortagen.

Sanfte Kontrolle – Pfote festhalten: Wiederholen Sie zum Aufwärmen die Halsbandübungen, dann bekommt der Welpe eine Belohnung. Heben Sie ihn wie gestern ein paar Mal hoch und belohnen Sie ihn dafür. Nun nehmen Sie eine seiner Pfoten in Ihre Hand und drücken leicht zu; gleichzeitig einen Leckerbissen geben. Wiederholen Sie die Übungen mit den anderen Pfoten; insgesamt sollten alle Pfoten mehrmals angehoben werden. Dafür bekommt er jedes Mal einen Leckerbissen. Wenn der Welpe zerrt oder versucht, sich freizustrampeln, berühren Sie die auf dem Boden stehende Pfote zunächst nur mit einem Finger – Leckerbissen. Machen Sie weiter, bis der Welpe die Berührung ruhig über sich ergehen lässt. Lässt er den Finger-Pfoten-Kontakt zu, nehmen Sie die Pfote sanft zwischen zwei Finger und geben ihm einen Leckerbissen. Von hier geht es sehr langsam weiter: Pfote anheben, Pfote anheben und leicht drücken. Da die Hundepfote sehr empfindlich ist, kann es Tage oder sogar Wochen dauern, bis Ihnen der Welpe seine Pfote ohne zu murren überlässt. Erst wenn der Hund diesen Kontakt völlig ruhig über sich ergehen lässt, können Sie ihm die Krallen schneiden. Geht alles glatt, können Sie ihm die Krallen schon am Ende der ersten Woche (siehe Tag sieben) schneiden, ansonsten müssen Sie einige Wochen verstreichen lassen. Bleiben Sie geduldig, denn diese Übung zahlt sich ein ganzes Hundeleben lang aus: Der Hund wird sich seine Krallen stutzen lassen, ohne sich zu winden, zu bellen oder zu beißen.

Nicht vergessen: Sie dürfen den Welpen nicht verhätscheln
Machen Sie die Übungen zur Sozialisation anspruchsvoll, aber ohne den Welpen zu erschrecken. Sie möchten einen selbstbewussten, keinen ängstlich-anhänglichen Hund. Sollte Ihr Welpe die Aufgaben locker und mit Spaß lösen, absolvieren Sie die simplen Übungen zügig und spielen Sie anschließend mit ihm.

4. Tag
Fütterung: Napf auffüllen, während der Welpe frisst: Stellen Sie wieder den leeren Napf auf den Boden und geben Sie eine kleine

Portion Futter hinein. Während der Welpe frisst, geben Sie ihm in fünf bis zehn Portionen die gesamte geplante Futtermenge nach und nach in den Napf. Alle Familienmitglieder sollten einmal die Fütterung übernehmen. Im Unterschied zum dritten Tag (einzelne Futterportionen in einen jeweils leeren Napf) kommt das Futter nun in den bereits teilweise gefüllten Napf. Damit lernt der Welpen, dass eine Hand, die sich dem Futternapf nähert, keine Gefahr bedeutet.

Weitere Begegnungen mit anderen Hunden: Verabreden Sie sich mit einem Bekannten, der ebenfalls einen Welpen hat, zu einem Spieltermin (wenn Sie niemanden mit einem Welpen kennen, geht auch ein bekannt freundlicher Hund, der gerne mit anderen Hunden spielt). Diese Übung verfolgt zwei Zwecke: Der Welpe verbessert seine sozialen Kontakte und den freundlichen Umgang mit anderen Hunden und Besuchern. Lassen Sie beide Hunde von der Leine und verfolgen Sie das Spiel. Nicht nervös werden, wenn die beiden scheinbar miteinander kämpfen und sich anknabbern – so spielen Welpen nun einmal. Die beiden werden sich verfolgen, sich anspringen, ringen und vorsichtig mit dem Maul berühren. Nach wenigen Minuten unterbrechen Sie das Spiel, damit sich die beiden wieder beruhigen. Sollte einer der beiden eindeutig überlegen sein und den anderen nicht „gewinnen" lassen oder sich einer der beiden ständig ducken und wimmern, ohne wirklich zu spielen, brechen Sie das Spiel ab. Wenn sich die Situation auch beim nächsten Versuch nicht ändert, hat einer der beiden eindeutig keinen Spaß an der Sache – brechen Sie die Spielübung ab.

Spazieren gehen: Gehen Sie vor wie bisher; treffen Sie Erwachsene, Hunde und Kinder.

Sanfte Kontrolle: Wiederholen Sie die Übungen der Vortage, anheben, Pfoten berühren und drücken. Bekam der Welpe seine Belohnungen gestern noch *während* der Übungen, wird er heute erst *nach* jeder Übung mit einem Leckerbissen belohnt.

5. Tag

Fütterung: Heute lernt der Welpe, sein Futter für kurze Zeit stehen zu lassen. Stellen Sie ihm den Napf mit der Hälfte seiner morgendlichen Portion auf den Boden. Während er frisst, legen Sie ihm einen ganz besonderen Leckerbissen neben den Napf auf den Boden und sagen gleichzeitig „Aus" oder „Gib". Warten Sie ab, bis der Welpe seinen Leckerbissen geholt hat und sich wieder dem Napf zuwendet. Wiederholen Sie die Übung fünf- bis zehnmal, bis er den Napf leer gefressen hat.

Weitere Begegnungen mit Menschen: Gewöhnen Sie den Welpen an anders aussehende Menschen. Ziehen Sie sich eine Sonnenbrille an und setzen Sie einen Hut auf. Spielen Sie mit ihm und sparen Sie nicht an Belohnungen. Laden Sie nach einigen Tagen einen Freund ein, der Sonnenbrille und Hut trägt oder einen Mann mit Bart. Der Welpe soll sich daran gewöhnen, dass manche Menschen merkwürdige „Zusätze" im Gesicht haben. Wiederholen Sie die Übung mehrmals.

Spazieren gehen: Treffen Sie möglichst viele Erwachsene, Hunde und Kinder; Belohnungen nicht vergessen.

Sanfte Kontrolle – Krallenschere: Machen Sie weiter mit dem Fuß anheben, Halsband halten, Pfote berühren und drücken und belohnen Sie den Welpen nach jeder Übung. Nun heben Sie die Pfote an und berühren die Krallen mit der Schere; Leckerbissen. Wiederholen Sie die Übung drei- bis fünfmal und lassen Sie keine Pfote aus.

6. Tag

Fütterung: Heute nehmen Sie ihm das Futter weg, während er frisst. Füllen Sie den Napf mit einem Futter, das er nicht so gerne mag, beispielsweise eine Handvoll Trockenfutter. Während er davon frisst, nehmen Sie den Napf hoch und legen ein besonders leckeres Futterstück hinein. Stellen Sie den Napf zurück auf den Boden. Wiederholen Sie die Übung fünf- bis zehnmal. Glückwunsch! Ihr Welpe hat gelernt, dass es nicht schlimm ist, wenn jemand den Futternapf wegnimmt, während er daraus frisst. Er hat gelernt, dass Futterneid nichts bringt: Wenn ihm jemand den Napf wegnimmt, kommt er mit einem viel besseren Futter zurück.

Tierarztbesuche machen Spaß: Wer sagt denn, dass man beim Tierarzt abgetastet, gedrückt und mit Nadeln gestochen wird? Fahren Sie mit dem Welpen zum Tierarzt und halten Sie sich eine Zeitlang im Wartezimmer auf. Geben Sie ihm ab und zu einen Leckerbissen, spielen Sie mit ihm und streicheln Sie ihn. Bitten Sie die Sprechstundenhilfe, dem Welpen einen Leckerbissen zu geben. Auf diese Weise lernt Ihr Hund, dass der Tierarzt nicht unbedingt eine negative Erfahrung bedeutet.

Spazieren gehen: Je mehr Kontakte Sie haben, desto besser; Belohnungen nicht vergessen.

Sanfte Kontrolle – Krallenschere: Heben Sie den Welpen ein paar Mal an, halten sie ihn sanft am Halsband fest, drücken Sie seine Pfoten und belohnen Sie ihn mit einem Leckerbissen. Berühren Sie die Krallen wieder mit der Schere, immer noch, ohne zu schneiden. Wiederholen Sie die Übung mit allen Krallen auf jeder Pfote.

7. Tag

Fütterung: Wiederholen Sie die Übung von gestern. Nehmen Sie den Napf hoch, während der Welpe frisst, legen einen besonderen Leckerbissen (Hähnchen, Truthahn, Hackfleisch, Käse) hinein und stellen den Napf zurück auf den Boden. Diese Übung wird ein- bis zweimal pro Woche wiederholt, solange der Hund lebt.

Begegnung mit anderen Menschen: Laden Sie mehrere Gäste zu sich ein (Brunch, Kaffee trinken). Jeder gibt dem Welpen einen Leckerbissen und spielt mit ihm.

Sanfte Kontrolle – Krallen schneiden: Heute wird es Ernst. Heben Sie die Pfoten des Welpen an und berühren Sie die Krallen mit der Schere – noch nicht schneiden. Nach jeder Berührung gibt es zur Belohnung einen Leckerbissen. Wenn der Welpe völlig entspannt bleibt, weder die Pfote wegzieht noch versucht, an der Schere oder der Hand zu knabbern, können Sie den letzten Schritt wagen. Sind Sie bereit? Hundekrallen sind sehr empfindlich. Wenn Sie zu viel abschneiden, könnten Sie ein Blutgefäß oder Nerven treffen und dem Welpen Schmerzen zufügen. Diese negative Erfahrung könnte den Hund lange Zeit prägen. Da Welpen nur sehr kurze Krallen haben, liegen Blutgefäße und Nerven ziemlich nahe an der Krallenspitze. Gehen Sie unbedingt auf Nummer sicher! Schneiden Sie nur die alleräußerste, winzigste Krallenspitze ab, die Sie fassen können. Belohnen Sie den Welpen nach jedem Schnitt und loben Sie ihn enthusiastisch.

Wenn Sie sich sicherer fühlen, dürfen Sie die Krallen etwas stärker beschneiden, allerdings stets mit größter Vorsicht. Bei Hunden mit durchsichtigen Krallen sehen Sie ganz gut, wo der durchblutete Teil beginnt, bei Welpen mit schwarzen Krallen ist das schwieriger. Schneiden Sie so viel ab, dass die Krallen beim Laufen auf dem Boden nicht kratzen. Wenn Sie auch nur den leisesten Zweifel haben, lassen Sie sich das Schneiden von einem Profi zeigen (z.B. im Hundesalon oder vom Tierarzt). Ein Profi hat die Erfahrung, um den Schnitt zügig und sicher durchzuführen. Diese Sicherheit überträgt sich auch auf den Welpen. Wenn Sie unsicher sind, fühlt sich auch der Welpe unsicher und wird nervös. Die vorbereitenden Übungen sollten Sie allerdings auf jeden Fall durchführen, damit der Welpe die Berührung seiner Pfoten gewöhnt ist.

Glückwunsch! Sie haben Ihrem Welpen eine Woche lang wesentliche Hilfestellung bei seiner Sozialisation geleistet. Er hatte einen guten Start in die ihm völlig fremde Welt und ist bestens auf die nächsten Jahre vorbereitet. Mit einer erfolgreichen Sozialisation sinkt die Gefahr, dass Ihr Hund ängstlich oder aggressiv reagiert. Allerdings ist es mit der ersten Woche noch längst nicht geschafft. Fahren Sie in den nächsten Wochen und Monaten mit denselben Übungen fort. Lassen Sie Ihren Hund neue Menschen, Orte und Situationen kennenlernen; unten folgen einige Beispiele. Die Vorgehensweise bleibt dieselbe: Die neuen Erfahrungen sollten positiv (freundliche Stimme, Leckerbissen als Belohnung), kurz, regelmäßig und sicher sein. Gehen Sie langsam, in kleinen Schritten vor. Sollte der Welpe jemals vor einer bestimmten Situation scheuen, spielen Sie mit ihm „Such " (siehe Seite 214). Wenn das nicht funktioniert, dürfen Sie vorsichtig an der Leine ziehen – niemals kräftig reißen. Wenn nötig, nehmen Sie den Welpen auf den Arm.

Zusätzliche Übungen zur Sozialisation

Die nun folgenden, zusätzlichen Übungen werden in beliebiger Reihenfolge begonnen und durchgeführt – ganz nach den Fortschritten des Welpen. Der Hund braucht nicht alle Lektionen beim ersten Mal zu verstehen. Wenn er nervös oder unruhig wird, gehen Sie eben etwas langsamer vor. Einige Welpen bewältigen aber auch die gestiegenen Anforderungen völlig problemlos.

Autofahren: Ist Ihr Welpe schon daran gewöhnt, mit dem Auto zu fahren? Fühlt er sich wohl dabei? Dann können Sie diese Lektion überspringen. Sollte er aber noch nie mit dem Auto gefahren sein oder sich dabei unwohl fühlen, gehen Sie wie folgt vor: Heben Sie ihn an, setzen ihn auf den Rücksitz und geben Sie ihm einen Leckerbissen. Lassen Sie die Tür auf, der Motor bleibt aus. Heben Sie ihn wieder heraus und spielen Sie mit ihm. Wiederholen Sie die Übung dreimal und machen Sie das ganze zwei- bis dreimal pro Tag. Wenn sich der Welpe nach mehreren Wiederholungen entspannt auf dem Sitz aufhält, können Sie den Motor starten. Belohnen Sie den Welpen mit ein paar Leckerbissen, beschäftigen Sie sich mit ihm und lassen Sie den Motor ein paar Minuten im Leerlauf laufen. Erst wenn sich der Welpe auch in dieser Situation völlig entspannt verhält, beginnt seine erste Fahrstunde. Die meisten Welpen haben nichts gegen eine Autofahrt einzuwenden, doch wenn er sich offensichtlich unwohl fühlt, fahren Sie nur eine kurze Strecke – etwa bis zur nächsten Ecke. Verlängern Sie die Dauer der Fahrt in kleinen Schritten.

Hinweis: Fachgeschäfte bieten für extrem sensible Welpen milde Kräutermittel an, die den Magen beruhigen. Sollte sich der Welpe allerdings überhaupt nicht mit dem Autofahren anfreunden, bitten Sie einen Hundetrainer um Hilfe.

Welpengruppen: Ein Welpen-Kindergarten gehört mit zum Besten, was Sie Ihrem Welpen bieten können. Hier hat er die wunderbare Gelegenheit, seine Sozialisation zu verbessern. Er trifft neue Menschen und andere Welpen, alle mit demselben Ziel. Nutzen Sie die Fahrt zur Welpenschule zu einer ersten längeren Autofahrt. Inzwischen fährt Ihr Welpe gerne Auto und wird am Ende der Tour reichlich belohnt: Er darf eine ganze Stunde lang spielen, lernen, bekommt Belohnungen und hat Kontakt mit anderen Welpen. Sollte er in der Gruppe zu viele Leckereien bekommen haben, können Sie die nächste Mahlzeit streichen; gehen Sie aber zum üblichen Örtchen, wenn Sie zu Hause ankommen.

Auf glattem Boden laufen: Legen Sie wie bei Hänsel und Gretel eine Spur aus kleinen Leckerbissen aus, die den Welpen zu einer Stelle mit glattem Boden führt. Je näher er dem glatten Boden kommt, desto mehr wird er gelobt. Es ist kein großes Problem, wenn er unmittelbar vor der glatten Stelle zurückschreckt. Legen Sie einfach eine neue Spur aus. Solange Sie ihn nicht drängen, wird er nach und nach selbstsicherer werden und sich immer näher an die glatte Stelle herantrauen. Schließlich können Sie die Spur bis auf den glatten Fußboden fortführen. Eine alternative Möglichkeit wären kleine, rutschfeste Matten. Sie werden in kurzem Abstand über den glatten Boden gelegt, sodass der Welpe nie mit allen vier Beinen gleichzeitig auf der glatten Oberfläche geht. Legen Sie Futterspuren von Matte zu Matte und vergrößern Sie nach und nach den Abstand, bis der Welpe über den glatten Boden läuft.

Treppen steigen: Beginnen Sie mit einer einzelnen Stufe hinauf bzw. hinunter und belohnen Sie jeden Schritt, den sich der Welpe traut. Machen Sie diese Übung aber nur auf einer Treppe mit Teppichboden oder einer rutschfesten Auflage.

Besuch im Hundesalon (siehe auch „Tierarztbesuche", Seite 110): Besuchen Sie das Hundestudio, lassen Sie den Welpen aber noch nicht dort. Reden Sie mit dem Welpen, spielen Sie mit ihm, geben Sie ihm Leckerbissen und bitten Sie auch das Personal, dem Welpen einen Leckerbissen zu geben. Gehen Sie mit dem Welpen wieder nach Hause.

Bitten Sie beim nächsten Besuch die Mitarbeiter, den Welpen auf den Tisch zu setzen, ihm einen Leckerbissen zu geben und ihn mit einigen der Werkzeuge zu berühren. Dann bekommt er noch eine Belohnung und die Übung ist zu Ende.

Ohren saubermachen (siehe auch bei den „Sanften Kontrollen", ab Seite 104): Berühren Sie den Welpen sanft an den Ohren und geben Sie ihm eine Belohnung. Halten Sie die Ohren länger fest, biegen Sie die Ohrmuscheln zurück.

Während die eine Hand an den Ohren bleibt, nehmen sie einen Wattebausch in die andere Hand. Stellen Sie eine geöffnete Flasche mit Reinigungsflüssigkeit vor sich auf den Boden. Vergessen Sie nicht die üblichen Leckerbissen. Tränken Sie den Wattebausch mit der Flüssigkeit; die andere Hand bleibt am Ohr; Leckereien und belohnen.

Erst wenn sich der Welpe an die Berührung und den Anblick und Geruch der Reinigungsutensilien gewöhnt hat, berühren Sie sein Ohr kurz mit dem feuchten Wattebausch; Leckerbissen. Verlängern Sie die Prozedur schrittweise und geben Sie ihm zum Schluss immer einen Leckerbissen.

Lippen anheben und Zähne untersuchen (siehe auch bei den „Sanften Kontrollen", ab Seite 104): Berühren Sie die Schnauze des Welpen sanft mit den Fingerspitzen und geben Sie ihm einen Leckerbissen. Legen Sie dann zwei, drei und vier Finger auf die Schnauze, jedes Mal bekommt er einen Leckerbissen. Schließlich legen Sie die Handfläche auf die Schnauze, sodass die Finger die Lefzen auf einer, der Daumen die auf der anderen Seite berühren. Jetzt bekommt der Welpe eine Menge Leckerbissen. Im nächsten Schritt heben Sie die Lefzen mit den Fingerspitzen für eine Sekunde hoch, dann für zwei, fünf ...

Knisternde Plastiktüten: Legen Sie eine Plastiktüte mit ein paar Leckerbissen darauf auf den Boden. Heben Sie die Tüte an und geben Sie dem Welpen einen Leckerbissen. Rascheln Sie mit der Tüte, und wieder ein Leckerbissen.

Fahrende Autos: Halten Sie den Welpen an der lockeren Leine und nähern Sie sich einer wenig befahrenen Straße. Wenn ein Auto kommt (etwa ab 30 m), füttern Sie den Welpen mit Leckerbissen, bis es vorbeigefahren ist. Nähern Sie sich vorsichtig der Straße, bis Sie auf dem Bürgersteig gehen – immer mindestens 1 m von der Bordsteinkante entfernt. Warten Sie wieder ab, bis ein Wagen kommt und geben Sie dem Welpen einen Leckerbissen, wenn er sich auf 15 m genähert hat. Verkürzen Sie den Abstand immer mehr, bis er nur noch eine Belohnung bekommt, während der Wagen vorbeifährt. Wenn Sie der Welpe erwartungsvoll ansieht, sobald ein Auto kommt, haben Sie gewonnen.

Große Menschenansammlungen: Gehen Sie genauso vor, wie bei kleinen Gruppen (siehe Tag 3) und versuchen Sie es nach und nach mit immer größeren Gruppen.

Ältere Menschen und Passanten mit Stöcken: Manche Welpen fürchten sich vor Menschen, die sich anders fortbewegen als die Menschen, die sie bereits kennen. Suchen Sie auf Ihren Spaziergen nach Menschen mit Stock oder Doppelstöcken (Nordic Walking). Nähern Sie sich langsam, reden Sie mit dem Welpen und teilen Sie Leckerbissen aus. Sollte er keine Anzeichen von Unruhe zeigen, können Sie näher gehen; reden Sie weiter mit ihm und belohnen Sie ihn für jeden Fortschritt.

Staubsauger und andere Objekte

Um einen Welpen an Staubsauger, Rasenmäher, Kinderwagen, Rollstühle, Menschen auf Krücken und andere laute oder sich ungewöhnlich bewegende Objekte zu gewöhnen, sind spezielle Übungen erforderlich. Manche Welpen bewältigen solche Anforderungen ohne Probleme – überschlagen Sie den Abschnitt. Achten Sie darauf, wie der Welpe auf fremde Objekte reagiert und steigern Sie die Anforderungen entsprechend.

Erste Stufe

Schritt 1: Legen Sie eine Futterspur bis zu einem Staubsauger, solange der Welpe noch nicht im Raum ist. Dann darf er herein; warten Sie ab. Wenn er die Leckerbissen ohne Angst aufnimmt, bis zum Staubsauger geht und ihn beschnuppert, fahren Sie fort. Viele Welpen halten allerdings von einem Objekt, das sie fürchten, zunächst einen Sicherheitsabstand von etwa zwei Metern ein.

Schritt 2: Fassen Sie den Staubsauger an und geben Sie dem Welpen gleichzeitig eine Belohnung; fünf- bis zehnmal wiederholen. Wiederholen Sie die Lektion, bis der Welpe völlig gelassen reagiert.

Schritt 3: Bewegen Sie den Staubsauger vor dem Welpen hin und her und werfen Sie ihm einen Leckerbissen zu. Das Füttern kann auch ein Familienmitglied übernehmen, während Sie den ausgeschalteten Staubsauger hin und her schieben. Sagen Sie dem Welpen „Sitz" oder „Platz". Fahren Sie fort mit dem Staubsauger; mehr Leckereien. Wiederholen Sie das Ganze fünf- bis zehnmal und bewegen Sie den Apparat schneller.

Schritt 4: Fordern Sie den Welpen wieder auf, sich hinzusetzen oder zu legen, sagen Sie „Bleib". Jetzt bewegen Sie den Staubsauger, ohne ihm eine Belohnung zu geben. Der Welpe wird nicht mehr den Staubsauger, sondern Sie ansehen – clicken, Lob und Leckerbissen. Jetzt hat er begriffen, dass der Staubsauger mit Belohnungen verbunden ist.

Zweite Stufe

Nun kommt eine weitere Belastung hinzu: Der Staubsauger wird eingeschaltet. Stellen Sie sich etwa drei Meter entfernt vom Staubsauger mit dem Welpen auf. Lassen Sie ihn sitzen oder liegen („Bleib") und bitten Sie jemanden, den Staubsauger kurz an- und sofort wieder auszuschalten. Wenn der Lärm losgeht, bekommt der Welpe einen Leckerbissen. Wiederholen Sie die Übung fünf- bis zehnmal. Von Sitzung zu Sitzung bleibt der Staubsauger länger an, bis er etwa eine Minute lang läuft.

Dritte Stufe

Schritt 1: Nun folgt die letzte Steigerung, der laute Staubsauger bewegt sich durch die Wohnung. Stellen Sie sich mit dem Welpen in drei Meter Entfernung auf. Lassen Sie ihn sitzen oder liegen („Bleib") und bitten Sie jemanden, den Staubsauger hin und her zu bewegen. Belohnen Sie den Welpen, während sich der Staubsauger bewegt. Fünf- bis zehnmal wiederholen
Schritt 2: Lassen Sie ihn sitzen oder liegen („Bleib"). Ein Helfer schaltet den Staubsauger an und bewegt ihn vor dem Welpen hin und her. Diesmal bekommt er keinen Leckerbissen. Warten Sie, bis der Welpe nicht mehr den Staubsauger, sondern Sie ansieht. Jetzt loben Sie ihn und er bekommt seine Leckerbissen. Der Welpe hat verstanden, dass der laute, bewegte Staubsauger für ihn mit einer Belohnung verbunden ist.

Vierte Stufe

Verkürzen Sie schrittweise (jeweils ca. 50 cm) den Abstand zwischen Welpe und Staubsauger; jedes Mal wie bei der ersten Stufe vorgehen. Hier nochmals die Vorgehensweise in Einzelschritten.

Fangen Sie mit einer Entfernung von zwei bis drei Metern an, bei
der sich Ihr Welpe wohlfühlt:

1. Das ruhende Objekt wird mit positiver Erfahrung assoziiert.
2. Das bewegte Objekt wird mit positiver Erfahrung assoziiert.
3. Das Objekt bewegt sich; dabei lassen Sie den Welpen sitzen oder
liegen und belohnen ihn mit Leckerbissen.
4. Das Objekt bewegt sich; dabei lassen Sie den Welpen sitzen oder
liegen; warten Sie ab, bis der Welpe sich Ihnen zuwendet.
5. Wiederholen Sie alle Schritte mit dem eingeschalteten Staubsauger.
6. Kombinieren Sie Bewegung und Geräusch.
7. Verkürzen Sie schrittweise den Abstand zwischen Objekt und
Welpe.

Zutat 4: Ruhezeiten

Jedes Lebewesen braucht für ein gesundes Leben mehr als Licht,
Atemluft, Wasser und Nahrung. Genauso wichtig sind Phasen der
Ruhe. Ohne Ruhe gäbe es weder Gesundheit noch Kreativität noch
Liebe. Ohne Ruhe und Entspannung könnte sich der Geist nicht
konzentrieren, der Körper nicht funktionieren und jegliche anspruchsvolle Kreativität und geistige Arbeit wären unmöglich – üb-
rig bliebe allein der Überlebensinstinkt. Ausruhen setzt sich aus
zwei Komponenten zusammen: Dem Schlaf, dem wir ein eigenes
Kapitel widmen, und der Entspannung.

Die Stressreaktionen eines Welpen werden vom Sympathischen
Nervensystem gesteuert. Unter Stress atmet er schneller, die Muskeln spannen sich an, der Puls steigt und Drüsen schütten Hormone
aus. Da er der Situation nicht entfliehen kann, sperrt sich der Welpe
gegen jeden Einfluss von außen. Statt mit uns zu kooperieren, reagiert er mit Widerstand, oft mit Aggression und Zerstörungswut.
In der Entspannung ziehen wir Körper und Geist aus einer reiz-
überfluteten Umgebung zurück. Damit streben wir einen Zustand

an, in dem sich unsere Batterien aufladen – in körperlicher, geistiger und emotionaler Ruhe und Wohlbefinden. Auch Tiere können ihr tägliches Leben nur dann effizient bewältigen, wenn sie sich regelmäßig in sich zurückziehen und neue Kraft tanken.

Daher braucht jeder Welpe einen sicheren Platz, an den er sich zurückziehen kann. Gelegentlich lassen sie es uns sogar wissen, wann es Zeit für eine Ruhepause wird. Terry erzählt folgende Geschichte von seinem Hund Magoo: Als er seinen Hund aufnahm, war Magoo extrem anhänglich und folgte ihm von Zimmer zu Zimmer; er litt unter jeder Trennung und schlief Nacht für Nacht neben Terrys Bett – klassische Zeichen von Ängsten. Doch dann geschah etwas Merkwürdiges. Einige Monate später suchte sich Magoo seinen Schlafplatz in einem anderen Zimmer. Terry war zunächst beunruhigt über das veränderte Verhalten, doch Magoo zeigte keinerlei körperliche Anzeichen von Krankheit, weder die Umgebung noch der Tagesplan hatten sich geändert. Woher kam diese neue Unabhängigkeit? Magoo hatte sich an seine neue Umgebung gewöhnt und gelernt, dass er nicht mehr um sein Überleben kämpfen musste. Es gab keine unbekannten, lebensbedrohlichen Gefahren mehr. Magoo konnte sich zum ersten Mal in seinem Leben vollständig entspannt ausruhen.

Wenn Terry ihn nachts in sein Schlafzimmer rief, kam Magoo, ließ sich tätscheln und ging dann zurück in seinen „Ruheraum". Schließlich erkannte Terry, dass Magoo nur seine Ruhe brauchte. Wie wir Menschen muss sich auch ein Hund manchmal völlig zurückziehen können.

Magoo ist immer noch gerne in der Gesellschaft seiner Familie – wie fast alle Hunde – aber er braucht eine Zeit für sich allein, eine Auszeit. Das bemerkt Terry vor allem während der Ferien, wenn viele Besucher kommen und der Hund viel Aufmerksamkeit erfährt. Kinder sind begeistert und wollen ihn streicheln. Das ist für jeden Hund irgendwann einmal zuviel.

Ein Welpe, der sich an seine Box gewöhnt hat, besitzt einen Platz, an den er sich zurückziehen kann, wo er sich sicher und glücklich fühlt. Den gleichen Zweck erfüllen auch eine Decke, ein Teppich oder ein Hundebett. Sie müssen Ihrem Hund nur das Kommando

„Geh auf deinen Platz" (siehe Seite 204) beibringen. Bei anstrengendem Besuch wird der „sichere Platz" außer Reichweite der Gäste unter einen Tisch, in eine Ecke oder auf einen Treppenabsatz gestellt. Wie bereits erwähnt, entspannen sich Welpen während der Ruhezeit körperlich, geistig und emotional. Dazu brauchen sie eigentlich nur einen Ort und Zeit. Allerdings entspannen sich Welpen leichter, wenn Sie ihnen mit einigen Tricks helfen.

Kraft durch Atmung

Der Stress eines Menschen überträgt sich auf den Welpen. Lesen Sie auf Seite 76 nach, mit welchen einfachen Atemübungen Sie entspannen können. Ihre Ruhe überträgt sich auf den Welpen.

Sanfte Musik

Musik wirkt nicht nur auf Menschen beruhigend und entspannend. Es gibt Hinweise, dass bestimmte Musikstücke auch das Nervensystem eines Hundes beruhigen. Sanfte Musik kann einen übersensiblen Welpen beruhigen, wenn Sie das Haus verlassen. Nicht allzu dramatische klassische Musik ist besonders gut geeignet. Sie können es auch mit den Alben von Dr. Steven Halpern versuchen, dessen Musik Körper, Geist und Seele guttut (www.innerpeacemusic.com).

Tellington TTouch

Der TTouch wurde von der international anerkannten Tierexpertin Linda Tellington-Jones entwickelt. Es handelt sich um eine sanfte, die Körperzellen stimulierende Massage, die dem Welpen hilft, zu sich selbst zu finden. Mit fünf Minuten TTouch täglich können Sie die Persönlichkeit und das Verhalten Ihres Welpen formen, die Verbindung zwischen dem Hund und den anderen Familienmitgliedern stärken und seine Gesundheit und sein Wohlbefinden verbessern. Der vielleicht größte Vorteil dieser Massage besteht aber darin, dass der Welpe offener und leichter lernt: Das Training wird leichter, effektiver und macht mehr Spaß.

Beim TTouch machen die Finger kreisende Bewegungen auf der Haut, die Haut wird verschoben und Spannungen gelöst, Entspannung gefördert und der Welpe positiv auf sein Training eingestimmt. Man beginnt mit dem „liegenden Leopard". Die Hände werden mit leicht eingekrümmten Fingern auf die Schulter des Welpen gelegt und die Haut mit den Fingerspitzen berührt. Kreisen Sie mit den Fingern in einem 1 1/4 Kreis (wie 15 Stunden bei einer Uhr). Achten Sie darauf, die Haut zu verschieben; nicht einfach über das Fell streichen. Dann rückt man die Hand zwei Zentimeter weiter und wiederholt die kreisförmige Bewegung. Drücken Sie nur sehr leicht und versuchen Sie, den ganzen Körper des Hundes, vom Kopf bis zu den Zehen, mit den Kreisen zu überstreichen.

Die TTouch-Massage hilft dem Welpen auch während des Zahnens und verhindert unerwünschtes Kauen. Führen Sie die sanften Kreisbewegungen auf den Lippen und dem Zahnfleisch des Hundes aus. Zur besten Wirkung nehmen Sie sich fünf Minuten Zeit vor jeder Übungsstunde, vor dem Besuch der Welpenschule und vor dem Schlafengehen. Über das Internet (siehe Seite 240) finden Sie qualifizierte Trainer in Ihrer Umgebung

Massage

Massage ist von großem therapeutischem Wert. Die meisten Hunde und Welpen lassen sich gerne massieren; dabei entspannen sie sich und werden ruhiger. Welpen erinnert die Massage an die sanfte Zunge ihrer Mutter. Helfen Sie ihrem Hund mit sanftem, liebevollem Streicheln, sich zu entspannen. Sie werden rasch herausfinden, an welchen Stellen Ihr Welpe gerne massiert wird.

Durch die Massage verbessern Sie die Bindung zwischen Ihnen und dem Welpen – ein sehr angenehmer Nebeneffekt. Dazu müssen Sie kein ausgebildeter Masseur sein: Massieren Sie sanft und oberflächlich, vermeiden Sie eine Tiefenmassage der Muskeln.

Bach-Blüten

Der englische Bakteriologe und homöopathische Arzt Dr. Edward Bach erkannte in den 1930er-Jahren, dass ein gesunder Geist die beste Voraussetzung für einen gesunden Körper ist. Er glaubte, dass Krankheiten ihren Ursprung im emotionalen Ungleichgewicht hätten und suchte nach einer neuen, natürlichen Heilmethode. Um die Ursachen zu bekämpfen, setzte er Blüten aus der Natur ein: Er entwickelte 38 Bach-Blütenessenzen zur Heilung von emotionalen und körperlichen Leiden.

Seine sogenannten Notfalltropfen bestehen aus den Essenzen von fünf Blüten – Impatiens, Clematis, Rock Rose, Cherry Plum und Star of Bethlehem. Sie werden häufig bei Hunden (und Menschen!) eingesetzt und reduzieren Stress und Ängste, der Körper entspannt sich. Natürlich kann man die 38 Essenzen auch einzeln gegen bestimmte Leiden einsetzten. Agrimony hilft bei Ruhelosigkeit, Clematis bei Unaufmerksamkeit oder Rock Rose bei Panik. Bach-Blüten sind in Apotheken mit homöopathischen Produkten und im Internet erhältlich.

Aromatherapie – Düfte zum Wohlfühlen

Schon die alten Ägypter und die Ärzte des Orients haben aromatische Düfte zu therapeutischen Zwecken benutzt. Im Westen waren die Düfte von Blumen, Früchten und anderen Pflanzenteilen dagegen lange Zeit eher als Zutaten für Parfüme und Badeöle bekannt. In neuerer Zeit nimmt jedoch die Rolle der ätherischen Öle in der Heilkunst wieder zu. Die Aromatherapie setzt auf die heilende Wirkung von Aromen, die über die Nase oder die Haut aufgenommen werden. Ätherische Öle stimulieren die körpereigenen Abwehrkräfte und fördern damit die Selbstheilung. Einige Substanzen wirken antiseptisch und antibakteriell, andere wie Antibiotika. Über die Lungen eingeatmet, gelangen die Wirkstoffe in den Blutkreislauf und werden über den ganzen Körper verteilt. Sie helfen unter anderem gegen Entzündungen, Dermatitis, Schnittwunden und Verbrennungen, steigern den Appetit und senken den Schmerz.

Zur Entspannung kommen folgende ätherische Öle infrage:

- Kamille gegen Depressionen, vor allem im Zusammenhang mit Trennungsängsten
- Geranium oder Patchouli beruhigen das Nervensystem
- Hopfen löst nervöse Spannungen
- Jasmin oder Rosmarin bei Depression und Erschöpfung
- Lavendel zur Entspannung
- Sandelholz bei Depressionen, Spannung und Stress
- Ylang-Ylang-Gras bei nervöser Spannung, Stress, Ärger und Frustration

Ätherische Öle werden in Apotheken, Drogerien und im Internet als Tropffläschchen angeboten. Die hoch konzentrierten Öle dürfen nur nach genauer Anweisung verwendet werden. Achten Sie auf beste Qualität, denn jede Verunreinigung schwächt die therapeutische Wirkung. Dafür gibt es einen einfachen Test. Geben Sie einen Tropfen des Öls auf ein Stück Papier. Ein gutes Öl verdampft vollständig, ohne einen öligen Fleck zu hinterlassen.

Da die ätherischen Öle hoch konzentriert sind, dürfen sie nur sparsam verwendet werden. Geben Sie zehn Tropfen in eine Tasse mit heißem Wasser und stellen Sie die Tasse neben den Kopf des schlafenden Hundes. Versuchen Sie, das Wasser mindestens eine Stunde warm zu halten, z.B. in einer isolierten Tasse. Eine Alternative sind Duftlampen, die mit einer Kerze warmgehalten werden.

Zutat 5: Übungen

Regelmäßige Übungen halten einen Welpen fit und gesund. Übt er zu viel, könnte er sich verletzen, übt er jedoch zu wenig, wird sein Immunsystem geschwächt und er wird zu dick. Ihr Welpe braucht seine täglichen Übungen, damit er körperlich, emotional und geistig fit bleibt. Vielleicht regen die regelmäßigen Übungen mit Ihrem Welpen auch Sie selbst dazu an, regelmäßig Sport zu treiben. Sie und der Welpe werden sich besser fühlen, leichter lernen und sich besser verstehen! Studien haben ergeben, dass regelmäßige Übungen den Stresslevel eines Hundes senken können. Durch die Übungen steigen die körpereigenen Endorphine und das Serotonin an – Stress reduzierende Neurotransmitter. Es gibt sogar Hinweise darauf, dass regelmäßige, intensive Übungen das Verhalten eines Hundes genauso stark beeinflussen wie trizyklische Antidepressiva, die von Tierärzten und Verhaltenstrainern eingesetzt werden, um ängstliche und aggressive Hunde zu therapieren.

Das rechte Maß

Ein Welpe sollte mindestens zweimal am Tag für je 20 bis 30 Minuten üben; einige Welpen brauchen mehr Bewegung. Wir haben einige Vorschläge zusammengestellt, um die körperlichen Übungen an die Bedürfnisse eines Welpen anzupassen. Die Übungen müssen dem Welpen Spaß machen. Drängen Sie ihn nicht, wenn er einen erschöpften Eindruck macht oder keine Lust mehr hat. Vor allem bei warmem Wetter darf ein Welpen keinesfalls überanstrengt werden. Hunde leiden stärker unter der Hitze als Menschen und können bereits bei Temperaturen über 22 °C einen Hitzschlag erleiden. Daher sind die frühen Morgenstunden und der Abend die beste Zeit für die Übungsstunden. Halten Sie stets frisches, kühles Wasser bereit. Nehmen Sie an heißen Tagen immer eine Flasche Wasser mit, selbst wenn Sie nur einen kurzen Spaziergang vorhaben. Eine faltbare Frisbeescheibe eignet sich bestens als Wassernapf; so kann sich der Welpe nach dem Spiel abkühlen. Meiden Sie Asphalt und andere heiße Straßenbeläge. Welpen haben empfindliche Pfoten und können sich leicht verbrennen. Auf Seite 136 gehen wir noch genauer auf Sonnenbrand, verbrannte Pfoten und Hitzeschlag ein.

Bewegungsdrang

Bis zu einem bestimmten Ausmaß hängt der Umfang der Übungen von der Rasse ab. Jagdhunde wie Retriever und Spaniel, Hütehunde wie Border Collies sowie Terrier sind sehr aktive Rassen und bleiben nur gesund, wenn sie ausreichend bewegt werden. Wachhunde wie Deutsche Schäferhunde, Molosser wie Boxer und Bullterrier sowie Arbeitshunde wie die Huskys kommen mit weniger Bewegung aus. Die Schoßhunde, aber auch sehr große und andere, nicht ganz so sportliche Rassen brauchen noch weniger Übungen. Jeder Hund ist eine eigene Persönlichkeit und ein Welpe kann durchaus andere Bedürfnisse haben als in der Rasse üblich. Ruhelose, hyperaktive Welpen müssen selbstverständlich mehr Übungen machen als ein gelassener, lethargischer Hund. Fragen Sie auch Ihren Tierarzt nach speziellen Einschränkungen und Bedürfnissen Ihres Hundes.

Altersspezifische Übungen

Menschen machen Aerobic, Krafttraining, Stretching und balancieren. Hunde üben stattdessen: Frei laufen, Steigungen und Treppen, Dehnen und Massage sowie Laufen auf Planken. Ein gutes Bewegungsprogramm integriert diese vier Bausteine.

2–3 Monate alt

Zwei Monate alte Welpen dürfen mit den Bewegungsübungen beginnen. Verlegen Sie die Übungen auf den Rasen oder andere, weiche Böden. Selbstverständlich darf auch ein Welpe ein paar Minuten lang über den Bürgersteig laufen, aber lange Jogging-Touren oder Spaziergänge sind noch nichts für ihn. In diesem Alter fühlen sich Welpen im Park oder Garten am wohlsten – nicht in Gegenwart frei laufender Hunde. Tragen Sie den Welpen, wenn Sie eine Gegend passieren, in denen sich viele Hunde erleichtern (Infektionsgefahr durch Parvoviren).

Hinweis: Für viele Welpen ist es bis zum Alter von vier bis fünf Monaten nicht leicht, ihr direktes familiäres Umfeld zu verlassen. Wenn der Welpe an der Leine in einer gewissen Entfernung von der Wohnung zu scheuen beginnt, nehmen Sie ihn auf den Arm. Gehen Sie ein paar Schritte weiter und stellen Sie ihn wieder auf den Boden: Er wird schleunigst zurück zu Ihrem Haus laufen.

▸ Beginnen Sie mit leichten Aufwärmübungen. Laufen Sie in einem abgeschlossenen Garten ein Stückchen weit weg und ermuntern Sie den Welpen, Ihnen zu folgen (ohne Leine). Diese Übung bereitet den Weg für spätere Kommandos wie „bei Fuß". An öffentlichen Plätzen bleibt der Welpe angeleint.

▸ Locken Sie den Welpen mit Leckerbissen und Lob auf eine kurze Treppe. Halten Sie die Belohnung über die erste Stufe oder legen Sie sie auf der Stufe ab; er muss seine Vorderpfoten auf die Treppe stellen, um den Bissen zu erreichen. Versuchen Sie als Nächstes, seine Vorderpfoten auf die zweite Stufe zu „locken"; die Hinterbeine folgen dann automatisch nach. So leiten Sie den Welpen von Stufe zu Stufe zu Stufe nach oben und wieder nach unten. Übertreiben Sie aber nicht, denn für Welpen in diesem Alter ist eine Treppe ziemlich furchterregend.

▸ Spielen Sie fünf Minuten Ball, aber werfen Sie kurz, sodass der Welpe Lust bekommt, ihn zu jagen. Klopfen Sie auf den Boden vor Ihren Füßen, um den Welpen zum Apportieren zu bewegen, machen Sie schmatzende Geräusche, reden Sie mit hoher Stimme und starten Sie kurz in die Gegenrichtung, damit der Welpe Ihnen folgt. Wenn er nicht daran denkt, werfen Sie den Ball kürzer – nur eine knappe Armlänge weit weg. Sie können es auch mit einem identischen zweiten Ball in der Hand versuchen; vielleicht kommt der Welpe dann angerannt.

▸ Geben Sie dem Welpen beim Stretching eine fünfminütige Massage; hier ein paar Vorschläge: Streichen Sie mit den Fingerspitzen oder der Handfläche mit leichtem bis mittlerem Druck vom Hals über den Rücken; bewegen Sie die Hand entlang der Wirbelsäule. Machen Sie am Rücken, zwischen den Schulterblättern, über den Brustkorb, unter den „Achseln", am Bauch und auf seinen Hüften kreisende Bewegungen mit den Fingern. Nehmen Sie eine Pfote in die Handfläche; der Daumen liegt oben auf. Massieren Sie mit kreisenden Daumenbewegungen das gesamte Bein. Jedes Bein kommt dran. Drücken Sie mit Daumen außen, Zeigefinger innen auf die Ohrbasis und bewegen Sie beide Finger bis zur Ohrspitze. Diese Übung – einige Male an jedem Ohr – wirkt sehr beruhigend. Über die Massagen gewöhnen sich Welpen besser an den Körper-

kontakt mit Menschen; verbinden Sie die Übungen mit den Sozialisationsübungen ab Seite 103. Sollte der Welpe allerdings Anzeichen von Widerstand zeigen oder gar beißen und knurren, schalten
Sie einen Gang zurück und belohnen Sie jeden Fortschritt mit einem Leckerbissen.

Massage

Massieren Sie Ihren Welpen immer nur sehr sanft. Wenn er
Anzeichen von Unwohlsein zeigt oder versucht, sich aus Ihrem
Griff zu winden, massieren Sie zu tief.

3–4 Monate alt

Im Alter von drei bis vier Monaten werden die Spaziergänge länger
(auch auf dem Bürgersteig). Inzwischen greift der Impfschutz und
Sie müssen den Welpen nicht bei jedem Hundehaufen auf den Arm
nehmen. Auf kürzeren Strecken darf er nun beim langsamen Joggen
mitlaufen. Nach größeren Anstrengungen wird der Welpe massiert.

4 Monate und älter

Jetzt kann Ihr Welpe auch längere Strecken spazieren und kurze
Strecken mit Ihnen joggen. Nun wird es Zeit für Schwimmübun-
gen und die Frisbeescheibe. Steigern Sie Strecken und Dauer in
kleinen Schritten, um seine Kraft und Ausdauer zu stärken.

► Auf „Hindernisstrecken" lernt der Welpe besser zu rennen, zu
springen und trainiert seine Balance. Versuchen Sie es zunächst
mit Begrenzungssteinen (ca. 15 cm hoch). Verlocken Sie ihn mit
viel Zuspruch und Leckerbissen, die Sie über das Hindernis halten.
Belohnen Sie ihn nach dem Sprung. Vermutlich wird er schon bald
großen Spaß am Springen haben. Wählen Sie niedrige Hindernis-
se aus, denn die Muskeln und Gelenke eines Welpen sind noch
nicht völlig ausgebildet. Er könnte sich bei Sprüngen aus größerer
Höhe die Knochen verletzen. Halten Sie sich an folgende Faustregel: Kleine Welpe dürfen maximal ca. 15 cm, größere 30–45 cm
hoch springen.

► Bauen Sie einen „Hürdenlauf" aus einer auf dem Boden liegenden Leiter. Lassen Sie den Welpen längs über die Leiter laufen – so

muss er jede Stufe überspringen. Sparen Sie nicht mit Lob und Leckerbissen.

▸ Suchen Sie nach Zuschauertribünen (Sportplatz, Schule, Freilichttheater usw.) und lassen Sie den Welpen die Bänke entlanglaufen und stufenweise hochspringen. Terry geht mit seinem Hund Magoo zu diesem Zweck auf einen Footballplatz. Er fängt unten an der Tribüne an. Magoo läuft auf den Bänken, Terry geht neben ihm her. So gehen sie von Stufe zu Stufe immer höher. Wenn es Ihr Hund noch nicht bis auf die Bänke schafft, heben Sie ihn hoch und lassen Sie ihn auf der Bank balancieren und halten Sie ihn zur Sicherheit stets an der Leine. (Hinweis: Möpse und andere Rassen mit kurzen Beinen haben auch als ausgewachsene Hunde Schwierigkeiten, eine Bank zu erklimmen.)

Schwimmen

Schwimmen ist eine sehr gute Übung, weil es Aerobic mit Krafttraining verbindet. Drängen Sie Ihren Welpen nicht dazu, ins Wasser zu gehen. Selbst die sogenannten Wasserhunde, die speziell für die Arbeit im Wasser gezüchtet wurden (Portugiesische Wasserhunde, Neufundländer, Pudel und Spaniel) müssen sich erst ans nasse Element gewöhnen. Pauls erster Hund Tara war ein Golden Retriever, der sich erst im Alter von neun Monaten ins Wasser traute. Dann allerdings war Tara kaum noch aus dem Wasser zu kriegen. Stimmen Sie den Hund mit einem kleinen Kinderplanschbecken im Garten ein. Füllen Sie zunächst nur eine Handbreit Wasser ein und legen Sie einige Leckerbissen auf einen großen Stein in der Mitte. Wenn sich der Welpe nicht traut, beginnen Sie mit einem leeren Becken. Jede Woche kommt ein bisschen mehr Wasser hinein, bis es den Bauch des Welpen berührt. Lassen Sie den Welpen niemals unbeaufsichtigt.

Es sind Fälle bekannt, dass Welpen in Swimmingpools ertranken, weil sie nicht mehr herausfanden. Bringen Sie Ihrem Welpen bei, wo die Treppen sind. Markieren Sie die Stufen mit großen, auffälligen Objekten. Das kann eine markante, bunte Blume im Kübel sein, eine gut sichtbare Fahne (auch von Ihrem Lieblingsfußballverein) oder eine Warnblinkleuchte. Sollte der Welpe wirklich in den Pool fallen, kann er sich an diesen Objekten orientieren und findet den Weg in die Sicherheit.

Damit Ihr Welpe im Ernstfall den Ausgang findet, gehen Sie wie folgt vor: Ein Helfer geht mit dem Welpen in den Pool und hält ihn unter der Brust fest. Sie stehen oben an der Treppe und bieten ihm Leckerbissen an. Nun wird der Welpe vorsichtig abgesenkt, während Sie ihn locken und loben. Sobald der Welpe die Treppe erreicht hat und aus dem Pool steigt, wird er mit Lob und Leckerbissen überschüttet; drei bis fünf Mal wiederholen. Sollte er unruhig oder gar hysterisch reagieren, darf er auf keinen Fall zurück ins Wasser; rufen Sie einen professionellen Trainer.

Auch Welpen, die keine Swimmingpools mögen, gehen gerne ins Meer oder in natürliche Seen. Dort fallen die Ufer stetig ins tiefere Wasser ab, während Hunde beim Swimmingpool einen Schritt ins Ungewisse tun müssen. Daher sind Pools mit einer Rampe die optimale Lösung. Um den Welpen ins Wasser zu bekommen, können Sie ein Lieblingsspielzeug ins Seichte werfen, dem er nachjagt. Manche Welpen folgen dem Beispiel anderer Hunde, die sich bereits im Wasser tummeln. Natürlich können Sie auch selbst ins Wasser gehen und den Welpen mit Leckerbissen von seinem Uferplatz ins Wasser locken.

Sicherheit am Pool

▸ Lassen Sie Ihren Welpen niemals unbeaufsichtigt an den Pool. In Gärten mit einem Pool gehört der Welpe in ein schattiges Gehege mit reichlich Wasser – falls Sie einschlafen.

▸ Üben Sie das Sicherheitstraining.

▸ Zwingen Sie einen wasserscheuen Welpen nicht in den Pool.

Zutat 6: Arbeit – geben Sie Ihrem Hund einen Job

„Der Hund hat meine Hausarbeit zerfetzt." Diese Entschuldigung eines Schülers muss nicht unbedingt ausgedacht sein. Wenn Welpen keine „Arbeit" haben – interessante und sie zufriedenstellende Aufgaben – suchen sie sich selbst eine, beispielsweise die Schulhefte. Hunde, die nichts zu tun haben, suchen fast zwangsläufig nach einer Beschäftigung. In der Wildnis lernt ein Jungtier in den ersten anderthalb Jahren, wie man Beute macht oder Futter sucht, wie man sich vor Raubtieren und den Elementen schützt und wie man einen Partner findet und mit ihm Nachkommen zeugt. Jeder einzelne dieser „Jobs" ist eine Herausforderung, kostet Zeit und bringt dem Tier etwas ein: Eine bessere Definition von Arbeit gibt es wohl kaum.

Im menschlichen Haushalt braucht der Welpe weder zu jagen noch einen Partner zu finden oder Raubfeinde abzuwehren – ihm ist langweilig. Um sich abzureagieren, versuchen die jungen Hunde, die Kinder zusammenzutreiben oder die Hausschuhe zu holen. Welpen bewachen ihren Futternapf oder beschützen das Haus vor dem Briefträger und der freundlichen Nachbarin. Tatsächlich macht der Welpe nichts weiter, als sich selbst eine „Arbeit" zu suchen. Daraus erwachsen viele Probleme im Zusammenleben von Mensch und Hund.

Hier nur einige der Lieblingsaufgaben, die sich gelangweilte Hunde selbst stellen:

► Sie versuchen sich als Gärtner. Wenn Sie von der Arbeit nach Hause kommen, ist der Rasensprenger ruiniert und das Blumenbeet umgegraben.

► Sie betätigen sich als Portier, der jeden Fremden anspringt, der zu Besuch kommt.

► Sie versuchen sich als Innenarchitekt. Wenn Sie nach Hause kommen, sind Kissen und Schuhe perfekt zerkleinert und in der ganzen Wohnung verteilt.

▸ Sie übernehmen den Wachschutz. Jeder „Eindringling", auch eingeladene Gäste, Briefträger, Nachbarskinder, die Eichhörnchen und Vögel in den Bäumen werden lauthals angekündigt. Das Bellen hört erst auf, wenn sie schlafen. Somit hören die Nachbarn den ganzen Tag über einen bellenden Hund. Sollte sich der „Wächter" dann sogar noch aggressiv verhalten, bekommen Sie ein richtiges Problem!

▸ Sie werden Jäger. Pauls Hund Molly sammelte stolz tote Fische aus dem Eriesee und legte sie Paul zu Füßen.

▸ Sie werden Feuerwehrleute und löschen jeden imaginären Brand auf allen Möbeln.

Für diese Probleme gibt es nur eine, noch dazu einfache Lösung: Werden Sie der Arbeitgeber Ihres Hundes. Mit einer sinnvollen Beschäftigung bekommt der Welpe nicht nur genügend Anregungen, sondern entwickelt auch ein Gefühl von Selbstsicherheit, Lebenszweck und Stolz. Da Sie der Arbeitgeber sind, bestimmen Sie darüber, wann und wo er bellen, kauen und graben darf. Als „Lohn" bezahlen Sie ihn mit Zuwendung und Futter. Stellen Sie ihm eine Aufgabe und wenn er sie erfüllt, gibt es eine Belohnung. Der „Hunde-Gärtner" darf beispielsweise in einem Sandkasten ganz nach Belieben graben und wühlen. Der „Portier" lernt, sich auf einen bestimmten Platz zu legen, sobald die Türglocke geht. Der „Innenarchitekt" bekommt Bully-Sticks und andere Kauspielzeuge sowie intelligente Spielzeuge, wie Kongs mit leckerer Füllung. Dem „Wächter" können Sie beibringen, dreimal zu bellen, wenn der Briefträger oder ein Besucher kommt und sich dann hinzulegen. Der „Jäger" jagt, verfolgt, fängt und tötet Frisbeescheiben, Käsestücke und Buster-Cubes. Der „Feuerwehrmann" lernt, sich nur an erlaubten Stellen zu erleichtern.

Um zu zeigen, wie wichtig echte Arbeit für Welpen und Hunde ist, hat Paul die „Hundewährung" eingeführt. Sie stellen dem Hund eine Aufgabe (Arbeit) und wenn er seine Sache gut gemacht hat, wird er in Hundewährung bezahlt. Als Lohn für die Arbeit eignen sich Futter, Zuwendung, Spiele und besondere Privilegien. Hier einige typische Beispiele für „bezahlte Arbeit":

„Möchtest Du raus? Mach erst Sitz."
„Du willst den Ball jagen? Mach erst Platz."
„Du hast Lust auf einen Spaziergang? Geh zum Kühlschrank und hole mir ein Mineralwasser." (Kein Scherz; die meisten Hunde können das lernen).

Der Hintergrund dieser Überlegung ist recht einfach: Ihr Hund bekommt, was er will – Streicheln, Futter, Übungen, Kontakt mit anderen Hunden und Menschen – aber nur dann, wenn er vorher etwas dafür leistet. Ab Seite 153 stellen wir das Konzept „Nichts im Leben ist umsonst" vor. Der Welpe lernt, Arbeiten zu erledigen, wann immer er etwas möchte, und er wird es lieben. Die zu erledigenden Arbeiten sind natürlich einfach: Apportieren, Tricks vorführen und Spiele spielen. Paul und sein Hund Grady arbeiten mit Kindern zusammen, die den sicheren Umgang mit Hunden lernen. Mit der Hilfe von Grady lernen sie, wie man sich einem fremden Hund nähert, ihn streichelt und wie man ihn rücksichtsvoll und mit Respekt behandelt. Grady kann außerdem 20 unterschiedliche Tricks – kein schlechter Job, oder?

Arbeit mit intelligentem Spielzeug

Auf Seite 42 haben wir intelligente Spielzeuge vorgestellt. Für den Welpen stellen sie ein Problem (Arbeit) dar. Er kommt nur dann an die Leckerbissen im Innern der Spielzeuge heran, wenn er das Problem löst. Intelligente Spielzeuge wurden entwickelt, um Welpen für längere Zeit zu beschäftigen. In den ersten Monaten sind intelligente Spielzeuge sicher die beste Lösung, um Welpen einen „Job" zu verschaffen. Jedes Mal, wenn der Welpe allein bleibt oder wenn Sie keine Zeit haben, sich mit ihm zu befassen, bekommt er ein intelligentes Spielzeug. Indem Sie Ihrem Welpen eine Beschäftigung geben, haben Sie den ersten Schritt auf dem langen Weg zu einem Hund gemacht, der keine Gegenstände im Haushalt annagt, der nicht permanent bellt oder ständig um Aufmerksamkeit bettelt.

Neue Herausforderungen durch Arbeit

Für fünf Monate alte und ältere Welpen wird die Arbeit ausgeweitet. Er lernt, Dinge zu apportieren, einmal zu bellen, wenn Besuch kommt, auf Ansprache ruhig zu sein und Tricks für die Familie und Freunde vorzuführen. Jede Aufgabe, die Ihren Welpen fordert und ihn für eine Weile beschäftigt – und angemessen belohnt wird – steigert sein Selbstvertrauen und hilft ihm dabei, sich in der Welt der Menschen zurechtzufinden. Die Schwierigkeit der Aufgabe muss sich mit der „Bezahlung" die Waage halten. Zu schwierige Aufgaben oder zu geringe Bezahlung enttäuschen den Hund. Er wird nicht motiviert, weiterzumachen. Sollten ihn die Anforderungen an die Grenze seiner körperlichen und emotionalen Fähigkeiten bringen, reagiert der Welpe mit Stress. Er könnte ängstlich oder gar traumatisiert werden. Bringen Sie ihm daher neue Aufgaben stets in kleinen Schritten bei. Jeder Fortschritt wird so bemessen, dass der Welpe erfolgreich ist und weiter lernen möchte.

Zutat 7: Schlaf

Für Tiere ist ein störungsfreier, erholsamer Schlaf genauso wichtig wie für uns Menschen.

Wo sollte der Welpe schlafen?

Wie bereits erwähnt, stärkt ein Schlafplatz im Schlafzimmer die Bindung zwischen Mensch und Hund. Wir können nicht oft genug wiederholen, welche Vorteile dieses Arrangement bietet. Wer sich nicht mit diesem Gedanken anfreunden kann, stellt die Box oder das Gehege in den Flur, ins Bad oder in die Küche. Es dauert etwas, bis sich der Welpe an die Trennung gewöhnt, aber die meisten lernen innerhalb eines Monats, dass sie sich auch in diesem Arrangement sicher fühlen dürfen.

Wie viel Schlaf braucht ein Welpe?

Manche Welpen schlafen bis zu 16 Stunden am Tag; lassen Sie sie schlafen. Ein ständig aktiver Welpe, der sich tagsüber nicht ausruht, ermüdet rasch oder nimmt ernsteren Schaden. Andererseits sind Welpen, die tagsüber zu lange schlafen, nachts aktiv, denn während Sie schlafen, fühlt sich der Welpe allein. Er hat nichts zu tun, hat niemanden zum Spielen und damit leidet seine Sozialisation. Entweder verlegt er sich darauf, ständig zu bellen, nagt Schuhe und andere nicht erlaubte Gegenstände an oder entwickelt unerwünschte Verhaltensweisen.

Vor einigen Jahren bat ein Ehepaar Terry um Hilfe. Ihr fünf Monate alter Welpe bellte ständig und richtete Chaos an. Beide arbeiteten lange und ließen den Welpen an fünf Tagen in der Woche für acht Stunden allein. Tagsüber gab es nie zerstörerische Aktivitäten und der Welpe erleichterte sich auch nicht in der Wohnung. Wenn die beiden nach Hause kamen, übten sie mit dem Hund, spielten eine halbe Stunde mit ihm, dann aßen sie Abendbrot, ruhten sich aus und gingen zu Bett. Kaum hatten sie sich hingelegt, begann der Welpe zu bellen, schleppte Spielzeug an und hielt sie mit Betteln um Aufmerksamkeit wach. Da der Hund den ganzen Tag über eingesperrt war, wollten die beiden ihn wenigstens nachts frei laufen lassen. Schließlich gab der Welpe auf und die beiden schliefen ein. Am nächsten Morgen waren die Ränder der Bettdecke zerbissen, die Beine des Bettes angenagt oder andere Teile des Hauses verwüstet.

Der Welpe hatte eine Möglichkeit gefunden, die Langeweile des Tages zu überwinden – er schlief! Wenn die beiden nach Hause kamen, war er wach und erwartete Aufmerksamkeit. Dieser Tagesablauf kollidierte natürlich mit dem Tagesablauf des Paares. Sie konnten ihm nicht die Aufmerksamkeit und Anregungen schenken, die er gebraucht hätte, also verschaffte er sich selbst die Aktivität, die er tagsüber verschlafen hatte.

Das Problem der beiden löste sich mit einem halbstündigen Spaziergang am Morgen vor der Arbeit und einem zweiten unmittelbar vor dem Schlafengehen. Tagsüber sah ein Hundesitter nach dem

Hund, er bekam intelligentes Spielzeug und das Paar legte abends einige zusätzliche anspruchsvollere Übungsstunden ein. Außerdem brachten sie ihm das Bellen auf Stichwort bei (siehe Seite 232). Ein Welpe, der während des Tages und am Abend angemessen beschäftigt wird und dazwischen kleine Ruhepausen einlegen kann, sollte sich an Ihre tägliche Routine anpassen können.

Ungestörter Schlaf ist wichtig

Wie beim Menschen setzt sich auch der Schlaf eines Hundes aus Phasen mit schnellen Augenbewegungen (REM-Schlaf) und traumlosen Phasen zusammen. Im REM-Schlaf baut der Welpe den Stress des Tages teilweise ab. Die größte Entspannung findet er aber während des traumlosen Schlafes. Ein gesunder Welpe sollte daher lange genug schlafen dürfen, um beide Phasen zu erleben. Um es kurz zu machen: Lassen Sie einen schlafenden Welpen schlafen.

Wenn Sie ihn unbedingt wecken müssen, gehen Sie sanft vor. Summen oder pfeifen Sie leise oder rufen Sie ihn bei seinem Namen. Viele Welpen wachen von der Vibration leichter Schläge auf den Boden auf, andere lassen sich mit sanftem Streicheln wecken. Obwohl jeder Welpe unterschiedlich reagiert, eines gilt für alle: Sie dürfen sich nicht erschrecken. Sie brauchen das Gefühl der Sicherheit. Welpen, die beim Aufwecken knurren oder sogar beißen, sollten einem professionellen Hundetrainer vorgestellt werden.

Hinweis: Manche Kinder wollen Hunde aufwecken, wenn sie im Schlaf „rennen und wimmern", weil sie denken, der Hund hätte einen Alptraum. Machen Sie dem Kind klar, dass der Hund nur einen schönen Traum hat und ihn unbedingt zu Ende träumen muss – keinesfalls aufwecken!

Zutat 8: Gesundheitsvorsorge

Wenn Ihr Welpe gesund ernährt wird, regelmäßig übt und trainiert, wenn er sich an den Umgang mit Menschen und Hunden gewöhnt (Sozialisation) und genügend Ruhezeiten hat, ist er auf dem besten Weg, ein körperlich und emotional gesunder Hund zu werden. In diesem Kapitel geht es um vorbeugende Maßnahmen, damit Ihr Welpe gesund bleibt. Dazu gehören beispielsweise das Verhalten bei heißem Wetter, Kastration und die Vorbeugung gegen Infektionskrankheit und Parasiten. Welche Maßnahmen jeweils erforderlich sind, richtet sich nach dem Alter des Welpen, seiner Größe, der Rasse und genetischen Voraussetzungen – sprechen Sie alle Maßnahmen mit Ihrem Tierarzt ab.

Vorbeugung gegen Sonnenbrand und Hitzschlag

Selbst vorsichtige Hundebesitzer vergessen oft, welche Gefahren Hunde durch Sonnenbrand auf der Nase, Verletzungen oder Verbrennungen der Pfoten auf heißem Pflaster oder Sand drohen. Hier ein paar Faustregeln für heißes Wetter:

- Nehmen Sie immer Wasser mit.
- Gehen Sie bei Temperaturen von über 30 °C nicht zwischen 11 und 17 Uhr spazieren.
- Machen Sie ab 23 °C nur kurze Spaziergänge im Schatten.
- Wenn der Boden zu heiß ist zum Barfußlaufen, ist er auch zu heiß für Hundepfoten.

Einige Hunderassen haben bei heißem Wetter besonders große Schwierigkeiten. Das gilt insbesondere für Neufundländer und andere Rassen mit dichtem Fell. Auch Hunde mit kurzen Schnauzen vertragen Hitze nicht so gut: z.B. Boston Terrier, Boxer, Pekingese, Mops, Shih Tzu und Bulldogge. Rassen, denen besonders kurze Schnauzen angezüchtet wurden, reagieren mit Atemwegsproblemen auf Hitze und intensives Training.

Hunde sind außerordentlich anfällig gegenüber Hitzeschlag. Sie dürfen bei heißem Wetter weder im Auto noch in engen Höfen eingesperrt bleiben. Das Fenster zu öffnen macht nur Sinn, wenn die Temperatur um 20 °C liegt oder der Wagen im Schatten steht – bei einem Auto, das in der prallen Sonne auf einem Parkplatz steht, wäre auch ein offenes Fenster sinnlos. Denken Sie immer daran, dass die Sonne wandert. Ein im Schatten geparktes Auto kann schon in kürzester Zeit in der direkten Sonne stehen. Wenn die Außentemperatur an einem heißen Sommertag auf 30 °C ansteigt, erhitzt sich das Wageninnere innerhalb einer Stunde auf 49 °C. Das Gehirn eines Welpen kann bei Temperaturen über 42 °C ernsten Schaden nehmen, also nur wenige Grade über der normalen Körpertemperatur (38–39,2 °C).

Ein drohender Hitzeschlag kündigt sich an, wenn der Welpe extrem hechelt, sich übergibt und Puls und Temperatur stark ansteigen. Dann muss er sofort zum Tierarzt. Sollte das nicht möglich sein, baden Sie ihn in kühlem Wasser, bis die Körpertemperatur wieder sinkt. Hilfreich ist auch ein Eisbeutel um den Kopf.

Wenn der Welpe bei einer Gefahrensituation im Wagen bleiben muss, empfehlen wir, die Klimaanlage laufen zu lassen. Nehmen Sie immer einen Ersatzschlüssel mit, damit der Wagen weiterlaufen kann und Sie ihn dennoch von außen abschließen können. Hinterlassen Sie ein Schild im Wagen, auf dem steht, dass die Klimaanlage läuft. So wissen auch hilfsbereite Tierfreunde, dass Ihrem Welpen keine Gefahr droht. Bereiten Sie für lange Fahrten ein Eisbett vor, auf dem der Welpe liegen kann (flache, mit Eis gefüllte Schale; darauf ein Handtuch). Grundsätzlich darf ein Welpe niemals länger als einige Minuten allein im Auto bleiben.

Hinweis: Denken Sie daran, ein laufender Wagen könnte Autodiebe geradezu einladen.

Kastration

Nicht kastrierte Rüden markieren ihr Revier mit stark duftendem Urin, unter Umständen also auch die Wohnung. Dieses Verhalten nimmt nach der Kastration um bis zu 50 Prozent ab. Nicht kastrierte Rüden, die eine läufige Hündin wittern, werden ganz instinktiv versuchen, sie zu finden – um jeden Preis. Wenn sie ausbrechen, drohen heftige Kämpfe mit anderen Rüden oder Unfälle mit Autos. Bei kastrierten Rüden nimmt die Häufigkeit von Kämpfen um bis zu 40 Prozent ab.

Auch eine läufige Hündin folgt ihrem Instinkt. Sie jault und uriniert stärker, auch in der Wohnung. Außerdem sinkt mit der Unfruchtbarkeit – ein weiterer Vorteil für beide Geschlechter – die Gefahr bestimmter Krankheiten und Formen von Aggression. Wenn Sie keine Zucht vorhaben, sollten Sie ihren Hund also rechtzeitig kastrieren lassen.

Die meisten Tierärzte empfehlen die einsetzende Geschlechtsreife (bei Hündinnen vor der ersten Hitze) als besten Termin für die Operation. Bei kleinen und mittelgroßen Hunden also etwa im Alter von sechs, bei größeren Hunden zwischen sieben und acht Monaten. Die meisten Tierheime kastrieren die Hunde noch früher, um ungewollte Trächtigkeiten zu verhindern. Sollte Ihr Hund noch nicht kastriert sein, sprechen Sie mit dem Tierarzt über den besten Termin. Nach unseren Erfahrungen warten viele lieber ab, bis die Welpen in die Geschlechtsreife kommen.

Infektionskrankheiten und Impfungen

Das Immunsystem eines Welpen entwickelt sich in den ersten drei bis vier Monaten seines Lebens. Jetzt ist er durch Krankheiten wie Parvoviren und Staupe besonders gefährdet. Daraus erwächst ein Konflikt: Wie bringt man den Schutz vor Ansteckung und die Sozialisation unter einen Hut? Entscheiden Sie sich in jeder zweifelhaften Situation solange für den Schutz des Welpen, bis sein Immunsystem durch Impfungen oder andere Schutzmaßnahmen gestärkt wurde (Ihr Tierarzt wird sie beraten). Suchen Sie sofort den Tierarzt auf, wenn der Welpe Anzeichen von Krankheiten zeigt: Erbrechen, wässriger Durchfall, blutiger Durchfall, Fieber, Lethargie, Appetitlosigkeit oder Ausflüsse aus Augen oder Nase.

Nicht alle Tierärzte sind einer Meinung, welche Schutzimpfungen wann erforderlich sind; einige zweifeln sogar an, ob diese Impfungen überhaupt nötig sind. Ganzheitlich arbeitende Tierärzte verordnen manchmal sogenannte homöopathische Nosoden – als Ersatz für oder in Kombination mit Schutzimpfungen. Das homöopathische Prinzip (von Samuel Hahnemann entwickelt) basiert auf der Erkenntnis, Gleiches mit Gleichem zu heilen. Hahnemann fand eine Reihe von Substanzen, die bei Gesunden typische Krankheitssymptome hervorriefen. Homöopathische Heilmittel sind extrem stark verdünnte Wirkstoffe (ein Teil pro eine Million Teilchen), die durch Schütteln potenziert wurden. Sie stimulieren die natürlichen Heilkräfte des Körpers, sodass sich der Kranke selbst heilen kann. Nosoden sind aus Organen gewonnene Mittel, die den Körper auf natürliche Weise gegen eine bestimmte Krankheit immunisieren. Die Technik gleicht einer Impfung, weil auch hier die Bakterien oder Viren der Krankheit eingesetzt werden. Wie bei anderen homöopathischen Mitteln wurden die „aktiven Substanzen" allerdings durch extreme Verdünnung potenziert.

Immer mehr Tierärzte berichten darüber, dass Welpen nach konventioneller Impfung eben jene Krankheit bekommen, gegen die sie eigentlich geimpft wurden. Bei anderen Hunden nimmt die Resistenz bei zu früher Impfung sogar ab statt zu steigen. Andere Untersuchungen legen nahe, dass eine zu frühe Impfung das Immunsystem langfristig schädigt, mit Folgen für das zentrale Nervensystem, die Nieren, Gelenke und Haut.

Wieder andere Untersuchungen zeigen dagegen, dass die Impfungen dem Welpen einen Schutz gegen Parvoviren und Staupe verleihen, der bis zu sieben Jahre andauern kann. Eine Auffrischung soll den Impfschutz aber weder verbessern noch verlängern. Dr. Jean Dodds (eine anerkannte Tierärztin und Forscherin mit den Spezialgebieten Hundeimmunologie und Blutkrankheiten) schreibt: „Neue Studien belegen, dass die Schutzwirkung der ersten Impfung von Hunden und Katzen mindestens fünf oder mehr Jahre anhält ... Während dieser Zeit sollten die Antikörpertiter regelmäßig gemessen werden, um die Wirksamkeit der Impfung zu überprüfen." Der Antikörpertiter gibt an, wie hoch die Konzentration der Antikörper im Blut gegen einen bestimmten Krankheitskeim ist. Mit einer derartigen Untersuchung kann bestimmt werden, ob der Hund noch immun ist. Diese Messung ist sicherer als unkontrollierte Auffrischungen des Impfschutzes.

Die AVMA ist eine Organisation amerikanischer Tierärzte, die mit der klassischen Tiermedizin therapieren. Sie hat sich in den letzten Jahren mit den Methoden der üblichen Impfungen auseinandergesetzt. Die AVMA vertritt die Meinung, dass Hunde nicht notwendigerweise jedes Jahr oder gegen jede denkbare Krankheit prophylaktisch geimpft werden müssen. Vielmehr sollte jeder Tierarzt ganz individuell entscheiden, was seinen Patienten guttut, statt sie in einem „Rundumschlag" gegen alles und jedes zu impfen. Nach der Empfehlung der AVMA sollte jeder Hund eine Grundimpfung gegen Parvoviren, Staupe, Tollwut und Hunde-Hepatitis bekommen. Je nach den individuellen Bedürfnissen schließt sich daran der Impfschutz gegen bestimmte Krankheiten an. Da die Immunisierung länger anhält, sind keine jährlichen Auffrischungen erforderlich.

Dr. Dodds empfiehlt eine Impfstrategie, die optimalen Schutz mit minimaler Impfung verbindet. Das gilt insbesondere für Rassen mit bekannten Gendefekten, beispielsweise Funktionsstörungen des Immunsystem oder bekannten Gegenreaktionen, sowie für Hunde, die bereits unter Gegenreaktionen nach Immunisierung leiden. Sie empfiehlt, mit den Impfungen erst ab der achten Woche anzufangen und zwischen den einzelnen Impfungen drei bis vier Wochen Pause einzulegen. Weiterhin zieht sie Einzelimpfungen einem Mehrfach-Impfstoff mit drei oder mehr Viren pro Impfung vor.

Dr. Dodds hält auch die Prophylaxe gegen Leptospirose und Lymekrankheit für nicht erforderlich – außer es sind Fälle in der näheren Umgebung bekannt. Impfungen gegen Bordetellen hält sie nur für sinnvoll, wenn der Hund regelmäßig mit sehr vielen anderen Hunden zusammenkommt, etwa in einem Zwinger oder bei Züchtern. Von einer Ansteckung mit dem seltenen Corona-Virus erholen sich die Welpen binnen drei Tagen auch ohne Behandlung. Da ältere Hunde ohnehin nicht anfällig gegenüber Corona-Viren sind, wäre auch eine Auffrischung sinnlos, sollten Sie den Welpen gegen diese Viren geimpft haben. Dr. Dodds empfiehlt, den Titer der Antikörper gegen Parvoriren und Staupe zu messen, statt routinemäßig aufzufrischen. Besprechen Sie das am besten geeignete Impfprogramm mit Ihrem Tierarzt. Eine Tollwutimpfung ist z.b. für bestimmte Grenzübertritte, den Besuch von Hundeausstellungen, Tierpensionen usw. erforderlich.

Parasiten

Welpen werden von allerlei Parasiten befallen, die Gesundheitsprobleme bereiten – von leichten Störungen bis zu lebensbedrohlichen Krankheiten. Man unterscheidet innere und äußere Parasiten. Innere Parasiten sind beispielsweise der Herzwurm, Nematoden, Hakenwürmer, Peitschenwürmer und Bandwürmer. Der Herzwurm ist ein tödlicher Parasit, der allerdings fast ausschließlich südlich der Alpen vorkommt. Er wird von Stechmücken übertragen. Vor Reisen in Mittelmeerländer sollten Sie sich mit Ihrem Tierarzt beraten.

Flöhe und Zecken sind äußere Parasiten. Flöhe können Hautallergien oder Infektionen hervorrufen; einige übertragen Bandwürmer und rufen Blutarmut hervor. Eine Zecke kann die Lyme-Borreliose, Meningoenzephalitis und andere potenziell gefährliche Krankheiten übertragen. Tierärzte können vorbeugende Mittel und deren korrekten Gebrauch empfehlen. Selbstverständlich kennen homöopathisch praktizierende Tierärzte auch natürliche Abwehrmittel.

Teil 2: Welpenverhalten und Welpenerziehung

Grundlagen der Hundeerziehung

Wenn ein Welpe Kommandos wie „Sitz", „Platz", „Bleib" oder „Komm" oder andere Verhaltensweisen lernt, findet er sich nicht nur besser in der Welt zurecht, das Training stärkt auch die Bindung zwischen Ihnen und dem Hund. Der Welpe lernt im Laufe des Trainings seine Grenzen kennen. Ein Welpe, der weiß, was man von ihm erwartet, fühlt sich sicher und entspannt.

Wie Welpen lernen

Wir können einen Welpen zu einem Hund erziehen, der friedlich und harmonisch mit uns zusammenlebt. Dafür setzen wir zwei Methoden ein: Die klassische (assoziative) und die operante (instrumentelle) Konditionierung. In den folgenden Abschnitten geht es um Grundlagen der Trainingspsychologie; wen das nicht interessiert, der kann im Kapitel „Belohnungen" (Seite 145) weiterlesen.

Klassische Konditionierung

Bei der klassischen Konditionierung lernt der Welpe zwei eigentlich unterschiedliche Dinge miteinander zu verknüpfen. Die Verknüpfung oder Assoziation kommt in der Bezeichnung assoziatives Lernen zum Ausdruck. Ihr Welpe wird rasch begreifen – nach einigen Erfahrungen – dass es ins Freie geht, sobald Sie nach der Leine greifen. Super! Er hat immer wieder dieselbe Erfahrung gemacht: Leine – dann spazieren gehen; Leine – dann spazieren gehen ... Zu Beginn war die Leine nicht mehr als ein langweiliges Stück Kunststoff, doch nach einiger Zeit überschlägt sich Ihr Welpe fast vor Freude, wenn er nur das Scharren der Leine hört. Er hat also gelernt, die Leine mit einem herrlichen Spaziergang zu assoziieren. Bei der klassischen Konditionierung muss der Hund keine „Vorleistung" bringen, er braucht sich beispielsweise nicht auf einen bestimmten Platz zu setzen. Der Spaziergang kommt irgendwann, unabhängig von dem, was er gerade macht.

Der Ablauf einer klassischen Konditionierung wird leichter verständlich, wenn man sich in den Welpen einfühlt: Was empfindet er bei bestimmten Vorgängen? Was beeinflusst sein Verhalten? Die Sozialisation basiert auf diesen Zusammenhängen. Wenn beispielsweise Gäste an der Tür klingeln, können Sie den Klingelton mit Belohnungen und Spaß assoziieren. Mit klassischer Konditionierung lassen sich ängstliche oder aggressive Gefühle bereits abbauen, ehe sie entstehen – oder auch wieder abgewöhnen.

Operante Konditionierung

Bei der operanten Konditionierung lernt der Welpe, dass eine spezielle Verhaltensweise bestimmte Konsequenzen hat. Wenn Sie Ihrem Welpen jedes Mal einen Leckerbissen präsentieren, sobald sein Hinterteil den Boden berührt, wird er lernen, dass Sitzen belohnt wird. Also wird er sich häufiger und bereitwilliger hinsetzen. Entsprechend hat eine falsch angewandte Konditionierung negative Folgen: Ein Hund, der bei jedem Bellen Aufmerksamkeit bekommt (Schimpfen ist Aufmerksamkeit!), wird viel mehr bellen. Durch operante Konditionierung lernt der Welpe, dass sein Verhalten positive oder negative Folgen hat.

In der Praxis überschneiden sich klassische und operante Konditionierung häufig. So lernt ein Welpe, dass er Aufmerksamkeit und Belohnungen bekommt, wenn er sich vor den Gästen hinsetzt (operante Konditionierung). Er lernt aber auch, dass eintreffende Gäste meist Spaß bedeuten (klassische Konditionierung). Das Gleiche gilt fürs Gegenteil. Welpen, die sich vor lauten, polternden Menschen fürchten (klassische Konditionierung), lernen rasch, dass sie mit Bellen diese „Gefahr" abwehren können (operante Konditionierung).

Die Hierarchie der Belohnungen

Es gibt viele Belohnungen für einen Welpen: Streicheln, Lob, jede Art von Aufmerksamkeit, spielen, spazieren gehen, Futter usw. Natürlich sind nicht alle Belohnungen gleichwertig. Menschlich gesprochen, ist ein super leckeres Futter mindestens 10 000 € wert; Streicheln und Lob aber höchstens 1 €. Mit anderen Hunden spielen, einem Ball nachjagen oder im Auto mitfahren kann es durchaus auf 20 000 € bringen – das richtet sich nach den augenblicklichen Vorlieben Ihres Welpen. Für die meisten Hunde stehen Leckerbissen an oberster Stelle der Belohnungen; da sie enorm motivieren, setzen wir Leckerbissen als Futterbelohnung regelmäßig beim Training ein. Der Wert der anderen Belohnungen kann schwanken. Eine ständig wiederholte Belohnung verliert ihren Reiz; dazu ein Beispiel. Eine Trainerin wettete, sie könne einen Hund dazu bringen, ein frisches Steak zu ignorieren. Was machte sie? Sie gab dem Hund unmittelbar vor der Vorstellung so viele Steaks zu fressen, dass er jeglichen Appetit verlor. Bei der Demonstration machte er folglich nicht den leisesten Versuch, nach dem Steak zu schnappen. Der Hund war so satt, dass selbst Fleisch seinen Reiz für ihn verloren hatte. Ähnlich können sich auch Lob und andere Belohnungen „abnützen". Selbstverständlich dürfen Sie Ihren Hund immer wieder loben, aber er muss sich das Lob verdienen. Wird er ständig gelobt, selbst wenn er nichts geleistet hat, verliert der Welpe das Interesse. Das Gleiche gilt auch für Lieblingsspielzeuge. Sie werden nur als echte Belohnung ausgeteilt, wenn der Welpe eine Aufgabe erfüllt hat. Belohnungen müssen ihren Wert behalten, sonst sind es keine Belohnungen.

Leckerbissen in der Tasche
Damit Sie allzeit bereit sind, Ihrem Hund zur Belohnung einen Leckerbissen zu geben, sollten Sie einen verschließbaren Kunststoffbeutel mit sich führen. Stecken Sie den Beutel in die Tasche oder in einen Rucksack. Eine fest verschließbare Kunststoffdose erfüllt denselben Zweck.

Lernen durch Verstärkung

Das erfolgreiche Training gleicht einem Spiel. Sie teilen Karten aus und halten die Bank, um den Spielern ihren Gewinn auszuzahlen. Der Welpe ist der Spieler. Damit der Spieler nicht das Interesse verliert, teilen Sie den Gewinn aus (Leckerbissen, Lob, Spiel, Zuneigung), wenn der Spieler erfolgreich war (getan hat, was sie von ihm verlangten). Sobald Sie den Welpen zu einem überzeugten Spieler erzogen haben, verändern Sie den Auszahlungsmodus. Statt ihm für jeden Sieg einen Gewinn auszuzahlen, gewöhnen Sie ihn nach und nach an kleinere Gewinne, bis er schließlich Ihren Wünschen ganz ohne Gewinn gehorcht – ein echter Spieler spielt nicht wegen des Gewinns. Ihr Welpe braucht keine Leckerbissen mehr als Motivation; er ist mit anderen Belohnungen zufrieden: Lob, Spiel und Zuneigung.

Dieser Übergang geschieht in sehr langsamen Schritten:

Kontinuierliche Verstärkung: Am Anfang belohnen Sie den Welpen mit Leckerbissen für alles, was er richtig macht und jedes Mal, wenn er korrekt auf ein Zeichen reagiert, also Sitz-Belohnung, Sitz-Belohnung, Sitz-Belohnung usw. Nach ein paar hundert Wiederholungen, die sich über mehrere Tage oder Wochen hinziehen, dürfte Ihr Welpe wissen, wo es langgeht.

Wechselnde Verstärkung: In diesem Stadium des Trainings wird der Welpe nicht automatisch jedes Mal, sondern nur ab und zu belohnt, also jedes zweite, dritte oder vierte Mal: Sitz, Sitz, Sitz-Belohnung oder Sitz, Sitz-Belohnung.

Zufällige Verstärkung: Jetzt geht es zu wie in Las Vegas. Ihr Welpe bekommt nur noch selten und ganz zufällig eine Belohnung in Form von Leckerbissen. Solange er nur weiß, dass immer mal wieder eine Belohnung herausspringt, bleibt er motiviert.

Ein guter Trainer weiß, wann es Zeit ist, von einer Form der Verstärkung zur nächsten zu wechseln. Manche Welpen lernen schneller als andere. Gehen Sie zu langsam vor, langweilt sich der Hund. Andere Welpen brauchen einfach länger. Also müssen sie jeden Schritt häufiger wiederholen und die kontinuierliche Verstärkung über einen längeren Zeitraum einsetzen. Zu schnelles Voranschreiten setzt langsame Welpen unter Stress – dann beginnt alles wieder von vorn. Erfolgreich trainieren bedeutet, seinen Welpen kennenzulernen und seine Motivation zu erhalten.

Leckerbissen reduzieren

Zu Beginn eines positiven Trainings werden Sie sehr viele Leckerbissen benötigen. Sie müssen aber nicht fürchten, ständig mit Futter in der Tasche herumzulaufen. Sobald der Welpe seine Lektionen verlässlich kann, gewöhnen Sie ihm die Leckerbissen wieder ab. Es gibt prinzipiell drei Wege:

1. Belohnen Sie ihn den ganzen Tag lang nur mit „aktiven" Belohnungen – alles, was er gerne mag (außer Futter). Lassen Sie ihn sitzen, Platz machen, zu Ihrem Platz gehen und so weiter, dann darf er jeweils nach draußen und mit dem Ball spielen, wird gestreichelt usw. Ihr Welpe bekommt nur dann etwas, wenn er dafür eine Gegenleistung abgeliefert hat. Das klappt aber nur, wenn er unter Aufsicht an der Leine, hinter einem Türschutzgitter oder in seinem Gehege bleibt.

2. Bringen Sie ihm bei, dass er erst dann einen Leckenbissen bekommt, wenn er eine „Kette" von Leistungen erbracht hat, also „Sitz", „Platz", „Bleib", „Komm" – dann gibt es einen Leckerbissen. Wechseln Sie die Reihenfolge der Kommandos.

3. Setzen Sie „unterbrochene" Futterbelohnungen ein. Dadurch lernt der Welpe, dass es nicht immer, sondern nur ab und zu einen Leckerbissen gibt. So bleibt er motiviert.

Die 6 Werkzeuge der Welpenausbildung

Mit diesen sechs Strategien („Werkzeugen") geben Sie der Ausbildung eine klare Struktur.
1. Setzen Sie sich und dem Welpen klare Ziele.
2. Prävention und Management
3. Das Magnetspiel
4. Bringen Sie dem Welpen bei, dass man nichts im Leben umsonst bekommt.
5. Unterbrechen Sie unerwünschtes Verhalten und lenken Sie es um.
6. Sollte alles fehlschlagen, behandeln Sie den Welpen „negativ".

Werkzeug 1: Setzen Sie klare Ziele

Ergänzen Sie den folgenden Satz: „Ich möchte, dass mein Welpe … " Was Sie in diesen Satz einsetzen, ist völlig egal. Es kann „mich nicht mehr anspringt", „meine Kinder nicht mehr beißt",

„aufhört, am Sofa zu nagen", „die Katze in Ruhe lässt", „nicht mehr im Garten buddelt" oder „nicht mehr auf den Teppich pinkelt" lauten. Alle diese Wünsche haben einen Fehler: Sie wünschen sich etwas Negatives, und negative Ziele lassen sich beim Welpen nicht vermitteln. Welpen wurden dazu geboren, Dinge zu tun, nicht Dinge zu vermeiden!

Ein gesunder Welpe muss nagen, bellen, springen, jagen, er muss sich erleichtern und er tut es genau dann, wenn ihm danach ist – auch auf dem neuen Perserteppich. Das Training zielt nicht darauf ab, ihm bestimmte Dinge abzugewöhnen, sondern der Welpe muss lernen, diese Dinge zu tun, wann und wo *Sie* es wollen. Nur wenn Sie sich klare Ziele setzen, bekommt das Training Struktur: Wann immer er das von Ihnen gewünschte Verhalten gezeigt hat, wird er zeitnah dafür belohnt. Solange Sie sich nur auf das „Du darfst nicht" konzentrieren, denken Sie in Strafen und nicht in Belohnungen.

Der Wechsel von negativ („Bello soll nicht mehr springen") zu positiv formulierten Zielen („Bello soll Sitz lernen") ist viel mehr als Semantik. Es bedarf einer gewissen Übung, die Lernziele positiv zu formulieren. Immerhin gibt es drei Faustregeln:

1. Setzen Sie sich positive Ziele. Vermeiden Sie die Worte „nicht" und „nein".

2. Setzen Sie sich aktive Ziele. Benutzen Sie Worte, die Ihren Welpen dazu anhalten, etwas zu tun: „Sitz", „Platz" oder „Komm". Vermeiden Sie passive oder zu allgemeine Begriffe, wie „Ich möchte, dass mein Welpe gehorcht", oder „Ich möchte, dass mein Welpe zuhört".

3. Setzen Sie sich konkrete Ziele. Denken Sie sich die Situation dazu, in der Ihr Welpe bestimmte Dinge lernen soll, wie „Wenn Gäste da sind", „Wenn er im Garten ist" oder „Wenn ich ihm die Leine anlege".

Nun noch einige Beispiele:
Richtig: „Ich möchte, dass mein Hund an der Tür sitzt und meine Gäste begrüßt." **Falsch:** „Ich möchte, dass mein Hund aufhört, die Gäste anzuspringen."

Richtig: „Ich möchte, dass mein Hund zu mir kommt und sich hinlegt, wenn Fremde am Haus vorbeigehen." **Falsch:** „Mein Hund soll die Passanten nicht mehr anbellen." Gehen Sie nach diesen Beispielen vor und setzen Sie sich und Ihrem Hund zehn Trainingsziele. Um die Methode zu verinnerlichen, denken Sie für den Anfang stets an das Gegenteil. Wenn Ihr Hund Katzen hinterherjagt, was wäre das Gegenteil? Er rennt vor der Katze weg! Und wo ist der sicherste Platz für einen Hund, der vor der Katze flieht? An Ihrer Seite natürlich. Also soll Bello nicht mehr der Katze nachjagen, sondern jedes Mal zu Ihnen kommen, wenn Sie rufen. Jetzt haben Sie ein klares Ziel formuliert, ohne „Nicht" oder „Nein" und dennoch eine gute Strategie, um Bello seine Leidenschaft für Katzen abzugewöhnen. Bringen Sie dem Welpen bei, etwas für eine Belohnung zu tun, statt ihm Furcht vor Bestrafung einzuimpfen. Noch ein Beispiel: Was wäre das Gegenteil für einen Hund, der Gäste anspringt? Suchen Sie nach einem gegenteiligen Verhalten, das ihn am Boden hält. Verstanden? Mit dieser Liste von Trainingszielen verkürzt sich die Trainingszeit auf etwa die Hälfte. Außerdem müssen Sie nicht ständig über Alternativen nachdenken. Sie werden sich wundern, wie viele Probleme ein einfaches „Sitz", „Platz", „Bleib", „Komm" oder „Bei Fuß" löst.

Werkzeug 2: Prävention und Management

Unter Prävention verstehen wir alles, was Ihrem Welpen ein sicheres Leben ermöglicht. Im Abschnitt „Sicherheit" auf Seite 35 sind wir darauf bereits eingegangen. Management bezeichnet alles, was den Zugang des Welpen zu seiner (Ihrer) Umgebung einschränkt. Dazu gehören Halsband, Leine oder Geschirr, aber auch Box, Türschutzgitter und Zäune. Da solche Maßnahmen die freie Beweglichkeit des Welpen einschränken, wird er daran gehindert, bestimmte Verhaltensweise auszuführen: Ein eingesperrter Welpe kann nicht das Sofa annagen. Wenn er während des Essens am Stuhlbein festgebunden ist, kann er kein Essen vom Tisch stehlen. Auch das Management sollte der Welpe als positive Erfahrung erleben. Wir bringen unseren Welpen bei, die Box oder ein Gehege zu mögen, denn darin warten Kongs oder andere Kauspielzeuge; sie sind gerne an der Leine, weil sie damit die positive Erfahrung des Spaziergangs verbinden, und angebunden sein bedeutet viel Zuwendung, denn Sie beschäftigen sich mit ihm, wenn Sie fernsehen.

Sobald Sie Ihrem Welpen vertrauen, dass er Schuhe, Vorhänge und die Fernbedienung in Ruhe lässt und das Haus prinzipiell hundesicher ist, darf er sich auch ohne Leine oder Box in der Wohnung aufhalten. Dennoch werden sich immer wieder Situationen ergeben, in denen Prävention und Management wichtig sein können. Stellen Sie sich vor, Sie müssen um jeden Preis verhindern, dass Ihr Hund auf die Straße läuft. Dann bleibt er am besten angeleint oder in einem Gehege eingesperrt. Natürlich bringen Sie ihm auch bei, auf „Komm" und „Bleib" zu reagieren, doch bei einem plötzlich auftauchenden Eichhörnchen kann auch der folgsamste Hund kurzfristig schwach werden.

Werkzeug 3: Das Magnetspiel

Das Magnetspiel trägt seinen Namen, weil Sie „magnetisch" von Verhaltensweisen angezogen werden, die Ihr Welpe unaufgefordert zeigt – dafür wird er gelobt und mit Leckerbissen belohnt. Stellen Sie sich vor, Sie sitzen vor dem Fernseher, arbeiten in der Küche oder am Computer. Plötzlich sehen Sie, dass sich der Welpe auf sein Bett setzt oder hinlegt. Dieses Verhalten wird zum Magnet: Es zieht ihre Aufmerksamkeit an und wird belohnt. Sie haben den Hund nicht aufgefordert, sein Verhalten war spontan. Sie können ihm (1) einen Leckerbissen hinwerfen, (2) ihn loben, (3) aufstehen und ihn tätscheln oder (4) alle drei Belohnungen kombinieren. Stellen Sie sich weiter vor, sie wollten ihm „Sitz" beibringen, gehen also hin und wollen ihn tätscheln. Plötzlich steht er auf. Da sie ihm „Sitz" beibringen wollten, bricht die magnetische Verbindung ab; wenden Sie sich ab und gehen Sie woanders hin. Sobald er sich wieder setzt oder hinlegt, wenden Sie sich ihm wieder zu – die magnetische Anziehungskraft ist wieder da.

Das Magnetspiel gleicht dem Kinderspiel „Heiß und Kalt". Dabei muss ein Teilnehmer herausfinden, was die anderen ausgesucht haben. Während der Spieler im Zimmer herumgeht, leiten ihn die anderen mit „wärmer", „kälter", „heißer" usw. an, bis er es gefunden hat. Das Gleiche gilt auch für einen Welpen. Immer wenn er durch Zufall dem erwünschten Verhalten näherkommt, bekommt er eine Belohnung. Entfernt er sich von dem Verhalten, bleiben die Belohnungen aus. Sobald er alles richtig gemacht hat, gewinnt er den Jackpot, die Superbelohnung, die ihm 10 000 € wert ist.

Sie können das Magnetspiel zwar auch spielen, wenn Ihr Welpe frei läuft, leichter geht es aber, wenn er angeleint ist. Binden Sie ihn mehrmals am Tag in Ihrer Nähe am Sofa oder an einer Tür an und beobachten Sie ihn. Lassen Sie angeleinte Welpen nie allein. Die Leine sollte anderthalb bis zwei Meter lang sein; der Welpe darf Sie aber nicht erreichen (siehe „Anbinden", Seite 74).

Das Magnetspiel ist nur dann erfolgreich, wenn Sie aktiv daran teilnehmen. Dabei lernen Sie eine Menge über die Praxis der operanten Konditionierung. Ein erwünschtes Verhalten wird belohnt, das unerwünschte Verhalten ignoriert. Immer bestimmt das Verhalten des Welpen über die Konsequenzen. Jeder Welpe stellt sein Verhalten auf die Belohung ein. Wird er nicht belohnt – durch Worte, Taten oder Leckerbissen – hört er auf. Sie haben es in der Hand, ein unerwünschtes Verhalten durch völlige Passivität zu beenden. Der Vorgang erinnert an das Löschen eines Feuers: Wenn kein Brennstoff vorhanden ist, geht es aus.

Was gewinnt Ihr Hund, wenn er bellt, springt, kaut, gräbt, bettelt? Bekommt er eine Belohnung für das Verhalten? Wenn Sie den bellenden Welpen völlig ignorieren, hat er keinen Grund weiterzumachen. Wenn sein Betteln bei Tisch niemals beachtet und belohnt wird, wird er höchstwahrscheinlich damit aufhören. Ein gutes Beispiel ist auch das Anspringen. Die meisten Welpen werden beachtet, wenn sie jemanden anspringen. Die kleinen, niedlichen werden gestreichelt, die größeren ausgeschimpft. Folgt auf das Anspringen aber keinerlei Reaktion, stellen die Welpen es ein.

In einigen Fällen wäre es allerdings fatal, ein Verhalten einfach zu ignorieren. Ein Welpe, der seinen Stress abbaut, indem er an Schuhen nagt oder ständig bellt, darf nicht allein gelassen werden. Er nutzt diese Verhaltensweisen als Selbstzweck, sie erfüllen eine Aufgabe für ihn und verstärken sich selbst – ohne Hilfe wird er sie nicht aufgeben. Ein Verhalten zu ignorieren, macht nur Sinn, wenn Sie es mit einem erwünschten Verhalten verknüpfen (und entsprechend belohnen).

Die vier Stufen des Magnetspiels sind somit:

1. Sie machen sich klar, welche Verhaltensweisen Sie verstärken wollen – als Alternative zu einem unerwünschten Verhalten.
2. Sie leinen den Hund an oder sperren ihn ein (Management), damit er nicht unbeobachtet bleibt.
3. Sie ignorieren unerwünschtes Verhalten (außer Zerstörungen und sich selbst verstärkende Verhaltenweisen).
4. Sie belohnen jedes erwünschte (alternative) Verhalten, wenn es zufällig auftritt.

Das Magnetspiel sollte etwa die Hälfte der Trainingszeit in Anspruch nehmen: Es geht einfach, ist wirkungsvoll und der Welpe lernt sehr schnell, was Sie von ihm erwarten.

Werkzeug 4: Nichts im Leben ist umsonst

In dieser Trainingseinheit lernt der Welpe, dass er sich seinen „Lebensunterhalt" verdienen muss. Er bekommt erst etwas, wenn er dafür gearbeitet hat. Ab Seite 130 haben wir über die „Jobs" berichtet, die ein Welpe erledigen muss. Am besten schreiben Sie eine Liste mit allem, was Ihr Welpe gerne mag (essbare und „aktive" Leckerbissen). Aktive Leckerbissen können beispielsweise sein:

1. Mit Spielzeugen spielen
2. Getätschelt werden
3. Gelobt werden
4. Aus der Box gelassen werden, um Sie zu begrüßen
5. Die Leine für einen Spaziergang holen
6. Nach draußen gehen
7. Spazieren gehen
8. Mit dem Auto fahren
9. Einen anderen Hund treffen
10. Schwimmen (gilt nicht für alle Welpen)
11. Mit allen Familienmitgliedern zusammen sein

Das sind nur einige Beispiele. Da jeder Welpe ganz spezielle Wünsche hat, fällt Ihnen sicher noch mehr ein. Die meisten Menschen können allerdings die Vorlieben ihres Hundes nicht spontan benennen. Sie müssen ihn aber nur eine Weile beobachten, schon haben Sie eine Liste zusammen, ein guter Leitfaden, um ihm den „Lohn für seine Arbeit" auszuzahlen.

Eine typische Belohnung ist Streicheln, wenn Gäste kommen. Der Welpe bekommt diese Belohnung aber nur, wenn er sitzt. Machen Sie den anderen Familienmitgliedern klar, dass der Welpe nicht „einfach so" gestreichelt werden darf – er muss dafür arbeiten. In diesem speziellen Fall gibt es Streicheleinheiten erst dann, wenn er sitzt. Der Welpe wird schon bald herausbekommen, dass er mit einem einfachen Verhalten – sich hinsetzen – viele Streicheleinheiten bekommt. Als Folge wird er sich immer wieder hinsetzen und die Belohnung erwarten.

Vor allem am Anfang ist es sehr schwer, diese Regel einzuhalten. Ein Welpe ist einfach zu süß! Es drängt uns danach, ihn zu streicheln. Dennoch, wenn Sie diszipliniert bleiben und ihn an das Konzept „Nichts ist umsonst" gewöhnen, wird er bald darauf eingehen. Der Erfolg ist etwas Zurückhaltung wert, schon bald wird es für Mensch und Hund zur Selbstverständlichkeit.

Werkzeug 5: Unerwünschtes Verhalten unterbrechen und umlenken

Wenn Sie Ihren Welpen in der Wohnung anleinen oder einsperren, bleibt er ständig unter Ihrer Kontrolle. Auf diese Weise können Sie sofort eingreifen, sobald er ein unerwünschtes Verhalten zeigt. Sollte er beispielsweise Anzeichen machen, sich zu erleichtern, unterbrechen Sie ihn mit „Nein, nein, nein", leinen ihn an und gehen ins Freie zum üblichen Platz.

Ein unerwünschtes Verhalten zu unterbrechen, ist allerdings nur die zweitbeste Möglichkeit – noch besser ist Vorbeugen. Versuchen Sie, den Welpen bereits in der Vorbereitung einer Handlung zu unterbrechen und nicht erst danach. Wenn der Welpe den Teppich beschnüffelt, sich im Kreis dreht, muss er sofort unterbrochen werden. Warten Sie nicht ab, bis es zu spät ist. Statt abzuwarten, bis der

Welpe auf den Tisch springt, um ein Stück Fleisch zu stibitzen, sollten Sie ihn möglichst bereits beim Gedanken daran unterbrechen. Unter diesen Voraussetzungen funktioniert die Unterbrechung „auf frischer Tat" recht effektiv.

Gewöhnen Sie sich ein bestimmtes Zeichen an: Lautes Klatschen, Pfeifen oder „Nein, bein", auf den Tisch oder einen Topf schlagen. Es geht nicht darum, den Welpen zu erschrecken, sondern ihn aufmerksam zu machen. Achten Sie dabei auf die Sensibilitätsschwelle. Was einen Welpen kaum aufregt, kann einen anderen bereits erschrecken. Wird der Welpe zu oft erschreckt, verliert er das Vertrauen in Sie. Finden Sie das richtige Maß heraus. Er soll mit dem unerwünschten Verhalten aufhören und sich Ihnen zuwenden. Ohne dieses Training könnte er schlechte Angewohnheiten entwickeln.

Hinweis: Wenn Sie den Welpen ein- oder mehrmals bei einer bestimmten Handlung unterbrechen – z.B. Essen vom Tisch stehlen – wird er vielleicht beim nächsten Mal zögern und Sie ansehen. Jetzt sparen Sie nicht mit Belohnungen! Er hat begriffen, dass er sich zuerst rückversichern muss, und genau das wollten Sie erreichen.

Werkzeug 6: Notfalls behandeln Sie den Welpen „negativ"

Einen Welpen negativ zu behandeln klingt schlimmer als es tatsächlich ist. Negative Konsequenzen sind nicht gleichbedeutend mit physischem Schmerz oder emotionaler Belastung. Auch die negative Behandlung bleibt im Rahmen der sanften Hundeerziehung; sie soll nur ein bestimmtes Verhalten abändern. Bereits die Strategie „Nichts im Leben ist umsonst" hat eine negative Komponente. Immerhin halten Sie etwas zurück, was der Welpe gerne hätte. Wenn er sich nicht hinsetzt, wird er nicht gestreichelt – eine negative Erfahrung für den Hund. Negativ ist auch, dass Sie sich entfernen, wenn der Welpe knabbert, ständig bellt oder Sie anspringt.

Eine gute negative Methode ist die Auszeit. Wenn sich der Welpe unangemessen verhalten hat, wird er angeleint, kommt in seine Box oder hinter ein Türschutzgitter.

Stellen Sie sich vor, Sie haben einen wirklich niedlichen Welpen. Er ist vier Monate alt und beißt im Spiel aus Versehen in Ihre Hand und nicht in das Spielzeug. Reagieren Sie mit „Aua" (Sie können auch „Oh", „Ach" oder einen anderen Ausdruck gebrauchen – nur immer denselben). Stellen Sie sich weiter vor, der Welpe lässt nicht nach, sondern beißt total erregt noch mal in Ihre Hand. Jetzt sagen Sie ruhig und bestimmt „Auszeit" (vergessen Sie die schmerzende Hand für einen Augenblick) und sperren Sie den Welpen in seine Box (wenn er daran gewöhnt ist), in ein Gehege oder hinter ein Türschutzgitter. Dort bleibt der Kleine für zwei bis fünf Minuten. Wenn die Auszeit beendet ist, lassen Sie ihn wieder frei und spielen weiter, als sei nichts geschehen. Er darf aber erst wieder heraus, wenn er sich völlig beruhigt hat. Selbst wenn dasselbe noch ein paar Mal geschieht, wird er lernen, dass ein Biss negative Konsequenzen hat. Weiterhin lernt er, dass er Freiheit und Gesellschaft genießen darf, solange er ruhig und entspannt bleibt. Selbstverständlich müsste im Falle des Beißens das Training vorbeugend erweitert werden: Kauen auf erlaubten Spielzeugen, Lecken statt Beißen, Gegenstände sanft anpacken und ein Kommando wie „Aus".

Einsperren

Sperren Sie niemals einen Welpen ein, der sich sichtlich sträubt oder hechelt, geifert oder winselt. Auch Welpen, die sich binnen 20 Minuten noch nicht beruhigt haben, gehören nicht in die Box, sondern in ein Trainingsgehege oder hinter ein Türschutzgitter.

Der Vorteil der Auszeit besteht darin, dass damit ein sehr spezifisches Verhalten angesprochen wird, in diesem Fall der „nicht angemessene Einsatz der Zähne". Mit der Auszeit korrigieren Sie ein Verhalten, nicht den Welpen. Diese Maßnahme wird aber nur dann zum Erfolg führen, wenn Sie entschieden und konsequent handeln. Vermitteln Sie dem Welpen eine klare Botschaft: „Wenn du dich so verhältst, hat das Konsequenzen, wenn du dich anders verhältst, ändert sich auch die Konsequenz." Manche Hunde verord-

nen sich selbst eine Auszeit. Wenn Pauls Hund Grady nicht gehorcht oder etwas Unpassendes tut, sagt Paul „Oh, oh" und Grady
verzieht sich in eine Auszeit – in der Küche oder im Auto. Auszei-
ten sind gut gegen Springen, Anknabbern und Bellen.

Auszeit
Setzen Sie die Auszeit in Maßen ein und niemals dann, wenn
Sie wütend sind. Für Welpen, die unter Trennungsangst leiden, kann bereits eine sehr kurze Auszeit stressig und grausam
sein.

Voraussetzungen für den Erfolg

Inzwischen haben Sie klar umrissene Ziele. Sie wissen, dass Sie
dem Welpen beibringen müssen, etwas *zu tun* und nicht, etwas
nicht zu tun. Jetzt geht es um das Wie. Wie bringen Sie den Welpen
dazu, das erwünschte Verhalten zu lernen? Wir empfehlen zwei
Methoden, die beide mit Hilfe der Verstärkung arbeiten: das Magnetspiel und das Drei-Stufen-Training.
1. Das Magnetspiel: Sie belohnen den Welpen für zufällig gezeigte
Verhaltensweisen.
Das Magnetspiel haben Sie bereits auf Seite 151 kennengelernt. Es
ist besonders einfach, weil Sie nur abwarten müssen. Sobald der
Welpe spontan ein bestimmtes Verhalten zeigt, wird er dafür belohnt
(mit Zuneigung, Lob und Leckerbissen). Wenn das Magnetspiel
rund 50 Prozent des Trainings ausmacht, geht alles viel schneller.
2. Strukturierte Lektionen: Sie belohnen den Welpen für erwünschte Verhaltensweisen. Bei den strukturierten Lektionen setzen Sie
ein paar wissenschaftliche Prinzipien um und üben spezifische
Verhaltensweisen ein; in kurzen Einheiten, mehrmals am Tag.
Ein Erfolg stellt sich umso schneller ein, je besser Sie die Theorie in
die Praxis umsetzen können. In diesem Kapitel stellen wir die erforderlichen Techniken vor.

Konsequenz und Wiederholung

Mit Konsequenz meinen wir, dass jedes Familienmitglied auf die gleiche Weise und mit denselben Kommandos mit dem Welpen interagiert. Je konsequenter ein bestimmtes Verhalten verstärkt wird (durch alle Beteiligten), desto eher prägt es sich dem Welpen ein. Er lernt rascher und wird das Verhalten auch in Zukunft zeigen. Welpen lernen durch die Wiederholung, Versuch und Irrtum und noch mehr Wiederholung. Wie oft ein bestimmter Ablauf wiederholt werden muss, lässt sich nicht vorhersagen. Manche Welpen brauchen Lektionen von nur 30 Sekunden, andere bis zu fünf Minuten. In einer kurzen Trainingseinheit kann ein Kommando wie „Platz" etwa fünf- bis zehnmal wiederholt werden. Eine längere Einheit könnte aus zehnmal „Platz", zehnmal „Bleib" und zehnmal „Komm" bestehen. Fast immer sind mehrere kurze, über den Tag verteilte Lektionen besser als eine oder zwei 20 bis 40 Minuten dauernde Einheiten. Halten Sie das Training kurz und einfach und gehen Sie mit Freude an die Sache heran.

Marker – Clicker und Worte

Wenn der Welpe tut, was Sie von ihm verlangt haben, bleibt Ihnen nur etwa eine Sekunde, um das erfolgreiche Verhalten zu „markieren". Hunde haben nur ein sehr enges Zeitfenster, in dem sie eine bestimmte Handlung mit einer Konsequenz verknüpfen können. Sie verbinden also nur eine extrem zeitnahe Belohnung mit einem bestimmten Verhalten. Um diese Verknüpfung zu festigen, d.h. zu „markieren", benutzen wir entweder Worte oder einen sogenannten Clicker.

Der Clicker ist ein kleines Gerät, das auf Druck einen gut hörbaren Ton erzeugt. Dieser Ton kommt sehr schnell, unmittelbar nach dem erwünschten Verhalten, schneller als ein gesprochenes Wort. Ein zweiter großer Vorteil des Clickers ist sein einzigartiger Klang, den Hundeohren sehr gut wahrnehmen. Wie gerade erwähnt, bleibt Ihnen zum Markieren nur das kurze Zeitfenster von etwa einer Sekunde: Handlung – Konsequenz (= Belohnung). Folgt die

Konsequenz zu spät, verpufft der Effekt der Belohnung, da der Welpe keine Verknüpfung herstellen kann. Ein Beispiel: Ihr Welpe hat erfolgreich auf „Sitz" reagiert, ist aber gleich wieder aufgestanden und steht schwanzwedelnd vor Ihnen. Wenn Sie jetzt erst „Guter Hund" sagen, verbindet er das Lob mit Aufstehen und Schwanzwedeln. Wenn Sie aber clicken, sobald er sich gesetzt hat, verbindet er das Clicken mit der nachfolgenden Belohnung. Der Clicker wird zur Brücke zwischen dem erwünschten Verhalten (sitzen) und der Konsequenz (Belohnung durch einen Leckerbissen).

Im Folgenden werden wir daher immer wieder die Abfolge „Clicken, Lob und Leckerbissen" gebrauchen.

Hinweis: Clicker sind zwar sehr hilfreich, aber nicht notwendig. Sie können stattdessen auch ein Wort als Brücke benutzen. Wenn der Welpe ein erwünschtes Verhalten zeigt, reagieren Sie sofort mit „Gut", „Guter Hund", „Prima" oder was immer Sie möchten. Es muss aber immer dasselbe Wort sein! Bei Ihren eigenen Trainingseinheiten können Sie sich also statt „Clicken, Lob und Leckerbissen" durchaus auch auf „Lob und Leckerbissen" beschränken.

Das richtige Timing mit dem Clicker muss geübt werden. Die Futterbelohnung darf immer erst direkt nach dem Klick, nie davor oder während des Clickens folgen. Sobald der Welpe gelernt hat, dass auf Clicken *immer* eine Futterbelohnung folgt, können Sie sich je nach Situation zwischen Clicken und Leckerbissen etwas mehr Zeit lassen.

Außerdem darf das Clicken niemals vor einem Verhalten, sondern immer erst unmittelbar danach erfolgen. Ihr Welpe setzt sich hin ... Sekundenbruchteile ... Clicken. Benutzen Sie den Clicker nur in diesem Sinn und niemals, um den Hund auf sich aufmerksam zu machen. Diesen Fehler machen viele Hundebesitzer, die neu mit dem Clicker anfangen. Tatsächlich reagieren Hunde sofort, wenn sie erst gelernt haben, dass der Klicklaut Futter bedeutet.

Benutzen Sie den Clicker nur, um Ihrem Welpen ein neues Verhalten beizubringen. Ein Verhalten oder Kommando, das der Welpe verlässlich beherrscht, muss nicht mehr mit dem Clicker verstärkt werden. Wenn der Hund mit 80-prozentiger Erfolgsquote auf das Kommando „Sitz" reagiert, brauchen Sie den Clicker nicht mehr;

jetzt reicht ein normales Lob, wenn er seine Aufgabe erfüllt hat. Natürlich sollten Sie den Clicker wieder in die Tasche stecken, wenn Sie Ihrem Welpen ein anderes Verhalten oder Kommando beibringen möchten.

Machen Sie den Clicker wertvoll

Der Clicker an sich hat für den Welpen keinen Wert, er ist ein völlig neutraler Gegenstand. Erst durch den Gebrauch verleihen Sie dem Clicker einen Wert: Sie nehmen ihn in die Hand, clicken und sofort danach bekommt der Welpe einen Leckerbissen. Wiederholen Sie diese Abfolge 10- bis 15-mal. Ihr Welpe hat die Verknüpfung verinnerlicht, sobald er nach dem Clicken auf einen Leckerbissen wartet. Die meisten Welpen merken sich diesen Zusammenhang schon in der ersten Lektion. Andere nach zwei oder drei Lektionen an einem Tag. Sobald der Clicker einen Wert hat, können Sie ihn als Marker einsetzen, um ein bestimmtes Verhalten einzuüben. Wenn Ihr Welpe „Sitz" lernen soll, hört er den Clicker, wenn er zum ersten Mal mit seinem Hinterteil den Boden berührt – danach folgt der Leckerbissen.

In seltenen Fällen reagieren Welpen nicht auf den Clicker. Dann gehen Sie genauso vor wie oben, benutzen aber ein Wort zur Markierung (Gut, Guter Hund, Prima, Ja). Die menschliche Stimme ist zwar nicht so schnell und präzise wie ein Clicker, aber der Effekt bleibt derselbe.

Tipps zum Gebrauch des Clickers

Gehen Sie fröhlich und locker an die Sache heran. Lösen Sie den Clicker nicht direkt neben dem Ohr des Welpen aus, er könnte sich erschrecken. Halten Sie die Hände in Brusthöhe, dann bleibt ein Sicherheitsabstand gewahrt.

Manche Welpen sind geräuschempfindlich. Sie könnten beim ungedämpften Geräusch des Clickers erschrecken. Gehen Sie dann folgendermaßen vor:

1. Dämpfen Sie den Schall des Clickers; lösen Sie ihn in der Tasche oder unter einem Handtuch aus oder halten Sie einen größeren Abstand ein.

2. Wenn Sie den Clicker drücken und wieder loslassen, clickt er zweimal. Drücken Sie ihn nur einmal (festhalten), dann folgt der Leckerbissen; lassen Sie ihn los und geben Sie dem Welpen erneut einen Leckerbissen. Fünf- bis zehnmal wiederholen.

3. Wenn der Welpe sich an das Clicken (gedämpft und einfach) gewöhnt hat, können Sie unter dem Handtuch einen Doppelclick riskieren. Schließlich lassen Sie auch das Handtuch weg.

Marker für „Keine Belohnung"

Der Clicker oder ein lobendes Wort dienen dem Hund als Marker. Er lernt, bestimmte Dinge „richtig" zu machen. Helfen Sie ihm auch bei seinen „falschen" Reaktionen: Immer dann, wenn er ein Kommando nicht oder falsch ausführt, sagen Sie „Nein, nein" oder „Oh je". Auch hier wieder zwei Beispiele: Sie geben das Kommando „Sitz", doch der Welpe legt sich hin. Sie reagieren mit „Nein, nein" und geben ihm keine Belohnung. Sie sagen „Bleib" und er geht weg: Sie reagieren mit „Nein, nein" und drehen sich weg.

Mithilfe des Keine-Belohnung-Markers lernt der Welpe rasch, wann es keine Belohnung gibt. Vielleicht waren Sie einfach zu schnell und haben zu viel von ihm verlangt. Gehen Sie einige Stufen zurück und beginnen Sie erneut. Das ist sehr viel besser, als den Welpen durch immer neue Fehlschläge zu frustrieren. Der Keine-Belohnung-Marker ist auch ein Gradmesser für Sie selbst. Wenn Sie ihn zu oft einsetzen müssen, sind Sie vielleicht zu streng. Gestalten Sie das Training bei nächsten Mal etwas leichter und machen Sie kleinere Schritte.

Unbeabsichtigtes Training

Viele Verhaltensprobleme von Hunden beruhen darauf, dass die Besitzer ihrem Hund unerwünschte Eigenheiten antrainiert haben – ohne es eigentlich zu beabsichtigen. Stellen Sie sich vor, Sie kommen nach Hause und der Welpe springt an Ihnen hoch. Sie freuen sich, ihn zu sehen und streicheln ihn. Von nun an wird er jeden anspringen, der durch Ihre Tür kommt, weil er eine ähnliche Reaktion erhofft. Ein anderes Beispiel: Sie telefonieren, da beginnt Ihr

Welpe zu bellen, weil er Aufmerksamkeit möchte. Es wäre eine völlig natürliche Reaktion, den Hörer abzudecken und den Hund anzubrüllen: „Sei still!" Der Hund hat also mit seinem Bellen genau das erreicht, was er wollte – Aufmerksamkeit. Indem Sie auf das Bellen mit positiver oder negativer Zuwendung reagieren, verstärken Sie das Bellen. Ein Hund, der bei einem Feuerwerk vor Angst zittert und von Ihnen getröstet wird, könnte sogar noch nervöser werden!

Zu Beginn – die Grundlinie des Lernens

Stellen Sie Ihrem Welpen zu Beginn jeder Übungseinheit eine Aufgabe, die er auf jeden Fall schafft. Sie sollten sich ziemlich sicher sein, dass er die Aufgabe in einer störungsfreien Umgebung körperlich und emotional bewältigt. Andernfalls wird der Hund gleich zu Beginn des Training frustriert und gibt auf. Das wiederum dürfte Sie frustrieren; Sie denken, Ihr Welpe sei verstockt, dumm oder faul. Dabei ist es mit Hunden wie mit den Menschen: Sie lernen schnell, wenn sie sich auf Erfolge stützen können. An welchem Punkt setzt ein erfolgreiches Training ein und wann wird der Hund überfordert und abgelenkt? Das bringt uns zum Konzept der „Grundlinie des Lernens".

Diese Grundlinie markiert einen Einschnitt. Bis hierhin ist der Welpe erfolgreich, er kann sein Pensum. Von hier aus geht es weiter. Jeder Welpe hat eine ganz persönliche „Grundlinie des Lernens". Sie hängt von seiner Entwicklung, Persönlichkeit, Gesundheit usw. ab. Beispielsweise muss ein acht Wochen alter Welpe, der „Sitz" lernen soll, ganz unten, auf dem Niveau des Kindergartens anfangen (Seite 171). Wenn Sie einen sechs Monate alten Welpen aufgenommen haben, der bereits einiges geübt hat, setzt das Lernen an einer höheren Grundlinie ein. Vermutlich kann er bereits „Sitz" und Sie können damit beginnen, nach und nach Ablenkungen zu konstruieren, um ihn sicherer zu machen. Für den kleinen Welpen wäre diese Grundlinie viel zu schwierig – er wäre rasch frustriert. Andererseits würde sich der erfahrene Welpe bei simplen Übungen ziemlich schnell langweilen – er braucht größere Herausforderungen.

Ein erfolgreiches Training braucht aber nicht nur die passende Grundlinie, sondern der Welpe muss auch interessiert und angeregt daran teilnehmen. Lernen Sie beim Üben mit dem Welpen den richtigen Zeitpunkt zu erkennen. Finden Sie den Punkt, an dem ein Mensch sagen würde: „Klasse! Ich hab's, das war aufregend! Was kommt als Nächstes?" Genau jetzt hängen Sie die Latte ein wenig höher und gehen zu einer etwas schwierigeren Übung über. Gute Trainer erkennen den Zeitpunkt, wenn der Hund für eine neue Herausforderung bereit ist und wann es besser wäre, etwas langsamer vorzugehen. Lernen Sie, den richtigen Zeitpunkt zu erkennen. Das macht die Übungsstunden für den Welpen zu einer spannenden Herausforderung, er bleibt motiviert und möchte weitermachen. Manchmal werden Sie innerhalb einer einzigen Übungsstunde mehrere Schritte weiterkommen; dann wiederum dauert es ein paar Trainingseinheiten mehr, bis der Welpe versteht, was Sie von ihm erwarten.

Berührung, Bewegungen und Töne

Manche Welpen reagieren extrem sensibel. Sie ducken oder verstecken sich, erstarren oder reagieren ängstlich, wenn sie berührt oder hochgenommen werden, wenn sie einen fremden Ton hören oder eine Bewegung sehen. Für diese sensiblen Welpen wären selbst Kindergarten-Übungen zu schwierig. Sie sind so von ihrer Angst gesteuert, dass es sinnlos wäre, mit ihnen zu üben. Um ihnen die Angst zu nehmen, brauchen Sie die Hilfe eines professionellen Hundetrainers, denn diese Aufgabe würde den Rahmen des Buches sprengen. Ohne professionelle Hilfe kommt der Welpe niemals aus diesem Teufelskreis der Angst heraus. Immerhin folgen nun einige Tipps, um nicht ganz so ängstlichen Welpen ihre Furcht zu nehmen.

Befolgen Sie die Tipps zur Sozialisation ab Seite 103, um dem Welpen den täglichen Umgang mit anderen Menschen, Tieren und Gegenständen zu erleichtern. Einem sensiblen (nicht extrem sensiblen) Welpen erleichtern Sie das Leben mit folgenden Tricks:
1. Finden Sie heraus, vor was der Welpe solche Angst hat.

2. Halten Sie einen ausreichenden Sicherheitsabstand ein; wenn es ein Geräusch oder eine Bewegung ist, versuchen Sie die Intensität zu vermindern (Lautstärke, Geschwindigkeit, Dauer). So fehlt vielleicht der Auslöser für das ängstliche Verhalten.

3. Ändern Sie die Einstellung des Welpen gegenüber dem „schrecklichen" Objekt (eine typische Um-Konditionierung). Verwandeln Sie es durch Leckerbissen und freundliches Zureden in ein geduldetes Objekt.

4. Wiederholen Sie die Kontakte in kurzen, aber häufigen Übungen.

5. Wenn sich der Welpe daran gewöhnt hat, gehen sie nach und nach näher oder erhöhen Sie die Intensität – immer begleitet von Leckerbissen und freundlichem Zureden.

6. Steigern Sie das Selbstvertrauen des Welpen; bringen Sie ihm „Sitz" bei und sich auf Zuruf zu entspannen (operante Konditionierung). Führen Sie die drei A's ein (siehe Seite 167).

In anderen Worten: Machen Sie die Übungseinheiten regelmäßig und kurz, sorgen Sie für positive Stimmung und Sicherheit.

Sehen Sie sich vor jeder Übungsstunde genau um und versuchen Sie sich in die Lage des Welpen zu versetzen: Was sieht und hört er, was könnte ihn aufregen, ablenken oder gar sein Verhalten beeinflussen? Bellt ein anderer Hund? Bewegen sich Zweige im Wind oder fliegen Blätter umher? Dröhnen Flugzeuge am Himmel? Setzen Sie die Übungsstunden in einer möglichst störungsfreien Umgebung an.

In drei Schritten zum erwünschten Verhalten

Welpen haben einen Augen-Maul-Reflex. Sobald sie eine Bewegung sehen, stürmen sie los und versuchen das Objekt mit dem Maul zu greifen. Es könnte ziemlich frustrierend für Sie werden, wenn Sie dem Welpen etwas beibringen möchten und er ständig Jagd auf Ihre Hand macht. Daher beginnen sehr viele Anweisungen in diesem Buch mit „Legen Sie Ihre Hände auf die Brust". Die bewegten Hände, die den Welpen ablenken könnten, sind weg; er kann sich nun voll auf Ihre Anweisungen konzentrieren. Auch wenn Sie dieses Vorgehen für stereotyp und steif halten, Sie helfen

Ihrem Welpen, wenn Sie sich so wenig wie möglich bewegen und nicht mit den Händen herumfuchteln. Selbstverständlich dürfen Sie Ihre Hände überall hinstecken ... aber halten Sie sie ruhig und bewegen Sie sich nicht zu sehr.

Nun folgen die drei Schritte, die einen Hund für die „Kindergarten-Aufgaben" fit machen, hier am Beispiel der Übung „Sitz".

Vorbereitung: Suchen Sie eine Umgebung, die den Welpen nicht ablenkt und stecken Sie ordentlich Leckerbissen ein. Legen Sie Ihre Hände in die Startposition auf die Brust.

1. Provozieren Sie das Verhalten mit einem Leckerbissen und einem Handzeichen

Blicken Sie den Welpen an, halten Sie in einer Hand den Clicker, in der anderen einen Leckerbissen. Heben Sie den Köder über den Kopf des Welpen. Diese Handbewegung wird später zum Handzeichen für „Sitz". Wenn der Welpe dem Leckerbissen folgt, hebt er den Kopf und senkt gleichzeitig das Hinterteil ab. Clicken, Lob und Leckerbissen; zehn- bis 15-mal wiederholen. Wiederholen Sie die Übung in mehreren Lektionen am Tag und über einige Tage, bis der Welpe mit einer 80-prozentigen Erfolgsquote reagiert – also in acht von zehn Fällen. Viele Welpen lernen „Sitz" nach Handzeichen bereits in der ersten Übungsstunde. Jetzt wird es Zeit für Schritt 2.

2. Fügen Sie dem Handzeichen ein Kommando hinzu

Sagen Sie „Sitz", wenn Sie Ihre Hand mit dem Leckerbissen über den Kopf des Welpen heben. Clicken, Lob und Leckerbissen. Wenn der Welpe in acht von zehn Fällen richtig reagiert, nehmen Sie den Leckerbissen in die andere Hand und versuchen Sie es erneut – diesmal mit der leeren Hand. Diese Übung ist notwendig, damit der Hund der Hand und nicht dem Duft des Leckerbissens folgt. Wenn es in acht von zehn Fällen gelingt, gehen Sie zu Schritt 3 über.

3. Geben Sie nur das Kommando ohne Handzeichen

Legen Sie die Hände auf die Brust und sagen Sie „Sitz" ohne Handsignal. Clicken, Lob und Leckerbissen.

Der Ablauf dieser drei Schritte ist in der Tabelle nochmals zusammengefasst. Am Anfang des Trainings lassen sich mit diesen drei Schritten fast alle Kommandos und Verhaltensweisen einüben; auf die wenigen Ausnahmen stoßen Sie von selbst.

In drei Schritten zum erwünschten Verhalten

Aufwärmen
▶ Das Training sollte an einem Ort stattfinden, der möglichst wenig Ablenkung bietet; Sie müssen dem Welpen so nahe sein, dass er auf Sie achtet.
▶ Setzen Sie sich ein Ziel.
▶ Ist der Welpe zufrieden und gut gelaunt?
▶ Atemübungen!
▶ Clicker überprüfen (wenn Sie mit einem Clicker arbeiten)
▶ Stecken Sie sich 10 000 €-Leckerbissen ein

1. Provozieren Sie das Verhalten
▶ Ermuntern Sie den Welpen, machen Sie auf sich aufmerksam: Rufen Sie seinen Namen, pfeifen Sie oder machen Sie schnalzende Geräusche; Sie können auch auf Ihren Oberschenkel klopfen, mit der Hand winken usw. – bis der Welpe Sie ansieht.
▶ Beginnen Sie jede Übungseinheit mit einem Leckerbissen.
▶ Setzen Sie das Handzeichen ein. Zuerst kommen die einfachen Bewegungsabläufe dran, dann werden Sie in kleinen Schritten immer schwieriger.
▶ Wiederholen Sie jede neue Übungseinheit etwa 10-15-mal.
▶ Gehen Sie weiter weg: Wenn der Welpe eine 80%ige Erfolgsquote erreicht, dürfen Sie es ihm ein bisschen schwerer machen. Nehmen Sie den Köder in die andere Hand und geben Sie das Handzeichen mit der leeren Hand; wenn alles klappt: Clicken, Lob und Leckerbissen aus der anderen Hand.

2. Fügen Sie dem Handzeichen ein Kommando hinzu
▶ Wenn Sie sicher sind, dass Ihr Welpe mit 80%iger Erfolgsquote auf das Handzeichen reagiert, geben Sie jedes Mal unmittelbar vor dem Handzeichen das Kommando.

3. Geben Sie nur das Kommando ohne Handzeichen
▶ Jetzt arbeiten Sie nur noch mit der Stimme. Danach werden Abweichungen vom einfachen Ablauf geübt: veränderte Dauer, Abstand und Ablenkungen – jeweils eine pro Lektion. Wenn Sie etwas Neues einführen, gehen Sie stets von einer Grundlinie aus, die der Welpe perfekt beherrscht. Jedes korrekte Verhalten wird belohnt. Erst wenn es in acht von zehn Fällen verlässlich klappt, dürfen Sie mehr verlangen. Jetzt gibt es eine Belohnung erst jedes dritte oder vierte Mal. Ganz zum Schluss kommt die Las-Vegas-Belohnung, die wie ein Spielgewinn in unregelmäßigen Abständen ausgeschüttet wird.

Ausdauer, Abstand und Ablenkung
Jetzt darf Ihr Welpe den Verhaltens-Kindergarten verlassen und mit dem anspruchsvollen Training beginnen, das unter dem Stichwort der drei A's steht: Stufenweise muss er nun lernen, sich mit Ausdauer, Abstand und Ablenkung auseinanderzusetzen:
Ausdauer: Der Welpe lernt, die einzelnen Verhaltenselemente für längere Zeit durchzuhalten.
Abstand: Wenn Sie dem Welpen ein Kommando geben, stehen Sie nicht mehr unmittelbar neben ihm, sondern entfernen sich immer mehr.
Ablenkung: Mit Geräuschen, Berührungen und Bewegungen schaffen Sie Ablenkungen; dennoch muss der Welpe lernen, Ihre Kommandos zu befolgen.
In den folgenden Übungsstunden bringen Sie dem Welpen bei, dass er bei „Bleib" etwas länger am Platz bleibt, dass er auch aus größerer Entfernung auf Zuruf zu Ihnen kommt oder dass er „Platz" macht, auch wenn ihn Ablenkungen in seiner Nähe nervös machen könnten. Diese Lernprozesse gleichen ein wenig dem Lesen. Zunächst lernt man das Alphabet und kurze Worte, dann erkennt man kurze Sätze, längere und schließlich kann man Bücher lesen. Stellen Sie sich eine Kindergärtnerin vor, die von Ihnen verlangt hätte, aus *Krieg und Frieden* vorzulesen!
Auch der Welpe kann nur schrittweise zu anspruchsvolleren Aufgaben übergehen. Machen Sie den nächsten Schritt immer erst dann, wenn er eine 80-prozentige Erfolgsquote erreicht.

Zusammenfassung

Hat Ihr Welpe seinen Kindergarten erfolgreich abgeschlossen und sich in den darauffolgenden, anspruchsvolleren Stufen des Lernens bewährt, ist er zu einen körperlich und mental erwachsenen Hund gereift. Das Lernen geht aber noch weiter. Jetzt macht Ihr Hund zu jeder Zeit und an jedem Ort in 90 Prozent aller Fälle genau das, was Sie von ihm verlangen. In dem Buch *Der Hundeflüsterer* von Paul und Norma finden Sie Beispiele für anspruchsvolle Aufgaben.

Halten Sie sich stets an die beiden goldenen Regeln:

1. Wenn Ihr Welpe den Anforderungen nicht gewachsen ist, gehen Sie einen Schritt zurück zu einem Element, das er beherrscht und üben Sie das neue Verhalten von dort aus ein.

2. Wenn Sie eines der drei A's einführen, beginnen die Übungen jedes Mal ganz von Anfang an. Jedes Verhalten muss ganz neu, Schritt für Schritt eingeübt werden.

Welpen lernen in einer Art Kurve. Sie haben gute und schlechte Tage und sie brauchen Zeit, um das Gelernte zu vertiefen. Fangen Sie jede Übungsstunde an der „Grundlinie" an und steigern Sie die Ansprüche mit jedem Erfolg.

Nützliche Kommandos

Inzwischen sind Sie, der Welpe und die Umgebung bestens vorbereitet – der Unterricht kann beginnen. Mit welchem Kommando Sie anfangen möchten, bleibt Ihnen überlassen, die Reihenfolge spielt keine Rolle. Bis zum Alter von etwa 18 Monaten bis drei Jahren – dann ist ein Hund vollständig ausgereift und erwachsen – lernen praktisch alle Welpen die grundlegenden Regeln des Verhaltens und befolgen sie verlässlich. Manche lernen sogar noch mehr. Dieses Buch soll Ihren Welpen durch den „Kindergarten" bis zu den Fortgeschrittenen-Klassen begleiten.

Training ohne Clicker?
Wenn Sie nicht mit einem Clicker arbeiten, ersetzen Sie das Clicken durch ein knappes Marker-Wort („Guter Hund", „Gut gemacht", Prima"), darauf folgen ausführliches Lob und Leckerbissen. Das Wort markiert als Ersatz für den Clicker ein erwünschtes Verhalten. Wenn der Welpe „Prima" (oder einen anderen Marker) hört, weiß er, dass gleich der Leckerbissen folgt. Verwenden Sie in den ersten Phasen des Trainings stets dasselbe Marker-Wort.

"Achtung" – Aufmerksamkeit erregen

Ohne Kommandos wie „Achtung", „Pass auf", „Schau her" oder den Namen des Hundes ist kein sinnvolles Training möglich. Der Welpe muss lernen, Sie anzusehen und auf eine Anweisung zu warten. Ein Welpe, der Sie nicht aufmerksam anblickt, kann keine Kommandos ausführen. Stellen Sie sich Ihren Welpen vor, der mit einem Quietschspielzeug durch die Wohnung tobt oder mit einem anderen Hund spielt. Er wird sich garantiert nicht hinsetzen, wenn Sie einfach nur „Sitz" rufen – allein der Versuch wäre sinnlos. Bevor Sie mit dem eigentlichen Training beginnen, muss der Welpe also lernen, Sie auf Zuruf seines Namens anzusehen. Das ist ziemlich leicht. Innerhalb von einer Woche hat er gelernt, den Klang seines Namens mit der Belohnung zu verknüpfen, die darauf folgt. Vorbereitung: Fangen Sie in einer möglichst störungsfreien Lernumgebung an.

Schritt 1: Provozieren Sie das Verhalten mit einem Leckerbissen und einem Handzeichen
Halten Sie einen Leckerbissen zwischen Daumen und Zeigefinger; der Clicker kommt in die andere Hand. Legen Sie die Hände auf die Brust. Halten Sie dem Welpen die Hand mit dem Leckerbissen vor die Nase. Jetzt heben Sie die Hand von der Hundenase in Richtung zu Ihren Augen. Der Leckerbissen ist ein Köder. Wenn der Welpe dem Bissen mit den Augen bis zu Ihrem Gesicht folgt: Clicken, Lob und Leckerbissen; fünf- bis zehnmal wiederholen. Die meisten Welpen verstehen die Lektion bereits in der ersten Übungsstunde. Wenn der Welpe in acht von zehn Fällen der Hand zu Ihren Augen folgt, ist es Zeit für den nächsten Schritt.
Hinweis: Sollte der Welpe durch irgendetwas abgelenkt sein und Ihrer Hand nicht folgen, binden Sie ihn an einer Stelle abseits der Störquelle an und wiederholen Sie die Übung.

Schritt 2: Fügen Sie ein Kommando hinzu
Wiederholen Sie Schritt eins, doch diesmal sagen Sie den Namen des Welpen (oder ein anderes Kommando, wie „Achtung" oder

„Pass auf"), unmittelbar bevor Sie die Hand mit dem Leckerbissen anheben. Sie können auch ein schnalzendes Geräusch machen. Dann folgt das bereits geübte Handzeichen (Köder auf Augenhöhe heben).

Wenn der Welpe der Hand mit seinen Augen folgt: Clicken, Lob und Leckerbissen.

Wiederholen Sie den Schritt fünf- bis zehnmal. Wiederholen Sie die Übung auch in den folgenden Lektionen, bis der Welpe sie in acht von zehn Fällen sicher ausführt.

Wenn er eine 80-prozentige Erfolgsquote erreicht hat, wird die Aufgabe wiederholt, diesmal mit dem Leckerbissen in der anderen Hand. Das Handzeichen wird mit der leeren Hand ausgeführt. Damit wird das Handzeichen vom Futter getrennt, denn der Welpe soll der Hand und nicht dem Köder folgen – der Leckerbissen wird zur Belohnung. Sobald der Welpe der leeren Hand gehorcht: Clicken, Lob und Leckerbissen.

Wiederholen Sie die Übung fünf- bis zehnmal. Üben Sie mit dem Welpen, bis er in acht von zehn Fällen erfolgreich reagiert; dann wird es Zeit für den dritten Schritt.

Jede Übung beginnt mit „Achtung"
Bevor Sie mit den Übungen beginnen, müssen Sie die Aufmerksamkeit des Welpen auf sich konzentrieren: Rufen Sie ihn beim Namen oder machen Sie ein küssendes Geräusch. Wenn der Welpe Sie ignoriert, locken Sie ihn mit einem Leckerbissen zu sich. Lässt er sich immer noch nicht locken, führen Sie ihn an der Leine von der Ablenkung weg. Üben Sie drei- bis fünfmal „Achtung" mit ihm. Beginnen Sie erst dann mit der eigentlichen Übungsstunde, wenn er sich ganz auf Sie konzentriert.

Schritt 3: Kommando ohne Handzeichen
Legen Sie die Hände auf die Brust. Rufen Sie den Welpen beim Namen (oder benutzen Sie Ihr übliches Mittel, seine Aufmerksamkeit zu erregen). Wenn Sie der Welpe direkt ansieht: Clicken, Lob und Leckerbissen.

Sollte er nicht reagieren, versuchen Sie es mit den folgenden Tricks.

Gibt es Probleme?

► Lassen Sie Leckerbissen nicht aus der Hand, sondern aus Ihrem Mund fallen. Rufen Sie ihn, und wenn er Sie ansieht, lassen Sie den Leckerbissen aus Ihrem Mund fallen. Jetzt wird er auf ihr Gesicht achten – auf die Quelle der 10 000 €-Belohnung!

► Sehen Sie den Welpen an. Nehmen Sie einen Leckerbissen in die Hand und strecken Sie den Arm waagerecht zur Seite aus. Der Welpe sieht die Hand an. Warten Sie ab. Nach höchstens einer Minute wendet der Welpe den Blick vom Futter ab und sieht Sie an. Clicker, Lob und Leckerbissen; fünf- bis zehnmal wiederholen. Wenn Ihr Welpe das begriffen hat, wird er Sie ansehen, sobald Sie die Hand ausstrecken. Jetzt können Sie den Namen sagen (oder benutzen Sie ihr übliches Mittel, seine Aufmerksamkeit zu erregen).

„Sitz"

„Sitz" ist ein wichtiges Kommando, weil es die Position des Welpen kontrolliert. Ein sitzender Hund kann weder springen noch einen Topf vom Tisch reißen.

„Sitz" – Kindergarten-Übungen

Vorbereitung: Suchen Sie eine Umgebung auf, in der Ihr Welpe nicht abgelenkt ist. Halten Sie einen Leckerbissen zwischen Daumen und Zeigefinger und den Clicker in der anderen Hand. Legen Sie die Hände auf die Brust.

Schritt 1: Provozieren Sie das Verhalten mit einem Leckerbissen und einem Handzeichen

Nehmen Sie den Leckerbissen zwischen Daumen und Zeigefinger. Halten Sie Ihre Hand vor die Nase des Welpen und bewegen Sie die Hand mit dem Leckerbissen langsam nach oben über seine Nase bis wenige Zentimeter über den Kopf. Die Hand, die sich von der Nase über den Kopf bewegt, wird zum Handzeichen für „Sitz". Stoppen Sie die Bewegung am Scheitel des Welpen. Die Bewegung des Leckerbissens zwingt den Welpen fast automatisch, den Kopf anzuheben und Ihre Hand anzusehen. Dabei senkt sich sein Hinterteil nach unten. Wenn Sie die Hand zu schnell bewegen, zuckt der Welpe zurück; halten Sie die Hand zu hoch, dürfte er springen; führen Sie die Hand zu tief, wird er sie vermutlich ablecken. Reden Sie während der gesamten Übung ruhig und freundlich mit ihm. Sobald sein Hinterteil den Boden berührt: Clicken, Lob und Leckerbissen; wiederholen Sie diese Lektion zehn- bis 15-mal pro Übungsstunde. Die meisten Welpen lernen „Sitz" bereits in der ersten Übungsstunde. Wenn nötig, sollten Sie die Übungen mehrmals pro Tag oder nacheinander an mehreren Tagen wiederholen, bis der Welpe mit 80-prozentiger Erfolgsquote sitzt. Jetzt gehen Sie zu Schritt zwei über.

Schritt 2: Fügen Sie ein Kommando hinzu
Halten Sie den Leckerbissen zwischen Daumen und Zeigefinger und den Clicker in der anderen Hand. Legen Sie die Hände auf die Brust. Sagen Sie „Sitz", unmittelbar bevor Sie das Handzeichen über dem Kopf des Welpen geben. Sobald der Welpe sitzt: Clicken, Lob und Leckerbissen; zehn- bis 15-mal wiederholen. Wenn der Welpe in acht von zehn Fällen richtig reagiert, gehen Sie einen Schritt weiter.

Hinweis: Um den Welpen aus der sitzenden Position zu locken, werfen Sie ein Futterbröckchen auf die Seite und sagen zu ihm: „Such".

Nehmen Sie nun den Leckerbissen in die andere Hand, damit der Welpe dem Handzeichen und nicht dem Leckerbissen folgt. Legen Sie beide Hände auf die Brust. Sagen Sie „Sitz", unmittelbar bevor Sie mit leerer Hand das Zeichen über dem Kopf des Welpen geben. Sobald der Welpe sitzt: Clicken, Lob und Leckerbissen; fünf- bis zehnmal wiederholen. Sobald der Welpe in acht von zehn Fällen richtig reagiert, wird es Zeit für den dritten Schritt.

Fordern Sie Ihren Welpen
Es kommt immer wieder vor, dass ein Welpe so schnell lernt, dass Sie in einer einzigen Übungsstunde mehrere Schritte weitergehen können. Dann wieder scheint es gar nicht vorwärtszugehen. Ein guter Trainer spürt, wann der Welpe bereit ist für schnelle Fortschritte und wann man sich besser etwas zurückhält. Mit dem richtigen Gespür fordern Sie Ihren Welpen immer in der richtigen Dosis – dann bleibt er motiviert für die nächste Herausforderung.

Schritt 3: Kommando ohne Handzeichen
Legen Sie die Hände auf die Brust, sagen „Sitz" und warten ab. Geben Sie dem Welpen 45 Sekunden Zeit zu reagieren; sitzt er danach immer noch nicht auf seinem Hinterteil, gehen Sie zurück zu Schritt zwei: Wiederholen Sie die Übung dreimal, dann versuchen Sie wieder Schritt drei. Nach und nach wird die Reaktionszeit des Welpen immer kürzer. Sobald er bereits drei Sekunden nach dem Kommando sitzt (ohne Handzeichen), hat er begriffen, dass das Kommando und sein Sitzen zusammengehören.

Gibt es Probleme?
▸ Achten Sie auf Ihre Hand. Heben Sie die Hand zu weit nach hinten über den Kopf, rückt der Welpe nach hinten. Heben Sie die Hand zu hoch, könnte er zum Leckerbissen springen. Halten Sie die Hand zu tief, dürfte er nur an Ihrer Hand knabbern. Reden Sie ihm während der ganzen Zeit freundlich zu; ermuntern Sie ihn mit Lob: „Guter Hund", „Prima" oder Ähnliches.
▸ Wenn der Welpe springt, statt sich zu setzen, reagieren Sie mit „Nein, nein" und ziehen Sie rasch den Leckerbissen weg. Starten Sie sofort einen neuen Versuch, halten Sie Ihre Hand über seinen Kopf und ermuntern ihn, das Hinterteil abzusenken. Das „Nein, nein" ist Ihr Keine-Belohnung-Marker. Der Welpe lernt, dass er etwas falsch gemacht hat und den Leckerbissen nicht bekommt. Sie sollten diese Verweigerung allerdings nicht häufiger als zweimal hintereinander einsetzen.

▸ Wenn sich der Welpe partout weigert, sein Hinterteil abzusenken, müssen Sie kleine Zwischenstufen belohnen. Clicken, Lob und Leckerbissen folgen schon, wenn er seinen Hintern nur um ein paar Zentimeter gesenkt hat. Versuchen Sie durch kontinuierliche Versuche und Belohnungen, das Hinterteil immer tiefer zu senken. Wenn es schließlich den Boden berührt, waren Sie erfolgreich.

▸ Setzen Sie das Magnetspiel als Teil des Lernprozesses ein. Achten Sie den ganzen Tag darauf, ob sich der Welpe zufällig hinsetzt und „fangen" Sie das Verhalten durch Leckerbissen ein.

▸ Fragen Sie den Tierarzt, ob es vielleicht medizinische Gründe dafür gibt, dass sich der Welpe nicht hinsetzen mag.

„Sitz" für Fortgeschrittene
Sobald der Welpe mit 80-prozentiger Erfolgsquote sitzt, ist es aus mit dem „Kindergarten". Jetzt muss er lernen, das Kommando auch ohne Leckerbissen verlässlich auszuführen. Zuerst werden die Leckerbissen auf die Hälfte reduziert – natürlich nicht in der Größe, sondern in der Häufigkeit. Belohnen Sie nicht jedes Sitzen, sondern nur etwa die Hälfte. Allerdings sollten Sie die Futterbelohnung nicht nach einem festen Schema, sondern nach dem Zufallsprinzip reduzieren: Hunde lernen ziemlich schnell. Sie würden ein regelmäßiges Muster (Belohnung jedes zweite oder dritte Mal) rasch herausfinden und bei den übrigen Kommandos deutlich lustloser oder gar nicht reagieren. Versuchen Sie, die Belohnung willkürlich zu streuen, erst auf die Hälfte, dann auf ein Viertel aller erfolgreichen Versuche. Reagiert der Welpe in dieser „Entwöhnungsphase" deutlich schlechter, stellen Sie die Zuverlässigkeit wieder her, indem Sie mehr erfolgreiche Versuche mit Leckerbissen belohnen. Wird die 80-prozentige Erfolgsquote zuverlässig erreicht, senken Sie den Anteil der belohnten Versuche langsamer ab als beim vorigen Mal. Bauen Sie die „Sitz"-Übungen in den üblichen Tagesablauf ein. Machen Sie das Sitzen zu einer „bezahlten Arbeit" (nichts ist umsonst):

▸ Lassen Sie den Welpen sitzen, bevor sie ins Freie aufbrechen. Zur Belohnung öffnen Sie die Tür und hinaus geht es zu den Düften des Gartens oder Parks.

- Lassen Sie den Welpen sitzen, bevor sie einen Ball werfen. Das Spiel ist die Belohnung.
- Lassen Sie den Welpen sitzen, bevor Sie ihm die Leine abnehmen. Zur Belohnung darf er frei in der Wohnung herumlaufen.
- Lassen Sie den Welpen sitzen, bevor er die Treppe hinauf- oder heruntersteigt. Er darf als Belohnung mit Ihnen zusammen sein.
- Lassen Sie den Welpen sitzen, bevor Sie die Tür seiner Box aufmachen und er raus darf.

„Platz"

Wie „Sitz" ist auch „Platz" ein wichtiges Kommando, weil es die Position des Welpen kontrolliert – sogar noch effektiver. Ein liegender Hund kann nicht gut aufstehen und es ist schwieriger, im Liegen zu bellen.

„Platz" – Kindergarten-Übungen
Vorbereitung: Suchen Sie eine Umgebung auf, in der Ihr Welpe nicht abgelenkt ist. Halten Sie einen Leckerbissen in einer, den Clicker in der anderen Hand. Legen Sie die Hände auf die Brust.

Schritt 1: Provozieren Sie das Verhalten mit einem Leckerbissen und einem Handzeichen
Beginnen Sie die Übungsstunden aus der Sitz-Position. Halten Sie den Leckerbissen zwischen Daumen und Zeigefinger unter die Nase des Welpen. Bewegen Sie ihn langsam zu Boden. Die Hand, die sich zum Boden bewegt, wird das Handzeichen für „Platz". Stellen Sie sich ein unsichtbares Band zwischen Ihrer Hand und der Nase des Welpen vor. Ziehen Sie die Nase am Band zu Boden. Sobald er auf dem Boden liegt: Clicken, Lob und Leckerbissen; wiederholen. Wenn der Welpe die Übung in acht von zehn Fällen schafft, gehen Sie zum nächsten Schritt über.

Schritt 2: Fügen Sie ein Kommando hinzu
Halten Sie Ihre Hand mit dem Leckerbissen unter die Nase des Welpen, sagen Sie „Platz" und bewegen Sie die Hand zum Boden.

Die Handbewegung muss unmittelbar auf das Kommando folgen. Wenn der Welpe liegt: Clicken, Lob und Leckerbissen; fünf- bis zehnmal wiederholen. Bei einer 80-prozentigen Erfolgsquote gehen Sie zum nächsten Schritt über.

Hinweis: Wenn der Welpe wieder aufstehen soll, werfen Sie einen Leckerbissen zur Seite und sagen „Such".

Jetzt vergrößern Sie den Abstand zwischen der Belohnung und dem Handzeichen; nehmen Sie den Leckerbissen in die andere Hand. Damit stellen Sie sicher, dass der Welpe auf die Hand reagiert und nicht vom Leckerbissen geködert wird. Der Leckerbissen bleibt Belohnung und wird nicht zur „Bestechung". Legen Sie die Hände auf die Brust. Sagen Sie „Platz", dann halten Sie die leere Hand unter die Nase des Welpen und bewegen sie zu Boden: Clicken, Lob und Leckerbissen aus der anderen Hand. Fünf- bis zehnmal wiederholen. Wenn sich der Welpe in acht von zehn Fällen hinlegt, ist er bereit für den dritten Schritt.

Schritt 3: Kommando ohne Handzeichen
Lassen Sie den Welpen sitzen und sagen Sie „Platz" ohne das Handzeichen (lassen Sie die Hände auf der Brust). Warten Sie 45 Sekunden lang ab. Halten Sie diese Pause auch dann ein, wenn der Welpe wieder aufsteht. Sollte Ihr Welpe nicht reagieren, wiederholen Sie die Übung drei- bis fünfmal. Probieren Sie es nochmals mit Schritt zwei, bis der Welpe sich hinlegt – clicken, überschwänglich loben und mit mehreren Leckerbissen belohnen.

Gibt es Probleme?
▶ Gehen Sie in kleinen Schritten vor, belohnen Sie bereits die Ansätze richtigen Verhaltens. Sie können beispielsweise schon clicken, loben und einen Leckerbissen geben, wenn der Welpe den Kopf senkt. Das nächste Lob gibt es, wenn er den Kopf tiefer senkt oder eine Pfote nach vorn streckt. Clicken, loben und belohnen Sie so lange jeden kleinen Fortschritt, bis der Welpe auf dem Boden liegt. Steht der wieder auf, sagen Sie „Nein, nein" (oder Ihren üblichen „Keine-Belohnung-Marker") und ziehen den Leckerbissen zurück.

- Statt die Hand gerade nach unten zu führen, bewegen Sie die Hand mit dem Leckerbissen zur Flanke des Hundes. Um den Leckerbissen zu erreichen, muss er seinen Kopf drehen. Manche Welpen begreifen auf diese Weise schneller.

- Machen Sie die Übung auf glattem Boden, dann gleitet der Welpe vielleicht fast automatisch in die liegende Position.

- Schrauben Sie Ihre Ansprüche zurück. Es macht nichts, wenn der Welpe nicht alles gleich in der ersten Übungsstunde begreift; passen Sie sich ihm an.

- Machen Sie nicht den Fehler, das Kommando mehrfach zu wiederholen. Einmal aussprechen und abwarten, nur so erzielen Sie ein verlässliches Verhalten. Wenn der Welpe nicht begreift, was Sie von ihm erwarten, gehen Sie zurück bis zu einem Punkt, an dem er erfolgreich war.

- Was Ihnen Spaß macht, macht auch dem Welpen Spaß. Sollte der Welpe gelangweilt herumstehen, sind Sie vermutlich zu ruhig. Springen Sie herum, reden Sie mit ihm, machen Sie schnalzende Geräusche. Tun Sie so, als würden Sie essen („Mmmh, lecker … schau mal, was ich habe!"). Setzen Sie sich auf den Boden, erwecken Sie die Aufmerksamkeit des Welpen mit einem Tennisball oder einem anderen Lieblingsspielzeug.

- Für die Platz-Übung ist das Magnetspiel das beste Hilfsmittel (siehe Seite 151).

„Platz" für Fortgeschrittene

In diesem Stadium vertiefen Sie das Gelernte und machen den Welpen sicherer. Danach wird er überall und verlässlich „Platz" machen.

- Senken Sie die Frequenz der Belohnungen ab (siehe oben bei „Sitz"). Bauen Sie „Platz" in den üblichen Tagesablauf ein, wiederum nach dem Prinzip des „Nichts ist umsonst" (siehe Seite 153).

- Üben Sie „Platz" aus der stehenden, nicht aus der sitzenden Position; arbeiten Sie nur mit dem stimmlichen Kommando.

- Bringen Sie dem Welpen bei, von „Platz" zu „Sitz" zu wechseln. Stellen Sie sich wieder das unsichtbare Band zwischen Hundenase und Ihrer Hand vor. Beginnen Sie mit einem Leckerbissen in der

Hand und heben Sie ihn langsam nach oben. Eine gute Übung für später sind Wechsel zwischen „Sitz" und „Platz"; clicken, Lob und Leckerbissen.

„Steh"

Ein Hund, der auf Kommando stehen bleibt, hat es später beim Tierarzt, bei der Pfotenpflege und im Hundesalon sehr viel einfacher.

„Steh" – Kindergarten-Übungen

Vorbereitung: Suchen Sie eine Umgebung auf, in der Ihr Welpe wenig oder gar nicht abgelenkt ist. Halten Sie einen Leckerbissen in einer, den Clicker in der anderen Hand. Legen Sie die Hände auf die Brust.

Schritt 1: Provozieren Sie das Verhalten mit einem Leckerbissen und einem Handzeichen

Lassen Sie den Welpen sitzen, er soll Sie ansehen. Bewegen Sie die Hand mit dem Leckerbissen (Handfläche voran) von Ihrer Brust auf die Nase des Welpen zu. Ziehen Sie nun die Hand von der Nase weg – parallel zum Boden bewegen. Diese waagerechte Handbewegung wird zum Handzeichen für „Steh". Wenn der Welpe sein Hinterteil etwas abhebt: clicken, Lob und Leckerbissen. Wiederholen Sie die Übung ein paar Mal; Clicken und belohnen Sie jeden Fortschritt. Einige Welpen begreifen sehr schnell, was Sie erwarten, bei ihnen brauchen Sie natürlich nicht schrittweise vorzugehen; zehn- bis 15-mal wiederholen. Wenn sich der Welpe in acht von zehn Fällen aufrichtet, wird es Zeit für Schritt zwei.

Schritt 2: Fügen Sie ein Kommando hinzu

Halten Sie einen Leckerbissen zwischen Daumen und Zeigefinger, den Clicker in der anderen Hand. Legen Sie die Hände auf die Brust. Sagen Sie „Steh", dann folgt sofort das Handzeichen von Schritt 1. Wenn der Welpe steht, Clicken, Lob und Leckerbissen; zehn- bis 15-mal wiederholen. Sobald der Welpe eine 80-prozentige

Erfolgsquote erreicht, ist er bereit für den nächsten Schritt: Jetzt kommt der Leckerbissen in die andere Hand. Legen Sie die Hände auf die Brust. Sagen Sie „Steh" und ziehen Sie die leere Hand waagerecht von der Nase des Welpen weg. Sobald er steht: Clicken, loben und mit dem Leckerbissen aus der anderen Hand belohnen; fünf- bis zehnmal wiederholen. Reagiert der Welpe in acht von zehn Fällen korrekt, ist er bereits für den nächsten Schritt.

Schritt 3: Kommando ohne Handzeichen
Legen Sie die Hände auf die Brust. Sagen Sie „Steh", ohne das Handzeichen zu geben. Warten Sie 45 Sekunden lang ab. Wenn der Welpe richtig reagiert: Clicken, Lob und Leckerbissen. Versteht er nicht, was Sie von ihm verlangen, fangen Sie wieder bei Schritt zwei an.

Gibt es Probleme?
▶ Halten Sie die Hand mit dem Leckerbissen während der gesamten Bewegung unmittelbar vor die Nase des Welpen.

▶ Belohnen Sie selbst kleine Fortschritte. Loben Sie ihn, wenn er sich vorbeugt, noch ein Stück mehr, dann, wenn er sein Hinterteil abhebt usw.

▶ Schrauben Sie Ihre Ansprüche zurück. Es macht nichts, wenn der Welpe nicht alles gleich in der ersten Übungsstunde begreift; passen Sie sich ihm an.

▶ Machen Sie nicht den Fehler, das Kommando mehrfach zu wiederholen. Einmal aussprechen und abwarten, nur so erzielen Sie ein verlässliches Verhalten.

Wie bei allen Übungsstunden kommt es auch auf Ihre Stimmung an. Wenn Ihnen die Arbeit Spaß macht, hat auch der Welpe Spaß am Training.

„Steh" für Fortgeschrittene
Beginnen Sie die Übungen, indem der Welpe „Platz" macht. Geben Sie ihm nun das Kommando „Steh". Sollte der Welpe nicht gleich aufstehen, warten Sie 45 Sekunden ab. Wenn er auch danach

keine Anstalten macht aufzustehen, lassen Sie ihn aus der Platz- in die Sitz-Position gehen (das hat er in der letzten Lektion gelernt). Versuchen Sie ihn von dort zum Stehen zu bringen; drei- bis fünfmal wiederholen. Jetzt können Sie nochmals versuchen, ihn direkt aus der Platz-Position zum Stehen zu bringen. Gelingt das, bekommt er den Futter-Jackpot. Wenn nicht, wiederholen Sie die Abfolge „Platz", „Sitz", „Steh", bis er begriffen hat, was Sie von ihm erwarten.

Wie bei den bisher gelernten Kommandos werden nun nach und nach die Belohnungen zurückgefahren. Belohnen Sie nur noch die Hälfte, dann ein Viertel aller erfolgreichen Versuche (zufällig verteilen). Ersetzen Sie die Futterbelohnung durch lobenden Zuspruch, Streicheln, Spielen, Spaziergänge draußen usw.

„Bleib"

Im letzten Kapitel wurden die drei A's besprochen: Ausdauer, Abstand und Ablenkung. „Bleib" ist das ultimative Kontroll-Kommando. Der Welpe muss lernen, beliebig lange Zeiten in jeder Position zu verharren. Manche Hundetrainer lehren „Bleib" nicht als eigenständiges Kommando. Sie gehen davon aus, dass „Sitz", „Platz" oder „Steh" automatisch so lange beibehalten werden, bis ein Kommando die Hunde daraus „befreit". In der Praxis vergessen viele Leute aber dieses Löse-Kommando – die Hunde befreien sich einfach selbst. Damit wird „Bleib" zu einem wichtigen Kontrollinstrument sowohl für Sie als auch für den Hund; Sie müssen ihn aus der eingenommenen Position wieder befreien.

Gerade beim Kommando „Bleib" kommt es auf Ausdauer, Abstand und Ablenkung an, die Sie dem Welpen langsam und schrittweise beibringen müssen. Sie werden aber sehen, dass sich vieles von selbst ergibt.

Üben Sie das Bleib-Kommando zusammen mit „Sitz", „Platz" und „Steh" ein. Auch wenn der Welpe bereits gelernt hat, der Kombination „Sitz-Bleib" zu gehorchen, kann er „Bleib" noch lange nicht mit „Platz" oder „Steh" assoziieren. Sie müssen jede Position ganz von Anfang an mit ihm üben. Ein Welpe, der drei Minuten lang in der Sitz-Position „bleibt", muss nicht unbedingt auf „Platz-Bleib" reagieren; hier müssen Sie wieder mit einer Sekunde Dauer von vorn beginnen. Die meisten Welpen begreifen allerdings ziemlich schnell, was Sie erwarten.

„Bleib" – Kindergarten-Übungen

Am Ende der Übungsstunden sollte der Welpe die Kommandos („Platz", „Sitz", „Steh") etwa drei Minuten ausführen.

Schritt eins: Ausdauer steigern

Geben Sie das Kommando „Sitz", „Platz" oder „Steh". Sagen Sie anschließend „Bleib" und begleiten Sie das Kommando mit einem Handzeichen: Die offene Handfläche mit den Fingern nach oben ist auf den Welpen gerichtet. Im Unterschied zu den anderen Kommandos fällt der übliche erste Schritt ohne das stimmliche Kommando weg, denn der Welpe beherrscht sitzen, liegen und stehen bereits erfolgreich. Warten Sie eine Sekunde (indem Sie im Geiste langsam „einundzwanzig" sagen). Hält der Welpe diese Zeit in der Position durch: Clicken, Lob und Leckerbissen. Dann „befreien" Sie den Welpen mit einem Kommando: „Okay", „Frei" oder „Braver Hund".

Beim nächsten Versuch zählen Sie zwei Sekunden aus und reagieren wie üblich, wenn der Welpe durchhält: Clicken, Lob und Leckerbissen. Nachdem Sie „Bleib" gesagt haben, legen Sie die Hand zurück an die Brust, sobald Sie das Handzeichen gegeben haben. Andernfalls bringen Sie dem Welpen bei, so lange zu „bleiben", wie Sie die Hand hochhalten. Das wäre ziemlich schwierig, wenn Sie Ihren Hund 30 Minuten lang liegen lassen möchten.

Jedes Mal, wenn der Welpe seine eingenommene Position die geforderte Zeit einhält, können Sie die Dauer in 5-Sekunden-Schritten verlängern, bis auf drei Minuten. Länger halten es Welpen gewöhnlich nicht aus. Wenn Ihr Hund älter wird, können Sie die Dauer von „Bleib" ruhig schrittweise weiter ausdehnen.

Tipps zum „Bleib"
- Praktisch jeder Welpe hält eine oder zwei Sekunden lang durch. Obwohl wir das Üben von „Bleib" in Sekundenschritten empfehlen, dürfen Sie selbstverständlich die Dauer in 5- oder 10-Sekunden-Schritten steigern – sofern der Welpe jeweils begreift, was Sie von ihm verlangen.
- Wenn Ihnen „Okay" als Lösekommando nicht gefällt, können sie auch „Frei", „Braver Hund" oder ein anderes Kommando wählen. Es kommt nur darauf an, immer dasselbe Kommando zu benutzen.
- Beachten Sie: Nicht der Leckerbissen, sondern das Kommando befreit den Hund! Auch wenn er mit Clicken, Lob und Leckerbissen belohnt wurde, ist seine Aufgabe noch nicht beendet.

Schritt 2: Abstand vergrößern
Geben Sie das Kommando „Sitz", „Platz" oder „Steh". Nun sagen Sie „Bleib" und begleiten Sie das Kommando wie im ersten Schritt mit einem Handzeichen. Diesmal treten Sie einen Schritt zurück, gehen aber sofort wieder auf den Welpen zu. Clicken, Lob und Leckerbissen. In dieser Phase der Übungen müssen Sie dem Welpen Zeit und Entfernung unabhängig voneinander beibringen, also warten Sie nicht ab, sondern treten Sie sofort wieder auf den Welpen zu; drei- bis fünfmal wiederholen.
Geben Sie wieder das Kommando „Bleib" und treten Sie diesmal zwei Schritte zurück: Clicken, Lob und Leckerbissen. Wiederholen Sie die Übung drei- bis fünfmal. Jedes Mal, wenn der Welpe in seiner Position verharrt, gehen Sie schrittweise ein Stückchen weiter zurück. Nach jeder Übungseinheit stellen Sie sich wieder genau vor dem Welpen auf und belohnen jeden erfolgreichen Versuch. Fahren Sie mit den Übungen fort, bis der Abstand zwischen Ihnen und dem Welpen auf zehn Meter angewachsen ist.

Schritt 3: Ablenkungen einführen
Welpen reagieren ganz instinktiv empfindlich auf Bewegungen hinter ihrem Rücken. Mit dem Uhrenspiel können Sie ihnen einen

Teil dieser Angst nehmen, denn draußen auf der Straße werden viele Menschen an Ihnen vorbeigehen und aus allen Richtungen auf Sie zulaufen.

Stellen Sie sich vor dem Welpen auf und geben Sie das Kommando „Sitz", „Platz" oder „Steh". Stellen Sie sich den Hund als die Mitte einer Uhr vor: 12 Uhr ist genau vor ihm, 6 Uhr dahinter, 3 Uhr ist an der linken, 9 Uhr an der rechten Flanke. Legen Sie die Hände auf die Brust und sagen Sie „Bleib".

Machen Sie mit dem linken Fuß einen Schritt auf etwa 1 Uhr, dann wieder zurück auf 12 Uhr: Clicken, Lob und Leckerbissen. Wenn der Welpe ruhig bleibt, machen Sie einen Schritt auf 2 Uhr, dann wieder zurück auf 12: Clicken, Lob und Leckerbissen.

Üben Sie so lange, bis sie rund um den Welpen gehen können, ohne dass er sich aus der Bleib-Position löst. Jedes Mal, wenn Sie wieder auf 12 Uhr stehen, folgen clicken, Lob und Leckerbissen.

Erlaubt Ihnen der Welpen einen Gang rund um die Uhr, ohne sich zu rühren, bekommt er den Futter-Jackpot aus vier bis fünf Leckerbissen und dazu reichlich freundliches Lob. Halten Sie die Übungseinheiten kurz.

Gibt es Probleme?

▶ Selbst wenn Sie problemlos im Uhrzeigersinn um Ihren Welpen herumlaufen können, ist keineswegs sicher, dass es auch in der anderen Richtung funktioniert. Üben Sie die Gegenrichtung; wenn der Welpe dabei aufsteht, gehen Sie zurück auf eine Position, an der er sitzen blieb.

▶ Wenn der Welpe abgelenkt ist, erregen Sie mit „Hallo", „Nein, nein" seine Aufmerksamkeit; schwenken Sie Ihre Hand vor seinem Gesicht (falls erforderlich, auch mit einer Futterbelohnung in der Hand).

▶ Sollte sich der Welpe mit Ihnen mitdrehen, versuchen Sie Folgendes: Bitten Sie einen Freund, sich neben Sie zu stellen. Dann bieten Sie dem Welpen einige Leckerbissen aus der Hand an, während der Freund um ihn herumläuft. Sollte sich Ihr Welpe vor Menschen fürchten, die hinter ihm vorbeigehen, wird er mit diesem Trick konditioniert. Während das Objekt seiner Angst hinter ihm vorbeigeht, darf er spielen und fressen. Nach und nach wird er lernen, dass von Menschen hinter ihm keine Gefahr ausgeht, sondern sie mit Leckerbissen assoziieren.

▸ Oft hilft es schon, diese Übungen in einem Zimmer zu machen, in dem sich der Welpe völlig sicher fühlt.

▸ Wenn der Welpe gerne auf seinem Hundebett sitzt, führen Sie diese Übung zunächst dort und erst später an anderen Orten durch.

▸ Schleichen Sie nicht um den Welpen herum, sondern gehen Sie entspannt und völlig normal.

„Bleib" für Fortgeschrittene

Beginnen Sie langsam damit, die drei A's miteinander zu kombinieren. Treten Sie einen Schritt zurück (Abstand) und zählen Sie eine Sekunde (Ausdauer), dann gehen Sie zurück; clicken, Lob und Leckerbissen. Gehen Sie beim nächsten Mal einen Schritt zurück und zählen Sie zwei Sekunden; clicken, Lob und Leckerbissen. Nun folgen ein Schritt und fünf Sekunden usw.

Sobald es der Welpe für 30 Sekunden und mit einem Schritt Entfernung aushält, machen Sie zwei Schritte zurück und beginnen Sie wieder mit einer Sekunde. Verlängern Sie wiederum stufenweise die Wartezeit, bis es der Welpe zwei Schritte entfernt 30 Sekunden lang aushält. Kehren Sie immer wieder zu ihm zurück und belohnen ihn mit clicken, Lob und Leckerbissen. Fahren Sie nach diesem Schema fort, bis der Welpe bleibt, auch wenn Sie länger und weiter weg sind.

In den nächsten Übungsstunden kommt es darauf an, den Sichtkontakt zu unterbrechen. Verlassen Sie den Raum für eine Sekunde und gehen Sie danach sofort wieder zu ihm zurück. Bei acht bis zehn Wochen alten Welpen dürfen Sie sich bis zu einer Minute entfernen, bei zwölf bis 16 Wochen alten Welpen für drei Minuten, bei 16 Wochen bis sechs Monaten vier Minuten und ab sechs Monaten können Sie sich für fünf Minuten und länger entfernen. Sollte der Welpe aufstehen, bringen Sie ihn zurück zum Anfang.

Jetzt ist er bereit für Ablenkungen. Wenn Sie sich entfernen können und der Welpe nichts dabei findet, dass Sie um ihn herumgehen, während er liegt, sitzt oder steht, üben Sie folgende Ablenkungen:

▸ Sagen Sie „Bleib" und gehen Sie schneller um den Welpen herum. Wenn er bleibt, folgen Clicken, Lob und Leckerbissen.

▸ In der nächsten Stufe joggen Sie um ihn herum. Sollte auch das klappen: Clicken, Lob und Leckerbissen.

▸ Wedeln Sie als Nächstes beim Herumlaufen mit den Händen und rufen Sie etwas mit lauter Stimme.

▸ Umkreisen Sie den Welpen mehrmals mit normaler Gehgeschwindigkeit, dann steigern Sie das Tempo, wedeln mit den Armen und rufen etwas mit lauter Stimme, während Sie dreimal um ihn herumlaufen: Clicken, Lob und Leckerbissen.

Wenn der Welpe in allen drei Positionen (Platz, Sitz, Steh) bleibt, geben Sie ihm nur noch dann eine Belohnung, wenn er etwas besonders gut gemacht hat: Er bekommt beispielsweise einen Leckerbissen, wenn er lange ausgehalten hat, Sie weit weg gegangen sind oder ihn besonders heftig abgelenkt haben. Alles, was weniger gut geklappt hat, belohnen Sie mit gutem Zureden oder Tätscheln. Je besser Ihr Welpe lernt, desto höher müssen auch die Ansprüche für eine Futter-Belohnung werden.

Tipp: Jedes Verhalten hat einen Anfang und ein Ende. Vergessen Sie niemals, das „Bleib" durch das Gegenkommando aufzulösen. Andernfalls löst sich der Hund selbstständig; das Kommando „Bleib" verlöre damit an Zuverlässigkeit.

„Komm"

Das wichtige Kommando „Komm" bedarf wohl keiner weiteren Erläuterung. Der Hund wird allerdings nur gehorchen, wenn Sie sich immer streng an den Wortlaut des Rufes halten. Es gibt leider keinen Königsweg zur Verlässlichkeit, sondern Sie müssen drei Dinge gründlich praktizieren: Wiederholung, Konsequenz und zunehmende Ablenkungen durch äußere Einflüsse.

Regel Nummer eins: Rufen Sie niemals „Komm", wenn Sie unsicher sind, ob Ihr Welpe positiv reagiert (mit 80-prozentiger Sicherheit). Rufen Sie keinesfalls, wenn Sie fürchten, er könne nicht reagieren, rufen Sie auch dann nicht, wenn Sie mit ihm schimpfen wollen oder die Wohnung verlassen (Anschreien sollte man bei der sanften Hundeerziehung ohnehin vermeiden). Sobald Ihr Hund das Kommando „Komm" mit einer negativen Erfahrung verknüpft (Schimpfen, Sie verlassen ihn), wird er diese negative Erfahrung vermeiden wollen – er reagiert nicht mehr, wenn Sie rufen. Es wäre auch völlig falsch, einen weglaufenden Welpen zurückzurufen, es sei denn, seine Erziehung ist bereits sehr weit fortgeschritten. Wird der Welpe beim Weglaufen mit „Komm" gerufen, könnte er das Kommando entweder ignorieren oder sogar als „Lauf weg" interpretieren (immerhin hört er das Kommando, während er wegläuft). Hinweis: Beim Einüben dieses Kommandos, wird Schritt 3 (nur das Kommando) nicht verwendet. Der Welpe soll bei „Komm" immer Ihre Hand berühren.

Tipp: Wenn es Ihnen schwerfällt, „Komm" mit positiven Konsequenzen zu belegen, können Sie selbstverständlich auch ein anderes Wort wählen. Wie wäre es mit „Kuchen" oder „Leckerli"? Es dürfte wohl kaum jemanden geben, der dabei nicht an etwas Positives denkt und seinem Welpen einen Leckerbissen überreicht.

„Komm" – Kindergarten-Übungen

Wir lehren das Kommando „Komm" als eine Form von Target-Übung; es ist für Menschen unmittelbar einsichtig und Hunde lernen es leicht. Ein sogenanntes „Target" ist ein Objekt, mit dem der Welpe zu interagieren lernt. Er kann beispielsweise einen Stock, einen gelben Notizzettel, einen Kippschalter, Türgriff oder etwas Ähnliches mit seiner Nase, Pfote oder einem anderen Körperteil berühren. Das Target beim Kommando „Komm" ist etwas, das Sie immer dabeihaben – Ihre Handfläche.

Hunde lernen das verlässliche Kommen auf Zuruf nur dann, wenn Sie sehr langsam und in kleinen Schritten vorgehen. Das Endziel ist klar: Der Welpe soll aus allen Lagen und Verhaltensweisen sofort kommen, wenn Sie ihn rufen. Er muss beinahe reflexartig auf das Kommando reagieren, ohne darüber nachzudenken. Der einzige Schlüssel zum Erfolg sind Tausende von Wiederholungen über einen sehr langen Zeitraum.

Schritt 1: Provozieren Sie das Verhalten mit einem Leckerbissen und einem Handzeichen

Reiben Sie Ihre Finger mit einem Leckerbissen ein, den Ihr Welpe liebt, halten Sie den Leckerbissen aber in der anderen Hand. Legen Sie die Hände auf die Brust. Lassen Sie den Arm mit der duftenden Hand sinken, bis er auf Höhe der Hundenase hängt. Die Bewegung der Hand von der Brust bis zu Ihrer Seite wird das Handzeichen für „Komm". Sobald der Hund Ihre Hand mit der Nase berührt: Clicken, Lob und Leckerbissen. Wiederholen Sie die Übung zehn- bis 15-mal und gehen Sie dann zu Schritt zwei über.

Schritt 2: Fügen Sie ein Kommando hinzu

Sagen Sie „Komm", unmittelbar bevor Sie die Hand senken. Vergrößern Sie den Abstand zwischen Hundenase und Hand von Mal zu Mal um ein paar Zentimeter, bis Sie etwa sechs Meter weit entfernt stehen. Das Ziel dieser Übungsstunden soll sein, den Hund aus jeder Situation und jeder Entfernung zu ihrer „magischen" Hand zu locken. Nach jedem erfolgreichen Versuch: Clicken, Lob und Leckerbissen.

Tipps zum „Komm"

Nutzen Sie den Tagesablauf, um „Komm" zu üben, auch ohne spezielle Leckerbissen als Belohnung.

▸ Fütterung. Bevor Sie das Futter austeilen, muss der Welpe Ihre Hand berühren.

▸ Gassi gehen. Bevor Sie die Tür öffnen, muss der Welpe Ihre Hand berühren.

▸ Sagen Sie während eines Spazierganges häufiger „Komm" und lassen Sie den Welpen Ihre Hand berühren.

Hinweis: Beim Einüben dieses Verhaltens lassen Sie Schritt 3 (Kommando ohne Handzeichen) zunächst noch weg. Er wird im Zusammenhang mit dem Dreiecksspiel auf Seite 218 nachgeholt. In dieser Phase endet das Verhalten immer dann, wenn der Welpe Ihre Handfläche mit der Nase berührt; dann bekommt er seinen Leckerbissen.

„Komm" für Fortgeschrittene

Mit diesen Übungen beginnen Sie, wenn der Welpe „Komm" prinzipiell gelernt hat. Nun müssen Sie sein Verhalten verlässlicher machen.

Schritt 1

Sie und drei Helfer stellen sich in einem Quadrat mit etwa drei Meter Seitenlänge auf. Der Welpe setzt sich in die Mitte („Sitz" und „Bleib"). Der erste der vier sagt mit freundlicher Stimme, „Jackson, komm". Wenn der Welpe gehorcht und die Hand berührt: Clicken, Lob und Leckerbissen. Das Lob darf sehr, sehr üppig ausfallen: „Wunderbarer Hund; das hast du gut gemacht...". Dann ruft der zweite Helfer: „Komm", schließlich alle in zufälliger Reihenfolge.

Schritt 2

Wiederholen Sie Schritt eins; nachdem der Welpe die Hand berührt hat, folgt dem Komm- ein weiteres Kommando, beispielsweise „Sitz". Folgt er beiden Kommandos: Clicken, Lob und Leckerbissen. Wiederholen Sie die Übung fünf- bis zehnmal.

Schritt 3: Ablenkungen und anspruchsvollere Situationen

▶ Sagen Sie „Komm", während Sie dem Welpen den Rücken zudrehen.
▶ Sagen Sie „Komm", während Sie auf dem Boden liegen.
▶ Sagen Sie „Komm", während Sie auf dem Boden sitzen.
▶ Sagen Sie „Komm" aus einem anderen Zimmer.
▶ Bilden Sie Kommando-Ketten. Sagen Sie beispielsweise „Sitz" und „Bleib". Dann gehen Sie drei Meter weiter weg und sagen Sie mit freundlicher Stimme: „Jackson, Komm". Wenn der Welpe kommt und Ihre Hand berührt, lassen Sie ihn sitzen und sich hinlegen. Erst dann folgen clicken, Lob und Leckerbissen.
▶ Gehen Sie mit ihm ins Freie. Denken Sie daran: Jedes Mal, wenn Sie die Umgebung verändern, müssen Sie ganz am Anfang beginnen. Machen Sie mit ihm zuerst die Übungen aus dem Kindergarten. Halten Sie die ersten Übungsstunden in relativ ruhiger Umgebung ab, beispielsweise morgens im Garten.

▸ Gehen Sie vor wie bei „Bleib". Reduzieren Sie die Zahl der Futterbelohnungen; es gibt nur noch Leckerbissen für die größte Entfernung, die schnellste Reaktion und in der unruhigsten Umgebung. Schrauben Sie Ihre Erwartungen immer bis auf die Grundlinie des Lernens zurück. Wenn der Welpe aus einem Meter Entfernung verlässlich zurückkommt, wird die Rückkehr aus zwei Metern reichlicher belohnt als die aus einem Meter (z.B. mit Lob und Streicheln). Vielleicht reagiert Ihr Welpe im Zimmer wunderbar aus zwei Metern, im Freien aber noch nicht. Dann bekommt er bei erfolgreichem „Komm" im Freien Leckerbissen, im Zimmer wird er anders belohnt. Je besser der Welpe sein Pensum beherrscht, desto stärker schrauben Sie die Leckerbissen zurück.

Tipp: Wenn Ihr Welpe im Laufe des Tages zufällig auf Sie zukommt, senken Sie die Hand und sagen „Komm". Solche Gelegenheiten bieten sich relativ häufig – beim Füttern, an der Tür, beim Versteckspiel usw.

Gibt es Probleme?

▸ Junge Welpen können in der Entfernung noch nicht so gut sehen. Hocken Sie sich hin, breiten Sie die Arme aus und rufen sie mit fröhlicher Stimme: „Jackson, komm".

▸ Manche Welpen werden unruhig, wenn man sie direkt ansieht. Drehen Sie sich zur Seite und knien Sie sich hin, wenn Sie ihm die Handfläche bieten.

▸ Sagen Sie: „Komm" und laufen Sie ein Stück in die andere Richtung. So wird die Übungsstunde zum Spiel.

▸ Spielen Sie Verstecken (siehe Versteckspiel auf Seite 217). Wenn Sie aus dem Einüben des Kommandos ein Spiel machen, folgt der Welpe leichter.

▸ Wiederholen Sie das Kommando einige Male mit einem Leckerbissen in der Signalhand. Dann probieren Sie es mit der leeren Hand.

▸ Wenn Ihr Welpe ab einer bestimmten Entfernung nicht mehr reagiert, gehen Sie zu der Entfernung zurück, aus der er verlässlich reagiert.

„Bei Fuß"

Für viele Menschen bedeutet „Bei Fuß" das Gehen an einer lockeren Leine. „Bei Fuß" ist aber eine völlig andere Verhaltensweise als Gehen ohne Zug an der Leine (das Gehen, ohne an der Leine zu zerren, folgt später). „Bei Fuß gehen" bedeutet, dass Ihr Hund wie in einem unsichtbaren Rahmen direkt neben Ihren Unterschenkeln geht oder steht, weder zu weit vorn, noch zu weit seitlich, noch hinter Ihnen und auch nicht mit Körperkontakt. Behalten Sie das Bild des unsichtbaren Rahmens im Gedächtnis. Wir benutzen das Kommando „Bei Fuß" immer dann, wenn wir eine strikte Kontrolle über den Hund brauchen: Beim Gehen durch eine Menschenmenge, bei Begegnungen mit anderen Hunden, wenn wir einen Kontakt vermeiden möchten, beim Gehen durch eine enge Gasse, auf dem Zebrastreifen oder einer Treppe. Auf den meisten Spaziergängen darf der Welpe an der lockeren Leine laufen, damit er in Ruhe schnüffeln, andere Hunde begrüßen und sich erleichtern kann. Dass er dabei nicht wie ein Verrückter an der Leine ziehen sollte, versteht sich von selbst.

Methode 1: Spontan
Ein besonders einfache Methode, einem Welpen das Gehen bei Fuß beizubringen, baut auf dem Magnetspiel auf.
Gehen Sie mit dem nicht angeleinten Welpen in einer störungsfreien, abgeschlossenen Umgebung kreuz und quer umher. Wenn Ihnen keine abgeschlossene Fläche zur Verfügung steht, läuft der Welpe ohne Zug an einer fünf bis sechs Meter langen Leine. Jedes Mal, wenn er zufällig neben Ihnen geht (im unsichtbaren Rahmen) folgen Clicken, Lob und Leckerbissen. Sie dürfen den Welpen ruhig zu diesem Verhalten auffordern: Klopfen Sie sich an den Schenkel, machen Sie kleine Schritte und loben Sie ihn jedes Mal, wenn er sich Ihrer Seite nähert.
Sobald er sich von Ihrer Seite entfernt, ändern Sie die Richtung (nicht an der Leine zerren, wenn der Welpe angeleint ist). Kommt er dann wieder zufällig in die Nähe Ihres Beines: Clicken, Lob und Leckerbissen. Bleibt er sogar bei Fuß, wird er dafür besonders gelobt und bekommt zusätzliche Futterbelohnungen.

Tipp: Sie werden feststellen, dass sich der Welpe im Laufe des Tages immer häufiger an Ihrer Seite einstellt – drinnen und draußen. „Fangen" Sie dieses Verhalten regelmäßig mit Lob und Leckerbissen ein.

Methode 2: Konventionell

Nach dieser Methode werden Welpen ab vier Monaten unterrichtet. Dabei braucht man nicht in den üblichen drei Schritten vorzugehen (Verhalten provozieren, mit Kommando, nur Kommando), denn Welpen lernen schnell und dann gilt die 80-Prozent-Regel: Sie wissen, dass Ihr Welpe in acht von zehn Fällen erfolgreich reagiert.

Schritt 1

Lassen Sie den Welpen in einer störungsfreien Umgebung neben sich sitzen. Legen Sie die Hände auf die Brust und sagen Sie: „Bei Fuß"; dabei stecken Sie dem Welpen mit der Hand auf seiner Seite einen Leckerbissen ins Maul. Wiederholen Sie die Übung im Stehen zehn- bis 15-mal – nicht gehen und nicht bewegen. Das Handzeichen für „Bei Fuß" ist dasselbe wie bei „Komm": Die Hand bewegt sich von der Brust zu Ihrer Seite. Die Fixierung auf die Hand funktioniert in beiden Fällen, weil der Welpe die Hand als Target bewertet – hier muss er hin. Es gibt allerdings einen Unterschied: Bei „Komm" geht der Welpe Auge in Auge auf Sie zu, bei „Bei Fuß" blickt er nach Ablauf des Verhaltens in dieselbe Richtung wie Sie.

Schritt 2

Während der Welpe die Hand ansieht und auf einen Leckerbissen wartet, gehen Sie los. Nehmen Sie die Hand von der Brust und geben Sie ihm die Futterbelohnung. Unmittelbar bevor er danach schnappen kann, sagen Sie „Bei Fuß", clicken und loben ihn. Danach kommt die Hand zurück auf die Brust; zehn- bis 15-mal wiederholen.

Schritt 3

Legen Sie die Hände auf die Brust. Sagen Sie „Bei Fuß" und gehen Sie gleichzeitig los. Nach vier oder fünf Schritten halten Sie an und sagen: „Sitz" (falls erforderlich können Sie wieder das Handzeichen geben; Hand über dem Kopf des Welpen). Wenn der Welpe sitzt: Clicken, Lob und Leckerbissen. Bei den nächsten Versuchen machen Sie mehr Schritte, bevor Sie anhalten und „Sitz" sagen. Fangen Sie beispielsweise mit acht oder neun Schritten an – Sitz – dann ein paar Schritte mehr – Sitz – usw. Wenn Sie in diesem Tempo fortfahren, schaffen Sie bald die Breite des Hauses und schließlich folgt Ihnen der Welpe „Bei Fuß" den ganzen Häuserblock entlang.

„Bei Fuß" mit eingebautem „Sitz"

Wenn der Hund „Sitz" oder „Platz" ganz automatisch mit „Bleib" verbindet, können Sie mit ihm „Bei Fuß" gehen und, sobald sie anhalten, „Sitz" oder „Platz" sagen. Der Welpe bleibt in der Position, bis Sie ihn daraus lösen. Letztlich wird er das Anhalten bereits als Aufforderung verstehen, sich zu setzen oder hinzulegen. Diese automatische Reaktion beugt späteren Problemen vor. Ein sitzender Hund springt keine Menschen oder andere Hunde an.

Schritt 1
Beginnen Sie in einer störungsfreien Umgebung, wie Ihrem Garten. Legen Sie die Hände auf die Brust; der Welpe sitzt neben Ihnen. Sagen Sie: „Bei Fuß" und gehen Sie los. Nach vier oder fünf Schritten bleiben Sie stehen und sagen: „Sitz" (oder „Platz"). Wenn der Welpe gehorcht, folgen wie immer Clicken, Lob und Leckerbissen. Nach drei bis fünf Wiederholungen gehen Sie zum nächsten Schritt über.

Schritt 2
Sagen Sie: „Bei Fuß", machen Sie wieder ein paar Schritt und halten Sie an – diesmal schweigend. Warten Sie 45 Sekunden. Wenn er sich in dieser Zeit hinsetzt (oder „Platz" macht), bekommt er den Jackpot. Wenn es nach ein paar Wiederholungen klappt, hatten Sie beide einen guten Tag.

Schritt 3

Halten Sie auf einem ganz normalen Spaziergang ab und zu an und warten Sie ab, ob sich der Welpe setzt oder hinlegt. Jedes Mal, wenn das klappt: Clicken, Lob und Leckerbissen. Sobald es für den Welpen völlig selbstverständlich wird, sich jedes Mal hinzusetzen (zu legen), wenn Sie anhalten, beginnen Sie damit, die Futterbelohnungen nach und nach auszudünnen – für den Hund wird der Spaziergang zur eigentlichen Belohnung.

Das automatische Sitzen oder Hinlegen ist auch eine gute Übung, um den Welpen an gefährlichen Grenzen zu schützen. Das kann die Gartentür, aber auch die Bordsteinkante sein. Gehen Sie mit ihm zur Bordsteinkante, sagen Sie: „Sitz" und belohnen Sie ihn. Darauf gehen Sie nicht weiter, sondern zurück; dreimal wiederholen. Beim vierten Mal halten Sie an der Bordsteinkante an, ohne etwas zu sagen. Warten Sie ab. Wenn sich der Welpe hinsetzt, hat er begriffen; er bekommt einen Leckerbissen, sie lösen sein Verhalten mit „Okay" und gehen über die Straße. Sollte der Welpe ohne Erlaubnis aufstehen, beginnen Sie die Übung erneut ab der Stelle, wo er erfolgreich war. Das Anhalten an der Bordsteinkante ist eine Versicherung für den Welpen, denn er lernt, die Straße erst nach Ihrem „Okay" zu überqueren.

Laufen ohne zu ziehen

Auch dieses Verhalten ist selbsterklärend. Der Welpe darf an der Leine voraus, querab oder hinter Ihnen rennen, sollte aber zurückkommen, sobald er den kleinsten Zug an der Leine spürt. Um dieses Verhalten einzuüben, benutzen wir vier kombinierte Methoden.

Hinweis: Die übliche Vorgehensweise in drei Schritten funktioniert bei dieser Übung nicht, denn das Verhalten wird nicht durch ein Wort markiert. Erst bei der vierten Methode spielen Kommandos wieder eine Rolle – dort praktizieren wir natürlich auch die drei Schritte.

Es gibt keine eindeutige Trennlinie zwischen Kindergarten und den Übungen für Fortgeschrittene. Praktizieren Sie die vier Methoden und beobachten Sie, wie sich der Welpe anstellt und sein Verhalten verbessert. Die vier Methoden sind:

1. Stop and go
2. Freiwillige Umkehr
3. Richtungswechsel
4. Geh hinter mir

Jede der Methoden funktioniert für sich genommen, doch durch die Kombination von zwei, drei oder allen vier Methoden stellt sich der Erfolg umso sicherer ein. Es sind wunderbare Kommunikationsmittel zwischen Ihnen und dem Welpen, weil sie ihm vermitteln: „Bleib, ohne an der Leine zu ziehen, in meiner Nähe und wir beide werden hingehen, wohin Du möchtest."

Methode 1: Stop and go

Sicher haben Sie schon einmal einen Hund gesehen, der wie wild an der Leine zerrte und den Menschen hinter sich her schleppte? Dieser Hundebesitzer hat seinem Hund unbewusst beigebracht, dass Zerren an der Leine mit Freiheit belohnt wird – der Freiheit, hinzulaufen, wohin der Hund möchte. Sie werden Ihrem Welpen das genaue Gegenteil beibringen: Weiterzugehen ist die Belohnung dafür, die Leine locker zu lassen.

Jedes Mal, wenn der Welpe die Leine straff anspannt, bleiben Sie sofort stehen. Vermutlich wird er kurz stehen bleiben und sich wundern. Dreht er sich dann zu Ihnen um, entspannt sich die Leine ganz automatisch. Jetzt wird er gelobt und der Spaziergang geht weiter. Die Belohnung für die entspannte Leine folgt auf dem Fuß: Er darf weiter auf Erkundung gehen. Der Welpe soll lernen, dass eine straffe Leine (gespannte Muskeln) Halt bedeutet, und eine lockere Leine (entspannte Muskeln) mit Weitergehen belohnt wird.

Hinweis: Vermutlich bekommt Ihr Welpe innerhalb von zehn Minuten heraus, dass diese Methode eine Schwachstelle hat. Meist geschieht nämlich Folgendes: Nach etwa einem Dutzend stop and go hat der Welpe begriffen, dass er Spannung vermeiden muss. Also wird er beim nächsten Mal kurz die Schultern entspannen oder sich leicht zurückwenden. Das geht oft so schnell, dass Sie kaum eine Chance haben, stehen zu bleiben – das ist der kritische

Punkt. Clicken, Lob und Leckerbissen gibt es nämlich nur dann, wenn Sie stehen bleiben. Der Welpe hat inzwischen aber längst begriffen, dass er sich nur bewegen darf, solange die Leine nicht unter Spannung steht. Also unterbindet er den Zug. Wenn er das sehr schnell macht und Sie seinen Versuch übersehen, lernt er das Gegenteil: Mit Zug kommt er weiter. Manche Hundehalter versuchen die Spannung nur zu ertasten und machen die Augen zu. Das ist allerdings keine gute Idee, wenn ein Laternenpfahl im Weg steht!

Methode 2: Freiwillig umkehren

Während Sie noch mit der ersten Methode beschäftigt sind, kehrt der Welpe unter Umständen freiwillig zu Ihnen zurück, sobald sich die Leine strafft. Sollte er das tun, bekommt er eine Extra-Belohnung, weil er zu Ihnen gekommen ist. Bei der ersten Methode wurde der Welpe durch Freiheit belohnt; er durfte laufen, wohin er wollte, solange die Leine nicht spannte. Bei dieser Methode bekommt er sogar noch eine größere Belohnung. Wieso? Stellen Sie sich vor, Sie üben mit ihm die Stop-and-go-Methode. Die Leine spannt sich, Sie bleiben stehen. Sobald sich die Leine etwas lockert, wird der Welpe gelobt und darf weiterlaufen (stramm heißt halt, locker heißt laufen). Nun könnte der Welpe aber auch einfach warten, bis Sie wieder bei ihm sind. Wenn Sie dieses Verhalten mit clicken, Lob und Leckerbissen belohnen, lernt der Welpe nicht nur den oben genannten Zusammenhang, sondern auch, dass er mit einer Extra-Belohnung rechnen darf, wenn er sich nahe bei Ihnen aufhält.

Zusätzlich zur Methode eins gibt es nun also einen Leckerbissen, wenn:

- der Welpe wartet, bis Sie aufgeschlossen haben, oder
- ein paar Schritte auf Sie zugeht.

Diese Methode funktioniert übrigens auch bestens, wenn der Welpe etwas Interessantes beschnüffeln möchte. Sie gehen weiter und an ihm vorbei. Wenn er fertig ist und wieder aufschließt, belohnen Sie ihn mit clicken, Lob und Leckerbissen, sobald er neben Ihnen läuft. Die Methode gleicht dem Magnetspiel. Sie haben ihn nicht aufgefordert, bei Fuß zu gehen, sondern er kam von allein und wurde mit Clicken, Lob und Leckerbissen „eingefangen".

Methode 3: Richtungswechsel

Wenn Ihr Welpe etwas schwieriger ist, beginnen Sie mit den Stop-and-go-Übungen und bauen eine Veränderung ein. Manche Welpen versuchen permanent, immer weit vorauszulaufen. Sehen Sie voraus, wann er die Leine spannen wird und ändern Sie die Laufrichtung (achten Sie aber darauf, ihn beim Richtungswechsel nicht mit der Leine am Hals zu ziehen).

Der Hund ist jetzt hinter Ihnen und wird wieder versuchen, nach vorn zu rennen. Sobald er auf seinem Weg nach vorn an Ihnen vorbei kommt, clicken Sie, loben ihn und geben ihm einem Leckerbissen. Das Clicken zeigt ihm an, wo Sie ihn gerne hätten. Tatsächlich geben auch neugierige Hunde die Sicherheit ihrer bekannten Umgebung sehr ungern auf. Der Welpe lernt rasch, dass er laufen darf, wie er möchte, solange er nicht an der Leine zerrt; er lernt weiterhin, dass er gelegentlich mit Leckerbissen rechnen darf, wenn er in Ihrer Nähe bleibt.

Hinweis: Führen Sie einen Welpen, der sehr stark zieht, an einer elastischen Leine aus, kombiniert mit einem Geschirr. Er lernt über den Zug der Leine, was Sie von ihm erwarten; das Geschirr gibt größere Sicherheit und verhindert unbeabsichtigtes Zerren am Hals.

Methode 4: „Geh hinter mir"

Diese Methode geht ganz einfach und ist sehr wirkungsvoll.

Schritt 1: Provozieren Sie das Verhalten mit einem Leckerbissen und einem Handzeichen

Gehen Sie langsam los, der Welpe ist an Ihrer Seite ist (beide Seiten sind möglich). Werfen Sie einen Leckerbissen mit der Hand auf der Seite des Welpen hinter sich. Wenn sich der Welpe umdreht, um das Futter zu holen, clicken und loben Sie ihn. Der Leckerbissen soll in gerader Linie hinter ihnen landen, nicht weit seitlich. Wenn der Welpe in acht von zehn Fällen erfolgreich reagiert, folgt Schritt zwei.

Schritt 2: Fügen Sie ein Kommando hinzu

Machen Sie mit dem Welpen an Ihrer Seite einen Schritt nach vorn und sagen Sie: „Geh hinter mir" oder: „Zurück" und werfen Sie wieder den Leckerbissen. Das Handzeichen ist in diesem Falle die Wurfbewegung; fünf- bis zehnmal wiederholen. Üben Sie dieses Verhalten mehrmals am Tag bis zu einer Woche lang. Erst wenn der Welpe wirklich begriffen hat, was „Geh hinter mir" bedeutet, folgt Schritt drei.

Schritt 3: Kommando ohne Handzeichen

Wenn der Welpe versucht, Sie zu überholen, sagen Sie: „Geh hinter mir" ohne das Handsignal und ohne den geworfenen Leckerbissen. Wenn der Welpe zurückbleibt, um den Leckerbissen zu suchen, clicken sie und geben ihm eine Futterbelohnung. Auf diese Weise verwandelt sich der Leckerbissen vom Köder in eine Belohnung für erwünschtes Verhalten. Nach und nach wird sich der Welpe automatisch zurückfallen lassen, weil er ab und zu einen Leckerbissen erwarten darf.

Tipps fürs Laufen ohne Ziehen

Wir haben bereits erwähnt, dass Sie statt Futter auch „aktive" Belohnungen verteilen können. Darunter fallen alle Aktivitäten, die Ihrem Hund Spaß machen: Autofahren, ins Haus gehen, Streicheln, einen Ball jagen usw. Als gute Belohnungen dieser Art eignen sich im Rahmen dieser Übungseinheiten:

1. Die Nachbarschaft inspizieren
2. Die Umgebung markieren
3. Andere Hunde oder Menschen begrüßen

Wenn Ihr Welpe nichts lieber tut, als jeden Baum und Strauch, Käfer und Flasche zu beschnuppern, dann nutzen Sie diese Leidenschaft als Belohnung für An-der-Leine-Laufen, ohne zu ziehen. Andere Welpen hinterlassen gerne ihre Urinmarken als Botschaften und Visitenkarten – wenn sie nicht zerren. Wenn ein solcher Welpe mit dem Ziehen aufhört und Sie ansieht, sagen Sie „Okay" (ruhig auch zusammen mit einem Leckerbissen) und lassen ihn den nächsten Baum markieren oder einen bekannten Hund begrüßen.

„Hol" und „Gib"

Ein Welpe, der das Kommando „Hol" befolgt, wartet auf Ihre Erlaubnis, ehe er Futter oder ein Spielzeug aufnimmt. „Gib" (oder „Aus") sagt ihm, dass er von dem gerade gepackten Gegenstand ablassen soll. Da alle Welpen instinktiv ihr Eigentum schützen, dienen diese beiden Kommandos ihrer eigenen Sicherheit, vor allem, wenn ein Welpe aus Versehen etwas „Illegales" packen sollte. Wir lehren die beiden Kommandos als kombiniertes Verhalten aus zwei Teilen. Bringen Sie ihm zuerst „Hol" bei, dann „Gib".

„Hol" – Kindergarten-Übungen

Fast alle Welpen jagen gerne und rennen hinter allen Gegenständen her, die Sie werfen. Auf diese Weise bringen Sie Ihrem Welpen „Hol" bei. Nehmen Sie einen Ball, Quietschspielzeug, Frisbeescheibe oder ein Spieltau und zeigen Sie dem Welpen, wie viel Spaß Sie haben. Dann werfen Sie den Gegenstand. Sobald der Welpe ihn ins Maul nimmt: Clicken, Lob und Leckerbissen. Wenn er nicht zurückkommt, laufen Sie ein Stück in die andere Richtung, dann kommt er angerannt. Sobald der Welpe Sie erreicht hat, bieten Sie einen Leckerbissen an und sagen „Gib" oder „Aus". Da der Welpe nur fressen kann, wenn er seinen Biss lockert, fällt das Spielzeug aus seinem Maul; fünf- bis zehnmal wiederholen; dann endet die Übungsstunde. Das Training dieser Kommandos soll spielerisch geschehen und Spaß machen – hören Sie rechtzeitig auf. Wenn der Welpe in acht von zehn Fällen holt, sagen Sie „Hol", unmittelbar bevor Sie werfen.

Manche Welpen interessieren sich nicht für geworfene Spielzeuge; für sie sind die schrittweisen Übungen (unten) gedacht.

Hinweis: Einige Rassen, wie die Retriever, nehmen bestimmte Spielzeuge sofort ins Maul; genau das ist das angestrebte Ziel. Mit solchen cleveren Welpen überspringen Sie alle Vorübungen und beginnen Sie gleich mit Schritt Fünf („Gegenstände länger festhalten"). Allerdings sind selbst solche Welpen nicht immer dazu bereit, jedes Objekt zu holen. Dann müssen auch sie schrittweise an das Verhalten herangeführt werden.

Schritt 1 und 2: Provozieren Sie das Verhalten und fügen Sie ein Kommando hinzu

Da die meisten Welpen das erwünschte Verhalten schon beim ersten Versuch mit 80-prozentiger Sicherheit zeigen, werden die beiden Schritte kombiniert. Reiben Sie den Gegenstand – Quietschspielzeug, Ball, Frisbeescheibe – mit Fleisch oder Käse ein und halten Sie ihn direkt vor die Nase des Welpen. Sagen Sie dabei „Hol".

Natürlich kommt der Welpe näher, untersucht den Gegenstand und berührt ihn mit der Nase: Clicken, Lob und ein 10 000 €-Leckerbissen; fünf- bis zehnmal wiederholen. Wenn der Welpe den Gegenstand jedes Mal mit der Nase berührt, folgt der nächste Schritt.

Hinweis: Noch „holt" der Welpe den Gegenstand nicht wirklich; er berührt ihn nur mit der Nase.

Schritt 3: Sagen Sie „Hol"

Diesmal clicken Sie nicht schon, wenn der Welpe das Objekt nur berührt (Schritt eins und zwei), sondern warten ab, bis der Welpe den Gegenstand anstößt, ableckt oder versucht, ihn mit dem Maul aufzunehmen: Clicken, Lob und Leckerbissen; fünf- bis zehnmal wiederholen. Bis zu diesem Punkt diente der Gegenstand als Target, ähnlich wie Ihre Hand beim Kommando „Komm". In dieser Übungsstunde versucht der Welpe herauszufinden, warum er nicht belohnt wird, obwohl er den Gegenstand wie sonst auch berührt hat. Vermutlich denkt er sich so etwas, wie: „Moment mal, ich dachte, wir hätten einen Deal. Jedes Mal, wenn ich das Ding berühre, gibt es einen Leckerbissen. Dir werde ich es zeigen!" Also gestaltet er den Kontakt intensiver, leckt und beißt in das Objekt. Auf diesen Augenblick müssen Sie warten, diese Steigerung des Verhaltens wird belohnt. Wiederholen Sie die Übung fünf- bis zehnmal. Es dauert mehrere Übungsstunden an mehreren Tagen, in denen Sie nur dieses „gesteigerte" Verhalten belohnen.

Weiteres Vorgehen: Vermutlich wird der Welpe den Gegenstand zunächst mit dem Maul einfach anstoßen – belohnen Sie dieses Verhalten einen oder zwei Tage lang. Die nächste Stufe wäre Ablecken. Ab der nächsten Übungsstunde folgen Clicken, Lob und Leckerbissen also nur noch, wenn der Welpe den Gegenstand ableckt.

Sobald der Welpe sein Maul um den Gegenstand schließt, hat er die nächste Stufe des Fortschritts erreicht und schließlich hält er den Gegenstand fest im Maul.

Um die nächste Steigerung zu erreichen, senken Sie den Gegenstand von Mal zu Mal etwas tiefer und sagen „Hol". In jeder Übungsstunde kommt der Gegenstand dem Boden ein bisschen näher. Schritt drei geht seinem Ende zu, wenn der Gegenstand den Boden berührt. Es kann eine oder zwei Übungsstunden dauern, doch die meisten Welpen erreichen diesen Punkt innerhalb von zwei Tagen.

Schritt 4: Kommando ohne Handzeichen
Nun liegt der Gegenstand auf dem Boden und Sie sagen „Hol", ohne ihn zu berühren. Geben Sie dem Welpen 45 Sekunden Zeit, um herauszufinden, was Sie wollen. Wenn er den Gegenstand aufnimmt: Clicken, Lob und Leckerbissen; zwei Tag lang in mehreren Übungsstunden jeweils fünf- bis zehnmal wiederholen. Wenn Ihr Welpe seine Aufgabe in acht von zehn Fällen erfolgreich löst, ist es Zeit für den nächsten Schritt.

Schritt 5: Den Gegenstand länger festhalten
Legen Sie den Gegenstand wieder auf den Boden, sagen Sie „Hol" und bringen Sie dem Welpen bei, ihn von Übungsstunde zu Übungsstunde länger im Maul zu behalten. Belohnen Sie ihn zunächst für eine Sekunde, dann für zwei, dann für drei und so weiter – steigern Sie die Zeit aber sehr langsam. Verlangen Sie nicht von dem Welpen, das Spielzeug gleich zu Beginn für längere Zeit festzuhalten. Vielleicht hält er es in der zweiten Übungsstunde schon zwei Sekunden aus, in der dritten drei oder vier Sekunden. Ab drei Sekunden können Sie das Wort „Halten" dazu nehmen, also: Gegenstand auf den Boden legen, „Hol" und dann „Halten" sagen. Zählen Sie bis drei, dann folgen Clicken, Lob und Leckerbissen.
Tipp: Nehmen Sie einen Ball, Quietschspielzeug, Frisbeescheibe oder Spieltau und spielen Sie mit Ihrem Welpen. Werfen sie die Gegenstände und warten Sie ab, bis der Welpe ihnen nachläuft. Sobald er zubeißt, folgen Clicken, Lob und Leckerbissen. Wenn der

Welpe das Spielzeug jedes Mal erfolgreich aufnimmt, sagen Sie „Hol" unmittelbar vor dem Wurf. Üben Sie das Holen immer mit demselben Gegenstand, bis der Welpe ihn verlässlich aufnimmt und festhält. Erst danach werfen Sie auch andere Gegenstände. Beim Übergang auf ein anderes Objekt gehen Sie wieder einige Schritte zurück und steigern die Ansprüche von Mal zu Mal – das gilt für jedes neue Objekt. Manche Welpen generalisieren aber sehr schnell und begreifen, dass sich „Hol" nicht nur auf einen, sondern auf alle Objekt bezieht, die Sie ihm zeigen. Es gibt allerdings einige Gegenstände, wie Getränkedosen, die Hunde nur schwer fassen können. Hier müssen Sie unter Umständen bis zu Schritt eins und zwei zurückgehen.

Die Gegenstände benennen

Wenn der Welpe verstanden hat, das er bei „Hol" etwas aufnehmen soll, können Sie damit beginnen, diese Objekte zu benennen. Wie viele Gegenstände kann ein Hund erkennen? In Deutschland ging der Fall eines Hundes durch die Medien, der 200 verschiedene Objekte erkannte. Zeigen Sie auf den Gegenstand, sagen Sie den Namen und setzen Sie „Hol" dazu; also etwa: „Hol den Ball". Wiederholen Sie die Übung jeweils fünf- bis zehnmal pro Übungsstunde. Nach einer oder zwei Lektionen wird Ihr Welpe bereits erwarten, dass Sie „Hol" sagen. Jetzt können Sie „Hol" weglassen und nur den Namen des Gegenstandes nennen.

„Gib" – Kindergarten-Übungen

In diesen Lektionen lernt der Welpe, sein Maul zu öffnen, wenn Sie „Gib" (oder „Aus") sagen.

Schritte 1 und 2: Provozieren Sie das Verhalten und fügen Sie ein Kommando hinzu

Da die meisten Welpen das erwünschte Verhalten schon beim ersten Versuch mit 80-prozentiger Sicherheit zeigen, werden die beiden Schritte kombiniert. Sie haben „Hol" gesagt und der Welpe steht mit dem Gegenstand vor Ihnen. Nach drei Sekunden oder länger sagen Sie „Gib" (oder „Aus") und präsentieren ihm einen

10 000 €-Leckerbissen. Sobald er das Objekt fallen lässt, Clicken, und Leckerbissen; fünf- bis zehnmal wiederholen. Der Welpe lernt nun, ein Objekt aufzunehmen, es zu halten und wieder fallen zu lassen.

Schritt drei: Sagen Sie „Gib"

Jetzt geben Sie nur das Kommando. Wenn der Welpe mit dem Gegenstand im Maul vor Ihnen steht, sagen Sie „Gib", ohne einen Leckerbissen zu präsentieren. Erst wenn Ihr Welpe ihn fallen lässt, folgen Clicken, Lob und Leckerbissen. Wiederholen Sie diese Übung mehrmals, jeweils nur das Kommando ohne eine sichtbare Belohnung; den Leckerbissen gibt es immer erst, nachdem der Welpe das Objekt loslässt. Es kann durchaus vorkommen, dass der Welpe nicht sofort begreift. Dann fangen Sie wieder mit dem Leckerbissen wie in Schritt eins/zwei an. Lassen Sie ab und zu den Leckerbissen weg und sagen Sie nur „Gib" – dann bekommt der Welpe seine Futterbelohnung erst dann, wenn er den Gegenstand fallen lässt. Sobald Sie bemerken, dass er sich mehr für die Leckerbissen als für den Gegenstand interessiert, brechen Sie die Lektion ab. Spielen Sie „Gib" erst wieder in der nächsten Übungsstunde.

Hinweis: Sie können den Lernvorgang beschleunigen, wenn Sie den Welpen genau beobachten. Jedes Mal, wenn er mit einem seiner Spielzeuge im Maul herumläuft, zeigen Sie ihm einen Leckerbissen und sagen: „Gib". Danach bekommt er sein Spielzeug zurück. Das Gleiche machen Sie, wenn er Ihren Schuh oder einen anderen, nicht erlaubten Gegenstand im Maul hat. Zeigen Sie ihm den Leckerbissen und sagen Sie: „Gib". Statt ihm die Belohnung sofort zu geben, lassen Sie ihn zuerst sitzen; dann bekommt er seinen Leckerbissen. Auf diese Weise wird er für das Sitzen belohnt und kommt nicht auf die Idee, dass Sie es toll finden, wenn er sich mit Ihren Schuhen beschäftigt.

Schritt 4: Nur belohnen

Nun sagen Sie dem Welpen wieder „Gib", ohne einen Leckerbissen zu präsentieren. Wenn er den Gegenstand fallen lässt und auf seine Belohnung wartet, sagen Sie ihm „Guter Hund" (oder clicken Sie) – dann bekommt er seinen Leckerbissen. Wiederholen Sie diese Abfolge mehrmals: Kommando, dann ein Lob und dann erst den Leckerbissen. Wenn es nicht gleich funktioniert, ist das keine Katastrophe; gehen Sie einfach zu Schritt drei zurück und üben ein paar Mal „Gib". Dann folgt „Gib" ohne den sichtbaren Leckerbissen und mit dem verbalen Lob. Sobald Sie bemerken, dass sich der Welpe mehr für die Leckerbissen als für den Gegenstand interessiert, brechen Sie die Lektion ab. Spielen Sie „Gib" erst wieder in der nächsten Übungsstunde.

Es wird nicht lange dauern, dann hat der Welpe die Grundregel Nummer eins verstanden: Wenn Sie „Gib" sagen, lässt er alles fallen, was er gerade im Maul hat. Jetzt müssen Sie nur noch die Art der Belohnung verändern. Wenn der Welpe das Spielzeug zurückgibt, wird er mit Spielen belohnt! Werfen Sie den Ball, lassen Sie ihn mit dem Spielzeug herumtoben. Sagen Sie während einer solchen Spielstunde mehrmals „Gib" und „bezahlen" Sie den Welpen für das erfolgreiche Verhalten mit noch mehr Spielen. Wenn er allerdings nicht auf „Gib" reagiert, brechen Sie das Spiel sofort ab. Er wird sehr schnell lernen, dass Sie nur mit ihm spielen, wenn er die Regeln einhält. Wenn Ihr Welpe noch nicht gelernt hat, ein geworfenes Spielzeug zu apportieren, ist jetzt die Zeit dafür. Werfen Sie das Spielzeug von Mal zu Mal etwas weiter. Er wird begeistert sein und möchte das Spiel fortsetzen. Am Ende der Spielstunde sagen Sie zum letzten Mal „Gib" und belohnen ihn diesmal mit einem Leckerbissen.

Hinweis: Sollte sich der Welpe aggressiv verhalten, wenn Sie ein Objekt zurückverlangen, schlagen Sie vorn bei den Übungen zur Sozialisation nach. Hält das aggressive Verhalten an, konsultieren Sie einen Experten.

„Gib" für Notfälle

In Notfällen kann es nötig sein, die Kiefer des Welpen aktiv zu öffnen. Legen Sie eine Hand über den Ober- oder Unterkiefer. Schieben Sie mit Fingern und Daumen der anderen Hand die Lippen sanft über das Zahnfleisch der Backenzähne zurück. Die meisten Welpen öffnen automatisch das Maul, wenn Sie Haut auf den Zähnen spüren. Sagen Sie während dieser Prozedur: „Gib" und belohnen Sie den Welpen, obwohl es sich um ein erzwungenes Verhalten handelt. Man braucht nicht viel Kraft, um die Kiefer eines Welpen zu öffnen – gehen Sie sanft mit ihm um.

„Gehe zu ...“

„Geh auf deinen Platz" ist ein sehr nützliches Kommando, das fast jedes Problem in der Wohnung löst: Wenn der Welpe den Briefträger anbellt, Sie beim Telefonieren stört, zur Tür rennt, wenn es klingelt, am Tisch bettelt oder ängstlich auf einen Handwerker reagiert. Das Kommando ist auch sicher, beispielsweise wenn ein Baby oder kleines Kind ins Zimmer kommt. Bringen Sie dem Welpen bei, auf Kommando sein Bett aufzusuchen („Geh zu deinem Bett") und nehmen Sie das Bett mit, wenn Sie verreisen. Damit kann der Welpe überall zu einem sicheren Ort geschickt werden und bleibt dort. Durch das Kommando „Gehe zu..." lenken Sie ihn ab und geben ihm etwas zu tun, außerdem beruhigt er sich, wenn er nervös ist. Entspannte Welpen, die in ihrem Bett liegen, bellen weniger und laufen Ihnen nicht aus Versehen zwischen die Beine. Stellen Sie sich vor, sie möchten einen Wäschekorb in den Keller bringen. Sagen Sie: „Gehe auf deinen Platz" und Sie können nicht über den Welpen stolpern. Wohin Sie ihn lenken, bleibt Ihnen überlassen: Bett, Decke, Matte, in den Garten oder auch in seine Box. Wichtig ist nur, dass Sie für einen bestimmten Ort immer denselben Ausdruck gebrauchen. Wenn Sie schrittweise vorgehen, lernen die meisten Welpen dieses Kommando schon innerhalb von drei kurzen Übungseinheiten. Übereilen Sie aber nichts, halten Sie die Lektionen kurz und beenden Sie jede Lektion mit einem Highlight.

„Gehe zu..." – Kindergarten-Übungen
In den Kindergarten-Übungen lernt der Welpe die Grundlagen dieses Verhaltens kennen; er geht in einer störungsfreien Umgebung zu einem bestimmten Ort.

Schritt 1: Provozieren Sie das Verhalten mit einem Leckerbissen und einem Handzeichen

Stellen Sie sich neben das Ziel (beispielsweise sein Bett oder seine Decke), der Welpe sollte nicht weiter als 50 Zentimeter entfernt stehen. Lassen Sie den Welpen sitzen und Sie ansehen. Legen Sie die Hände auf die Brust.

Werfen Sie gut sichtbar für den Welpen einen 10.000 €-Leckerbissen ins Ziel. Benutzen Sie die nahe Hand, werfen Sie nicht mit der anderen quer vor Ihrem Körper. Die Armbewegung mit der Hand, die auf das Ziel zeigt, ist das Handzeichen; legen Sie die Hand danach wieder auf die Brust. Wenn der Hund das Ziel (den Leckerbissen) erreicht hat: Clicken und Lob; drei- bis fünfmal wiederholen. Sie werden feststellen, dass der Welpe extrem schnell in acht von zehn Fällen richtig reagiert und können gleich zu Schritt 2 übergehen.

Schritt 2: Fügen Sie ein Kommando hinzu

Sagen Sie „Geh zum Bett" (oder ein anderes Ziel), machen Sie die Handbewegung des Werfens (Hand auf der Brust, Bewegung auf das Ziel zu, Hand wieder auf die Brust), diesmal aber ohne Leckerbissen. Wenn Sie später ein anderes Ziel einüben, ändern Sie nur den Namen des Ziels. Sobald der Welpe eine 80-prozentige Erfolgsquote erreicht, geht es weiter.

Entfernen Sie sich etwas weiter vom Ziel. Machen Sie wieder die werfende Bewegung und sagen Sie: „Geh zum Bett". Das „Werfen" besteht nun aus: Hand auf der Brust, auf das Ziel zeigen und zurück auf die Brust. Warten Sie 45 Sekunden. Wenn der Welpe zum Bett geht: Clicken, Lob und Leckerbissen, sobald er dort angekommen ist. Der Leckerbissen ist wieder vom Köder zur Belohnung geworden. Reagiert der Welpe in acht von zehn Fällen richtig, machen Sie mit Schritt 3 weiter.

Schritt 3: Kommando ohne Handzeichen

Legen Sie die Hände auf die Brust. Sagen Sie das Kommando und warten Sie 45 Sekunden. Wenn der Welpe seine Pfote auf das Bett legt, clicken Sie, loben ihn ausgiebig und geben Sie ihm mehrere

Leckerbissen; zehn- bis 15-mal wiederholen. Sollte der Welpe nicht binnen 45 Sekunden zum Bett laufen, machen Sie mit Schritt 2 weiter.

„Gehe zu..." für Fortgeschrittene

Wenn der Welpe gelernt hat, zu dem angesagten Ort zu gehen, machen Sie die Aufgabe etwas schwieriger, damit er noch verlässlicher reagiert.

Schritt 1: Entfernung vergrößern

Treten Sie einen Schritt weiter vom Bett weg. Legen Sie die Hände auf die Brust und sagen Sie einmal „Geh zum Bett". Warten Sie 45 Sekunden. Reagiert der Welpe richtig, folgen Clicken, ausführliches Lob und ein Futter-Jackpot. Reagiert er nicht innerhalb der 45 Sekunden, stellen Sie sich wieder neben das Bett und wiederholen die vorigen Übungen. Jedes Mal, wenn der Welpe das Kommando befolgt, gehen Sie ein Stückchen weiter weg – jedes Mal clicken, Lob und Leckerbissen. Sollte der Welpe nicht verstehen, was Sie meinen, waren Sie vermutlich zu schnell. Kehren Sie an eine Position zurück, an der Sie beide erfolgreich waren, und gehen Sie von dort langsamer weiter.

Hinweis: Sobald Sie den Abstand zum Ziel vergrößern, wird der Leckerbissen nicht mehr als Köder verwendet. Benutzen Sie nur noch das Kommando. Während das Futter den Welpen zu Beginn der Übungen zum Bett gelockt hatte, dienen die Leckerbissen bei allen weiteren Lektionen nur noch als Belohnung.

Schritt 2: Ablenkungen einführen

Inzwischen geht der Welpe von praktisch jeder Stelle in der Wohnung zu seinem Bett. Nun wird es Zeit, Ablenkungen einzubauen. Wie bereits bei anderen Übungen beschrieben, müssen Sie jede Form der Ablenkung separat einführen, also stets ganz von Anfang an üben. Beginnen Sie beispielsweise mit Klopfen oder Klingeln an der Tür:

1. Stellen Sie sich neben die Tür und sagen Sie dem Welpen „Geh zum Bett" (oder ein anderes Ziel, das Sie geübt haben). Der obliga-

torische Leckerbissen ist Belohnung, kein Köder. Er wird also erst gegeben, wenn der Welpe das Bett erreicht hat: Clicken, Lob und Leckerbissen; fünf- bis zehnmal wiederholen.

2. Klopfen oder klingeln Sie und schicken Sie den Welpen wie zuvor zu dem Ziel. Wenn er erfolgreich reagiert: Clicken, Lob und Leckerbissen; zehnmal wiederholen. Sollte er jetzt nicht mehr gehorchen, müssen Sie den Leckerbissen wie in der allerersten Lektion wieder als Köder einsetzen: Sie klopfen/klingeln, werfen den Leckerbissen und sagen „Geh zum Bett". Üben Sie so lange, bis das Verhalten auch ohne geworfenen Leckerbissen klappt.

3. Klopfen oder klingeln Sie und sagen Sie nichts. Warten Sie 45 Sekunden. Sollte der Welpe zu dem Ziel gehen, clicken Sie und geben ihm einen Futter-Jackpot.

Der Welpe hat nun gelernt, dass er beim Klingeln oder Klopfen an der Tür zu seinem Bett läuft. Es dauert einige Tage, Wochen oder gar Monate ständiger Übung, bis er ganz automatisch zu seinem Bett läuft, wenn jemand klopft oder klingelt. Nun können Sie ihm beibringen, sich in seinem Bett hinzulegen und zu bleiben.

Hinweis: Sollte der Welpe nicht innerhalb von 45 Sekunden reagieren, fangen Sie wieder bei Punkt 2 an.

4. Stellen Sie das Ziel (Bett) nach und nach weiter von der Tür und von Ihnen weg. Klopfen oder klingeln Sie und schicken Sie den Welpen zum Bett. Jeder Erfolg wird mit Clicken, Lob und Leckerbissen belohnt. Streben Sie eine Entfernung von mindestens sechs Metern von Ihnen und der Tür an.

Gibt es Probleme?

▸ Deponieren Sie während des Tages immer wieder einen Leckerbissen auf dem Bett. Es dauert nicht lange, dann kommt der Welpe regelmäßig zu seinem Bett. Nutzen Sie diese Besuche für das Magnetspiel. Sobald er seine Pfote auf das Bett setzt, clicken und loben Sie und geben ihm einen Leckerbissen.

▸ Blicken Sie nach dem Handzeichen zum Bett hinüber. Die meisten Welpen folgen dem Blick.

▸ Warten Sie in jedem Fall die gesamten 45 Sekunden, damit der Welpe herausfindet, was Sie von ihm wollen.

„Runter vom Sofa"

Sie haben drei Möglichkeiten in Bezug auf Welpen und Möbel:
1. Der Welpe darf immer auf alle Möbel.
2. Er darf nur auf bestimmte Möbel.
3. Er darf nie auf die Möbel.
Wenn Sie ihm die Möbel grundsätzlich verbieten wollen, müssen Sie zwar äußerst wachsam sein, genießen aber auch einige Vorteile: Gäste beschweren sich nicht über Hundehaare und auch für Babys in der Familie ist diese Lösung sicherer.

Auch wenn der Welpe nur auf bestimmte Möbel darf, müssen Sie sehr wachsam sein: Er darf nur dann auf die Möbel, wenn Sie es erlauben und Sie müssen sich an die Einschränkung halten (nur Stuhl, Bett, Sofa usw.). Mit diesem Training fängt man etwa ab der zwölften Woche an. Üben Sie mit kleinen Hunden auf leichten Schaumstoffmöbeln.

Darf der Welpe auf alle Möbel, muss er sich an zwei Regeln halten:
1. Er muss auf Ihre Erlaubnis warten.
2. Er muss sofort auf das Kommando „Runter" reagieren.
Der Trainingsablauf für dieses Verhalten wird genauso organisiert wie „Gehe zu...". Sie tauschen nur die Begriffe aus: „Rauf", „Runter", „Sofa", „Stuhl" usw.

Tipps
▸ Beugen Sie vor, damit der Welpe wirklich nur auf die erlaubten Möbel springt. Breiten Sie eine Aluminiumfolie auf dem Stuhl oder dem Sofa aus, wenn Sie den Raum verlassen. Welpen mögen weder das Gefühl noch das Geräusch von Aluminiumfolie. Sie lernen rasch, dass die Möbel mit der Folie unangenehm sind und meiden sie.

▸ Wenn Sie sehen, dass sich der Welpe einem verbotenen Möbel nähert, sagen Sie: „Nein, nein" und leiten ihn zu einem erlaubten Möbel um.

▸ Wir empfehlen, dem Welpen im Zimmer eine kurze Leine ans Halsband zu haken. Daran können Sie ihn besser anfassen und sanft von dem verbotenen Möbel wegziehen. Vermeiden Sie aber in jedem Fall, an der Leine zu reißen. Sanftes Ziehen ist in jedem Fall besser, als dem Welpen ins Halsband zu greifen.

Aber: Lassen Sie den Welpen niemals unbeaufsichtigt, wenn er eine Leine trägt!

„Nein"

„Nein" bedeutet: „Mein lieber Welpe, ganz gleich, was du auch ins Auge gefasst hast – lass es!" Das kann ein leckerer Sonntagsbraten, die Schuhe, die Stofftiere der Kinder, die Fernbedienung, ein Kothaufen, ein totes Tier auf der Straße oder – das Objekt der Begierde für Pauls Portugiesischen Wasserhund – ein toter Fisch sein. Mit „Nein" halten Sie den Hund auch von anderen Hunden, Katzen und Menschen fern.

„Nein" – Kindergarten-Übungen

Die Kindergarten-Übungen machen den Welpen mit der Bedeutung des Kommandos bekannt. Beginnen Sie wie immer in einer möglichst störungsfreien Umgebung.

Schritt 1: Provozieren Sie das Verhalten mit einem Leckerbissen und einem Handzeichen

Umschließen Sie einen Leckerbissen mit der Faust. Halten Sie die Faust mit der Innenfläche an die Nase des Welpen. Er wird vermutlich an den Fingern lecken und vielleicht knabbern. Halten Sie die Faust ruhig. Nach 90 Sekunden wendet sich der Welpe entweder ab oder dreht den Kopf zur Seite oder nach unten. Sobald er sein Maul von der Faust entfernt, clicken Sie und geben ihm den Leckerbissen aus der Faust; zehn- bis 20-mal wiederholen. Ihr Welpe wird etwa nach zehn bis 20 Wiederholungen kurz zögern: „Moment mal, was ist denn hier los?" Sobald Sie dieses Zögern bemerken, sofort clicken, Leckerbissen geben und den Welpen ausgiebig loben. Der Welpe ist zum ersten Mal dafür belohnt worden, dass er (kurz) von dem Leckerbissen abgelassen hat. Das Handzeichen ist die geschlossene Faust. Jetzt können Sie zum zweiten Schritt übergehen.

Schritt 2: Fügen Sie ein Kommando hinzu

Sagen Sie „Nein" und präsentieren Sie wieder Ihre Faust. Wenn der Welpe keine Anstalten macht, sich der Faust zu nähern: Clicken, Lob und Leckerbissen; zehn- bis 15-mal wiederholen. Nun verändern Sie die Präsentation des Leckerbissens: Senken Sie von Mal zu Mal die Faust etwas in Richtung Boden ab. Schließlich liegt der Leckerbissen auf dem Boden und Sie halten Ihre flache Hand darüber. Sagen Sie auch jetzt wieder „Nein" und geben Sie den Leckerbissen nur frei, wenn sich der Welpe zurückhält. Wenn der Welpe sich in acht von zehn Fällen beherrscht, fahren Sie fort.

Wieder liegt der Leckerbissen auf dem Boden; Ihre Hand deckt ihn ab. Decken Sie das Futter auf und sagen Sie „Nein". Halten Sie die Hand in der Nähe. Sollte der Welpe nach dem Bissen schnappen, ziehen Sie ihn weg. Versuchen Sie es erneut. Wenn er auch nur eine Sekunde lang zögert, clicken Sie und geben ihm den Leckerbissen. Geben Sie den Leckerbissen erst eine, dann zwei, dann drei Sekunden frei; belohnen Sie jeden Erfolg. Wenn der Welpe sich zehn Sekunden lang zurückhält, folgt Schritt 3.

Hinweis: Lassen Sie den Welpen „Platz" machen, bevor Sie „Nein" sagen. Der frei auf dem Boden liegende Futterbissen sollte mindestens 60 Zentimeter vom Welpen entfernt sein.

Schritt 3: Kommando ohne Handzeichen

Nun lassen Sie den Leckerbissen auf den Boden fallen, statt ihn hinzulegen. Sagen Sie „Nein" und lassen Sie den Bissen in 60 Zentimeter Abstand vom Welpen aus fünf Zentimeter Höhe auf den Boden fallen. Warten Sie eine Sekunde ab, clicken Sie und geben Sie dem Welpen die Belohnung. Steigern Sie nach und nach die Fallhöhe – fünf Zentimeter, zehn Zentimeter, 15 Zentimeter usw. – bis sie einen Leckerbissen im Stand fallen lassen können und der Welpe nicht reagiert, wenn Sie „Nein" sagen. Lassen Sie nun den Bissen wortlos fallen. Wenn der Welpe nicht zupackt, sondern Sie ansieht, bekommt er seine Belohnung.

Hinweis: Der Welpe darf nicht zu dem Leckerbissen hingehen und ihn selbst aufnehmen, sondern Sie müssen ihn als Belohnung überreichen. Dieser Trick ist vor allem deswegen hilfreich, weil der

Hund später nichts aufnimmt, was aus Versehen in der Küche auf den Boden fällt. Wenn alles richtig läuft, wird der Welpe auch später nur das ins Maul nehmen, was Sie ihm geben. (Das Zurückgehen auf eine Sekunde ist nötig, weil sich der Kontext geändert hatte: In Schritt 2 lag der Leckerbissen auf dem Boden, in Schritt 3 wird er geworfen. Denken Sie an die Regel: Wenn sich die Randbedingungen ändern, beginnen Sie bei null.)

„Nein" für Fortgeschrittene

Da der Welpe die Regeln des Kindergartens verstanden hat, wird er an größere Ausdauer, Abstand und an Ablenkungen gewöhnt.

Schritt 1: Ausdauer

Sagen Sie „Nein" und lassen Sie den Bissen auf den Boden fallen. Zählen Sie bis zwei Sekunden, dann nehmen Sie ihn auf und geben ihn dem Welpen. Vergrößern Sie den Abstand zwischen „Nein"-Sagen und Fallenlassen. Wenn der Bissen zehn Sekunden lang liegen bleibt, geben Sie ihn dem Welpen.

Schritt 2: Abstand

Sagen Sie „Nein", lassen Sie den Bissen fallen und treten Sie einen Schritt zurück. Kehren Sie zurück, clicken Sie und geben Sie dem Welpen den Leckerbissen vom Boden. Machen Sie zwei, dann drei Schritte, kommen Sie zurück und belohnen Sie den Welpen.

Schritt 3: Ablenkungen

Bis jetzt saß oder lag der Welpe ruhig, wenn Sie „Nein" gesagt haben. In der Praxis werden Sie dieses Kommando allerdings gerade dann einsetzen, während sich der Hund bewegt. Diese Situation müssen Sie üben. Leinen Sie den Welpen an, legen Sie einen Leckerbissen auf den Boden und gehen Sie mit dem Welpen etwa ein bis zwei Meter von dem Bissen weg – er darf ihn nicht mehr erreichen. Nun kommen Sie näher und sagen kurz vorher „Nein". Wenn der Welpe vom Bissen abläßt oder Sie ansieht, clicken und Lob; geben Sie ihm einen Leckerbissen aus der Tasche. Sollte sich der Welpe jedoch dem Bissen zuwenden, bleiben Sie stehen, sodass er ihn nicht erreicht und warten 45 Sekunden. Wendet sich der Welpe vom Bissen ab und/oder Ihnen zu, clicken Sie und geben ihm eine Jackpot-Belohnung. Sollte er nicht von dem Bissen ablassen, sagen Sie beim nächsten Mal „Nein" in größerer Entfernung vom Bissen, bis er es gelernt hat. Jetzt beherrscht Ihr Welpe „Nein" aus der Bewegung.

Üben Sie das Verhalten auf Spaziergängen, wenn die Ablenkungen nicht so stark sind (schwache Düfte, wehende Blätter). Wenn der Welpe in eine bestimmte Richtung zieht, sagen Sie „Nein". Wendet er sich ab und/oder Ihnen zu, bekommt der Welpe eine Belohnung oder darf das interessante Objekt untersuchen (oder beides). Zieht er auch nach dem „Nein" weiter, warten Sie 45 Sekunden lang ab. Lässt er innerhalb dieser Zeit von dem Objekt ab, darf er es untersuchen und/oder bekommt einen Leckerbissen. Wenn er nicht reagiert, gehen Sie weiter weg.

Hinweis: Solange Ihr Welpe noch nicht zuverlässig auf „Nein" reagiert, klettert er unter Umständen auf Stühle und stibitzt Leckerbissen vom Tisch. Reagieren Sie mit einem lauten, unmissverständlichen Ton (Pfiff, Topfschlagen, Klatschen). Er sollte den Welpen zum Halten bringen, ohne ihn zu erschrecken. Sagen Sie wieder „Nein" und zeigen Sie dem Welpen, dass er seine Leckerbissen bekommt, wenn er ruhig bleibt und sich setzt oder „Platz" macht. Binden Sie den Welpen zur Vorbeugung an oder benutzen Sie Türschutzgitter, um ihn vom Futterstehlen abzuhalten.

Bringen Sie dem Welpen in dieser Phase bei, was er auf keinen Fall berühren darf. Zeigen Sie ihm die Gegenstände, beispielsweise Ihre Schuhe, sagen Sie „Nein" und stellen Sie die Schuhe auf den Boden. Wahrscheinlich wird der Welpe erst die Schuhe, dann Sie ansehen – fangen Sie die Situation ein: Clicken, ausgiebiges Lob und zusätzliche Jackpot-Leckerbissen. Damit belohnen Sie sein Verhalten: Er hat sich von den Schuhen abgewandt. Wiederholen Sie diese Übung in den nächsten Monaten noch rund tausendmal. Bauen Sie einen Testparcours auf und üben Sie „Vermeiden". Legen Sie einen Schuh auf den Boden, während der Welpe im Nebenzimmer ist. Wenn er ins Zimmer kommt und auf den Schuh zuläuft, sagen Sie „Nein", um ihn zu unterbrechen. Wenn er sich vom Schuh ab- und Ihnen zuwendet, folgt die Belohnung.

Hundeerziehung ganz nebenbei

Beim Fernsehen ergeben sich immer wieder Möglichkeiten, ganz entspannt und in ruhiger Atmosphäre mit dem Welpen zu üben. Benutzen Sie jede Werbeunterbrechung zu einer kurzen Übungseinheit. Diese paar Minuten reichen aus, um bestimmte Verhaltensweisen ein paar Mal zu üben und zu vertiefen. Denken Sie immer daran: In vielen kurzen Übungsstunden prägt sich ein Verhalten besser ein als in einer langen. Sie sitzen im Sessel, und wenn die Werbung beginnt, lassen Sie den Welpen zehnmal „Platz" machen, üben „Bleib", zehnmal „Komm" (berühre meine Hand), zehnmal „Geh zu deinem Bett", „Hol", „Gib" usw.

Herzlichen Glückwunsch! Sie haben viel gelesen und Sie und der Welpe noch mehr gelernt. Gönnen Sie sich zur Entspannung ein Buch, einen Film oder ein Konzert, denn im nächsten Kapitel wird Ihr Welpe jede Menge Tricks lernen und noch mehr Spaß mit Ihnen haben.

Spiele und Tricks

Mit den Spielen, Tricks und anderen Übungen in diesem Kapitel bereiten Sie den Welpen noch besser auf das Leben vor. Wenn Sie die Verhaltensübungen in Spielform vermitteln, bleibt das Training motivierend und abwechslungsreich. Außerdem kommt es dem Spielbedürfnis des Welpen entgegen. Einem Welpen ist es egal, ob Sie mit ihm „Platz-Bleib" und Pfötchen geben üben oder ihn ein Spielzeug jagen lassen. Er lernt nur einen neuen Trick. Machen Sie ein Spiel aus den Übungsstunden – mit der entsprechenden Stimmung – und Ihr Welpe wird mit Lust und Laune bei der Sache bleiben.

Sie werden bemerken, dass einige dieser nun folgenden Tricks auf dem bereits Gelernten aufbauen, während andere Übungen völlig neu sind.

Das gemeinsame Einüben von Tricks und Spielen vertieft die Bindung zwischen Ihnen und dem Welpen; außerdem können Sie prima damit vor Bekannten angeben. Der Hund wird mit zunehmender Leistung immer selbstsicherer und das Spiel bietet ihm die Möglichkeit, seinen Stress abzubauen, den er im Laufe des Lebens erfahren wird. Außerdem ist das Immunsystem aktiver Hunde besser, er bleibt gesund und lebt länger. Sie wissen doch: Ihr Umgang mit dem Hund färbt auch auf Ihr eigenes Wohlbefinden und den Umgang mit anderen Menschen ab – es gibt also nur Vorteile. Übrigens - viele der Tricks sind ziemlich praktisch.

Es gibt viele Möglichkeiten, Spiele und Tricks einzuüben:

Das Magnetspiel: Warten Sie ab, bis Ihr Welpe zufällig etwas macht, was Sie verwenden könnten. Clicken und loben Sie ihn und geben Sie einen Leckerbissen (siehe Magnetspiel auf Seite 151). Paul hat seinem Portugiesischen Wasserhund Molly mit dem Magnetspiel beigebracht, auf Kommando zu niesen. Er wartete ab, bis sie nieste, dann lobte er sie und gab ihr einen Leckerbissen. Dann führte er „Gesundheit" ein – nun niest Molly auf Kommando.

Das Verhalten „formen": Hierbei wird eine bestimmte Verhaltensweise durch minimale Fortschritte immer mehr verstärkt. Jede Annäherung an das erwünschte Verhalten ist bereits ein Fortschritt und wird entsprechend belohnt – bis endlich der gesamte Ablauf als festes Verhalten gespeichert ist. Ein typisches Beispiel ist das „Tot"-Spielen.

Ködern: Mit einem Köder bringen Sie den Welpen dazu, etwas zu tun, ohne ihn zu berühren. Durch Köder lernen sie „Platz" zu machen oder auf Zuruf zu kommen. Die meisten Verhaltensweisen in diesem Buch wurden mit einer dieser drei Methoden eingeübt.

„Such"

Auf dieses Kommando hin suchen Welpen nach Leckerbissen, Spielzeugen oder einem versteckten Gegenstand.

„Such – Kindergartenübungen
Alter: Acht Wochen und älter; Voraussetzungen: keine

Dieses Spiel basiert auf dem guten Geruchssinn eines Welpen und seiner Jagdleidenschaft. Welpen, die erfolgreich auf „Such" reagieren, werden sich nie langweilen – außerdem hilft das Spiel auch Ihnen. Stellen Sie sich vor, Sie möchten in Ruhe Zeitung lesen, duschen oder frühstücken: Schicken Sie den Welpen mit „Such" auf die Jagd nach einem Dutzend versteckter Leckerbissen (Käse, Pute oder Hähnchen).

Schritt 1

Legen Sie eine 10 000 €-Belohnung direkt vor dem Welpen ab und sagen Sie „Such". Wiederholen Sie das Spiel fünf- bis zehnmal, dann verändern Sie Abstand und Richtung, lassen den Bissen aber immer noch in Sichtweite.

Schritt 2

Verstecken Sie den Bissen hinter einem Stuhlbein oder einer Fußbank und sagen Sie wieder: „Such". Der Welpe sollte zwar sehen, wo Sie den Bissen verstecken (nicht zu weit weg), ihn aber nicht direkt erblicken. Vermutlich wird er sie verwirrt ansehen und ein paar Sekunden nachdenken, denn jetzt muss er den unsichtbaren Bissen wittern und finden. Geben Sie ihm 45 Sekunden Zeit. Wenn er den Leckerbissen aufspürt und ihn frisst, loben Sie ihn überschwänglich. Gehen Sie im Zimmer herum und verstecken Sie vor seinen Augen einen weiteren Leckerbissen; sagen Sie: „Such". Machen Sie weiter, bis Sie etwa ein Dutzend Bissen „versteckt" haben. Spielen Sie das Spiel ruhig ein paar Wochen lang, gehen Sie herum und zeigen Sie ihm unterschiedliche Verstecke.

„Such" für Fortgeschrittene

Alter: Vier Monate und älter; Voraussetzungen: „Sitz-Bleib" und „Platz-Bleib" auf Kindergartenniveau

Nun lernt der Welpe, verlässlicher auf das Kommando zu reagieren. Verknüpfen Sie „Such" mit anderen Verhaltensweisen zu einer Verhaltenskette. Damit können Sie den Welpen von den Belohnungs-Leckerbissen entwöhnen und sein „Bleib" zuverlässiger machen.

Schritt 1

Lassen Sie den Welpen sitzen, „Platz" machen und bleiben. Verlassen Sie das Zimmer und verstecken Sie einen Leckerbissen im Nebenraum. Gehen Sie zurück zum Welpen und sagen Sie „Such". Von nun an wird er nicht mehr sehen, wo Sie den Leckerbissen verstecken; er hört nur das Kommando, weiß, was er zu tun hat und macht sich auf die Suche. Wenn er erfolgreich ist, steigern Sie nach und nach den Schwierigkeitsgrad und verstecken mehrere Leckerbissen. Damit ist der Welpe für längere Zeit beschäftigt. Hinweis: Noch hat der Welpe nicht gelernt, wirklich überall zu suchen. Wählen Sie also nur Verstecke, die er bereits aus den Kindergarten-Übungen kennt.

Schritt 2

Alter: Vier Monate und älter; Voraussetzungen: „Sitz-Bleib", „Platz-Bleib", „Gehe zu ..." und „Komm" auf Kindergartenniveau

Die nun folgenden Verhaltensketten sind anspruchsvoller. Der Welpe muss mehr Aufgaben erfüllen, ehe er mit der Belohnung rechnen kann. Wie bei Schritt 1 geht der Welpe zu seinem Bett, sitzt oder macht Platz und bleibt. Gehen Sie wieder in ein anderes Zimmer und verstecken Sie die Leckerbissen. Kehren Sie zum Welpen zurück. Diesmal sagen Sie aber nicht „Such", sondern „Komm" und lassen den Welpen Ihre Hand berühren; erst dann folgt „Such" und der Welpe macht sich auf die Suche.

Nach etwa einer oder zwei Wochen hat der Welpe begriffen, dass er bei „Such" immer mit einer versteckten Belohnung rechnen darf. Nun dürfen Sie die Leckerbissen auch an unbekannten Stellen verstecken. Schicken Sie ihn zu seinem Platz („Geh zum Bett"), er soll sich setzen, dann „Platz" machen und bleiben. Gehen Sie in ein anderes Zimmer und verstecken sie viele, wirklich leckere Futterstücke an einer unbekannten Stelle. Gehen Sie zurück zu dem Welpen und sagen Sie „Such". Er wird losstürzen und zunächst an den bekannten Stellen suchen. Wenn nötig sagen Sie nochmals „Such" und gehen Sie einige Schritte auf das Versteck zu. Irgendwann wird er die Beute riechen und seine Belohnung kassieren.

Hinweis: Natürlich können Sie auch einen gut gefüllten Kong oder einen Hundekuchen verstecken. Damit beschäftigen Sie den Welpen nach der Suche für mindestens 20 Minuten. Viel Spaß!

Versteckspiel

Das Versteckspiel baut auf den „Such"-Übungen auf, doch diesmal sucht der Welpe nicht nach Futter, sondern nach Menschen.

Versteckspiel – Kindergarten-Übungen
Alter: Zehn Wochen; Voraussetzungen: keine

Das Spiel ähnelt dem beliebten Kinderspiel. Auch hier werden verschiedene Verhaltensweisen miteinander kombiniert. Es ist bestens geeignet, die Kommandos „Bleib" und „Komm" zu vertiefen.

Schritt 1
Geben Sie dem Welpen die Kommandos „Sitz" oder „Platz" und „Bleib".
Hinweis: Welpen, die „Bleib" noch nicht gelernt haben, werden von einem Helfer festgehalten, während Sie sich hinter einem Sessel, einer Wand oder einem anderen Hindernis verstecken.

Schritt 2
Verstecken Sie sich hinter einem Sessel.

Schritt 3
Strecken Sie den Kopf heraus und rufen Sie „Hier bin ich", dann verschwinden Sie wieder im Versteck. Wenn der Welpe Sie findet, bekommt er eine Belohnung und wird überschwänglich gelobt, wie clever er doch ist.
Hinweis: Vielleicht haben Sie bemerkt, dass wir „Hier bin ich" als Alternative zum lösenden „Okay" verwenden. Sollte der Welpe das Lösungswort aber bereits tief verinnerlicht haben, sagen Sie „Okay" unmittelbar nach „Hier bin ich" und ermuntern Sie den Welpen,

zu Ihnen zu kommen. Nach einigen Wiederholungen dürfte er begriffen haben, dass „Hier bin ich" ein ebenso gutes Lösewort ist. Er wird nun „Hier bin ich" und „Okay" als gleichwertig ansehen. Damit haben Sie ihm etwas Wichtiges beigebracht. Er weiß nun, dass er sich sowohl auf „Okay" aus einem Verhalten lösen kann, als auch dann, wenn Sie ein anderes Verhalten von ihm verlangen („Komm", „Bei Fuß" usw.).

Versteckspiel für Fortgeschrittene
Machen Sie das Spiel anspruchsvoller. Lassen Sie den Welpen länger warten und verstecken Sie sich im Schlafzimmer oder einem Schrank. Lassen Sie zunächst die Tür einen Spalt offen, damit der Welpe eine bessere Chance hat. Binden Sie andere Familienmitglieder ein: „Such Jenny! Wo ist Jenny?" Machen Sie die Sache noch schwieriger, indem Sie auf eine Kommode klettern. Findet Sie der Welpe „in der Luft"?

Das Dreieckspiel

Das Dreieckspiel setzt sich aus mehreren Verhaltensweisen zusammen. Es ist ein gutes Spiel für Welpen, die schon eine gewisse Erfahrung haben. Wir möchten den Nutzen dieses Spiels an einem Beispiel erläutern: Der Welpe entwischt aus dem Gartentor und jagt einem Eichhörnchen hinterher. Sie rennen hinterher und sehen Hund und Eichhörnchen über den Gehweg rennen. Sie können laut rufen: „Komm", „Platz" oder „Nein" und wenn Sie ihn gut ausgebildet haben, wird er vielleicht gehorchen. Das Dreieckspiel hilft Ihnen dabei, genau diesen Gehorsam verlässlicher zu machen. Es besteht aus den Verhaltensweisen „Sitz", „Platz", „Bleib", „Nein", „Komm" und „Such".

Das Dreieckspiel – Kindergarten-Übungen
Alter: Vier Monate und älter; Voraussetzungen: „Sitz-Bleib", „Platz-Bleib", „Gehe zu …", „Komm" auf Kindergartenniveau, sowie der erste Schritt „Nein" für Fortgeschrittene

Der Welpe kann das Dreieckspiel also erst üben, wenn er gelernt hat, mindestens zehn Sekunden lang nicht auf einen Leckerbissen zu reagieren, den Sie auf den Boden geworfen haben.

Bevor Sie mit den Übungen beginnen, sollten Sie den gesamten Abschnitt genau durchlesen, denn wenn Sie das Konzept verinnerlicht haben, ist alles viel leichter. Halten Sie sich möglichst an die Abstände, die wir vorschlagen. Je konsequenter Sie alles durchhalten, desto schneller wird der Welpe lernen. Sollten Probleme mit den einzelnen Bestandteilen auftreten, gehen Sie zurück und üben alles nochmals ein. Am einfachsten geht das Spiel, wenn Sie sich hinsetzen, auf die Knie gehen oder auf einen Stuhl setzen.

Schritt 1
Lassen Sie den Welpen sitzen oder „Platz" machen und bleiben.

Schritt 2
Sagen Sie „Nein" und legen Sie einen Leckerbissen etwa einen Meter von dem Welpen entfernt neben sich auf den Boden.

Schritt 3
Legen Sie die Hände auf die Brust. Sagen Sie „Komm" und halten Sie eine Hand knapp fünf Zentimeter neben die Nase des Welpen. Um sie zu berühren, muss er sich von dem Bissen abwenden. Sobald er das macht und die Hand (das Target) berührt: Clicken und Lob. Dann sagen Sie „Such" oder „Okay" und lassen ihn den Leckerbissen fressen. Mit der Übung bringen Sie dem Welpen Folgendes bei: Wenn er von dem Leckerbissen ablässt und zuerst zu Ihnen kommt, dann – und nur dann – darf er etwas vom Boden aufnehmen.

Hinweis: Diese Übung unterscheidet sich in einem wesentlichen Punkt von dem „Nein", denn letztlich darf der Welpe den Leckerbissen aufnehmen. Beim „Nein" durfte er das Objekt nicht berühren. Erst wenn er still blieb und gehorchte, nahmen Sie die Belohnung und gaben sie ihm. Jetzt lernt er, dass er die Belohnung zwar aufnehmen darf, aber erst, nachdem er sich Ihnen zugewandt hat.

Schritt 4

Wiederholen Sie diese Übung; der Welpe sitzt oder liegt und bleibt. Legen Sie wieder einen Leckerbissen etwa einen Meter von dem Welpen entfernt neben sich auf den Boden. Legen Sie die Hände auf die Brust, sagen Sie „Komm" und halten Sie die Hand zwei bis drei Zentimeter weiter von der Nase des Welpen entfernt. Wenn er die Hand berührt: Clicken, Lob, dann darf er an den Leckerbissen („Okay"). Beim nächsten Mal wird die Hand zehn Zentimeter, dann 15 Zentimeter usw. von der Nase entfernt. Nach jedem erfolgreichen Versuch clicken, loben und er darf an den Leckerbissen.

Schritt 5

Machen Sie weiter, bis die Hand so weit von der Nase des Hundes entfernt ist wie der Leckerbissen. Jetzt haben Sie ein gleichseitiges Dreieck aus Leckerbissen, Hundenase und Hand. Wenn der Welpe dreimal hintereinander richtig reagiert – die Hand berühren, wenn Sie „Komm" sagen, und den Leckerbissen erst fressen, wenn Sie „Okay" sagen – folgt die nächste Schwierigkeit: Sie stehen auf und üben das Ganze stehend.

Das Dreieckspiel für Fortgeschrittene

Nun geht es darum, die Abstände zu vergrößern.

Schritt 1: Sagen Sie dem Welpen „Sitz" oder „Platz" und „Bleib".
Schritt 2: Sagen Sie „Nein" und lassen Sie den Leckerbissen etwa zwei Meter vom Welpen entfernt auf den Boden fallen.
Schritt 3: Gehen Sie in die dritte Ecke des gleichseitigen Dreiecks: zwei Meter vom Welpen und zwei Meter vom Bissen entfernt.
Schritt 4: Legen Sie die Hände auf die Brust (Sie stehen).
Schritt 5: Sagen Sie „Komm" und lassen Sie die Hand (Target) sinken. Wenn der Welpe kommt und die Hand berührt: Clicken, Lob und er darf sich den Leckerbissen holen („Okay"); zehnmal wiederholen.
Hinweis: Wenn der Welpe nicht auf die Hand, sondern auf den Bissen zusteuert, stellen Sie sich in den Weg, sagen „Nein, nein" und wiederholen die Übung. Verkürzen Sie aber diesmal die Ent-

fernung zwischen sich und dem Welpen auf ein Meter. Wenn das immer noch zu weit ist und der Welpe partout zum Bissen will, verkürzen Sie die Strecke so lange, bis er erst zu Ihnen kommt und die Hand berührt. Erhöhen Sie von hier aus den Abstand langsam wieder, bis Hund, Hand und Bissen die Ecken eines gleichseitigen Dreiecks bilden.

Präsentieren Sie beim „Komm" immer die vom Futter abgewandte Hand. Die nahe Hand verleitet den Welpen eher, den kurzen Weg direkt zum Bissen zu gehen.

Sich tot stellen

Alter: Zehn Wochen und älter; Voraussetzungen: „Platz" auf Kindergartenniveau

Schritt 1: Provozieren Sie das Verhalten mit einem Leckerbissen und einem Handzeichen

Sehen Sie den Welpen an und lassen Sie ihn „Platz" machen. Halten Sie ihm einen Leckerbissen ein paar Zentimeter neben die Nase. Bewegen Sie die Hand mit dem Leckerbissen langsam um seinen Kopf herum: Clicken, Lob und Leckerbissen. Bewegen Sie die Hand beim nächsten Mal ein bisschen weiter um den Kopf herum, sodass der Welpe seinen Kopf in Richtung Hinterteil dreht: Clicken, Lob und Leckerbissen.

Durch die Seitwärtsbewegung des Kopfes entspannt sich die unten liegende Schulter. Nun bewegen Sie den Leckerbissen über den Körper auf die andere Seite. Wenn er den Kopf nachzieht, legt er sich zwangsläufig mit der Flanke auf den Boden; clicken, Lob und Leckerbissen; fünf- bis zehnmal wiederholen.

Schritt 2: Fügen Sie ein Kommando hinzu

Sagen Sie das Kommando, das Sie sich ausgedacht haben, und bewegen Sie wieder den Leckerbissen von der Kopfseite über den Körper auf die andere Seite. Er folgt der Bewegung mit dem Kopf und landet wieder auf der Seite; clicken, Lob und Leckerbissen und fünf- bis zehnmal wiederholen.

Vermutlich wird der Welpe nach der Übung irgendwann einfach in der entspannten Position liegen bleiben oder nur den Kopf heben. Belohnen Sie bereits den Ansatz mit vielen Leckerbissen und gehen Sie zum nächsten Schritt über. Jetzt muss er nur noch lernen, länger „wie tot" liegen zu bleiben.

Schritt 3: Kommando ohne Handzeichen
Legen Sie die Hände auf die Brust, sagen Sie das Kommando. Warten Sie 45 Sekunden. Wenn sich der Welpe ein wenig in die richtige Richtung bewegt (als wolle er sagen: „Ist es das, was du von mir erwartest?"): Clicken, Lob und Leckerbissen. Belohnen Sie von nun an jede Bewegung, die den Welpen näher ans Ziel bringt.

Sobald der Welpe völlig entspannt mit Körper und Kopf auf der Seite liegt, sagen Sie „Bleib" und warten Sie kurz ab. Dann folgen Clicken, Lob und Leckerbissen; dehnen Sie das „tot stellen" auf zwei, drei und mehr Sekunden aus.

Hinweis: Richten Sie die Handbewegung und die anschließende Drehrichtung nach der Lage des Welpen. Zwingen Sie ihn nicht, sich auf seine obere Flanke zu drehen. Stellen Sie sich so hin, dass Sie die Hand mit dem Leckerbissen über Kopf und Körper führen können, ohne dem Welpen ins Gesicht zu stoßen. Wenn er auf der linken Flanke liegt, nehmen Sie die linke, liegt er auf der rechten Flanke, führen Sie die Bewegung mit der rechten Hand aus.

Gibt es Probleme?
Sollte sich der Welpe nicht über die Schulter abrollen, sondern aufstehen, wenn ihm die Hand mit dem Leckerbissen zu nahe kommt oder falls ihm die Lage seiner Beine das Abrollen erschwert, gehen Sie in Minischritten voran:

▶ Reagieren Sie bereits auf wenige Zentimeter Kopfdrehung mit Clicken, Lob und Leckerbissen und belohnen Sie jeden zentimeterweiten Fortschritt. Kommt die Übung an den Punkt, wo sich der Welpe nicht mehr weiter dreht, belohnen (clicken, Lob und Leckerbissen) Sie bereits diese Position; fünf- bis zehnmal wiederholen. Machen Sie in der nächsten Übungsstunde dasselbe. Bald wird sich der Welpe mehr entspannen – bis er die Drehung macht.

▸ Wenn sich der Welpe zwischen den Übungsstunden entspannt auf die Seite legt, gehen Sie zu ihm, loben und streicheln Sie ihn. Der Hund wird sich später an diese angenehme Situation erinnern und die Übung leichter ausführen.

▸ Sie können diese Übung auch nach einem wilden Spiel anschließen; dann ist der Welpe müde und entspannt sich leichter.

„Dreh dich"

Alter: Fünf Monate und älter; Voraussetzungen: keine

Hinweis: Die Übungen zielen auf eine Drehung linksherum; wenn sich Ihr Welpe in die andere Richtung drehen soll, benutzen Sie dieselbe Anleitung – nur rechtsherum.

Schritt 1: Provozieren Sie das Verhalten mit einem Leckerbissen und einem Handzeichen
1. Stellen Sie sich dem Welpen Auge in Auge gegenüber.
2. Halten Sie die linke Hand mit einem Leckerbissen knapp fünf Zentimeter vor die Nase des Welpen.
3. Nun führen Sie den Arm nach links um den Welpen herum und bringen den Welpen dazu, erst den Kopf zu drehen und dann der Drehung mit dem Körper um 360° zu folgen – die Hand bleibt vor der Nase. Die Handbewegung im Kreis wird zum Handzeichen für die Drehung. Nach Ende der Drehung clicken, Lob und Leckerbissen; fünf- bis zehnmal wiederholen.

Schritt 2: Fügen Sie ein Kommando hinzu
Sagen Sie nun „Dreh dich links" oder „Links herum" mit Betonung auf links, während sie die Kreisbewegung ausführen. Wiederholen Sie die Übung fünf- bis zehnmal und schließen Sie jede Umdrehung mit Clicken, Lob und Leckerbissen ab.

Schritt 3: Kommando ohne Handzeichen
Legen Sie die Hände auf die Brust und sagen Sie „Links herum". Warten Sie 45 Sekunden. Wenn der Welpe sich bewegt (als wolle er

sagen: „Ist es das, was du von mir erwartest?"): Clicken, Lob und Leckerbissen. Wenn er nur frustriert oder gelangweilt herumsteht, üben Sie nochmals Schritt 2.

Lösungsvorschläge für problematisches Verhalten

„Wer hat die Fernbedienung geklaut?" „Es ist 3 Uhr nachts, warum bellt der Welpe dauernd?" „Oh nein! In was bin ich jetzt schon wieder getreten?" Welpen verhalten sich nur selten wie perfekte Gentlemen(-dogs). Auch wenn man sich noch so viel Mühe gibt, manchmal ist es zum Die-Wände-Hochgehen. In diesem Kapitel stellen wir Lösungen für einige der häufigsten Probleme mit Welpen vor. Wie bei den anderen Übungen heißt der Schlüssel zum Erfolg Konsequenz, Timing und Wiederholung, Wiederholung, Wiederholung.

Bevor Sie sich mit den Lösungsvorschlägen befassen, sollten Sie ab Seite 81 nachlesen, ob die „Zutaten für die optimale Entwicklung" stimmen: Ernährung, Spielen, Sozialisation, Ruhezeiten, Übungen, Arbeit, Schlaf, Gesundheitsvorsorge und Training. Welpen, die zu wenig spielen oder üben, neigen zum Beißen, Stehlen, Bellen und Sachenzernagen. Wenn das Problem erkannt und seine Ursachen beseitigt sind, verschwindet das problematische Verhalten fast immer. Behält der Welpe jedoch sein Verhalten bei, benutzen Sie die sechs sanften Strategien von Seite 148:

1. Substitution: Belohnen Sie das erwünschte Verhalten.

2. Vorbeugung: Beugen Sie dem Verhalten durch den Einsperren vor.

3. Magnetspiel: Spielen Sie das Magnetspiel.

4. Arbeit: Bringen Sie dem Welpen bei, dass man nichts im Leben umsonst bekommt.

5. Unterbrechung: Unterbrechen Sie unerwünschtes Verhalten lenken Sie es um.

6. negativ: Sollte alles fehlschlagen, behandeln Sie den Welpen „negativ".

Knabbern und Beißen

Der Tierarzt, Trainer und Verhaltensforscher Ian Dunbar fand in einer groß angelegten Studie heraus, dass ein Welpe zwischen dem dritten und vierten Lebensmonat im Spiel mit seinen Geschwistern eine Beißhemmung entwickelt. Dank dieser erlernten Beißhemmung kann ein Hund später den Druck seiner Kiefer an die Situation anzupassen. In ihren Scheinkämpfen legen die Welpen zwar den Kiefer an, täuschen den Biss aber nur durch sanften Druck vor. Doch selbst in nicht ernst gemeinten Kämpfen kann es vorkommen, dass ein Welpe zu stark zubeißt. Der Spielpartner quiekt und das Spiel ist zu Ende. Der beißende Welpe hat gelernt: Er darf nicht zu fest zubeißen, sonst regt sich der Partner auf und das Spiel geht nicht weiter. Nach und nach bildet sich auf diese Weise eine gut funktionierende, angepasste Beißhemmung heraus.

Damit Ihr Welpe eine wirkungsvolle Beißhemmung erlernt, müssen Sie den Part der Geschwister übernehmen. Spiele sind dafür bestens geeignet. Im Spiel regen sich Welpen ziemlich auf und setzen dabei natürlich auch ihre Kiefer ein. Sie werden die nadelspitzen Zähnchen des Welpen garantiert in der Hand spüren, beispielsweise wenn sie einen Ball halten, den er haben möchte. Sollte der Biss zu hart ausfallen, übernehmen Sie den Part des Geschwisterhundes: Quieken Sie mit möglichst hoher Stimme – im Idealfall sollte sich der Schrei so ähnlich wie bei einem Welpen anhören. Dann stellen Sie das Spiel sofort ein. Es wird erst weitergespielt, wenn sich der Welpe beruhigt hat. Nach einigen dieser Vorfälle sollte der Welpe sanfter zupacken. Sie haben hier die Strategie der Unterbrechung (Quieken) und etwas Negatives (Spiel ist beendet) benutzt. Der Welpe wird lernen, den Druck seiner Kiefer besser an den Anlass anzupassen. Reden Sie auch mit den anderen Familienmitgliedern, damit sie beim Spielen genauso reagieren.

Nachdem der Welpe gelernt hat, nur sanft zuzubeißen, können Sie ihm das Beißen sogar ganz abgewöhnen. Jedes Mal, wenn er (sanft) beißt, quieken Sie wieder (Unterbrechung), sagen: „Spiel zu Ende" und legen das Spielzeug weg (negativ). Halten Sie einige Minuten lang durch; erst wenn sich der Welpe wieder völlig beruhigt hat, geht das Spiel weiter. Ein Welpe mit gut funktionierender Beißhemmung hat gelernt, dass er seine Zähne nicht bei Menschen, sondern nur bei Spielzeugen benutzen darf. Mit dieser Lektion beugen Sie vielen unvorhersehbaren Unfällen vor. So könnte der Welpe instinktiv mit einem Biss reagieren, wenn ihm jemand versehentlich auf den Schwanz tritt.

Sobald der Welpe geduldig auf sein Spielzeug wartet, wenn er auf Kommando Spielzeuge „gibt" und nicht mehr beißt, können Sie den Zuruf „Spiel zu Ende" als Steuersignal benutzen. Stellen Sie sich vor, der Welpe schnappt sich unerlaubt ein Spielzeug aus Ihrer Hand. Sie sagen „Spiel zu Ende", hören auf und legen das Spielzeug weg. Benutzen Sie dasselbe Kommando, wenn er ein Spielzeug nicht loslassen will oder doch noch einmal zubeißt. Sie werden rasch feststellen, dass sich der Welpe redlich bemüht, dieses für ihn unangenehme Kommando möglichst zu vermeiden und anständig spielt. Jetzt macht das Spiel für Sie beide erst richtig Spaß!

Hier noch ein paar Lösungsvorschläge gegen Knabbern und Beißen:

- Auf einem Spielzeug kauen. Viele Welpen beginnen zu beißen, wenn sie zahnen. Schreiben Sie sich auf, zu welchen Tageszeiten und/oder Situationen der Welpe Sie beißt. Halten Sie zu diesen Zeiten immer einen gefüllten Kong oder ein stabiles Kauspielzeug bereit. Hilfreich sind auch tief gefrorene Segeltuchstücke oder ein gefrorener Kong. Ein gefrorenes Spielzeug/Kong betäubt das schmerzende Zahnfleisch für eine Weile und lenkt den Welpen ab. (Substitution)

- Die Hand lecken. Bringen Sie dem Welpen bei, Ihre Hand zu lecken, statt zu beißen. Reiben Sie sich die Hand mit Erdnussbutter, Pute oder Weichkäse ein. Sagen Sie „Lecken", während er damit beschäftigt ist; clicken, Lob und Leckerbissen (Pute). Hat der Welpe den Trick erst einmal gelernt, sagen Sie „Lecken", sobald oder noch besser bevor er sich an Ihrer Hand zu schaffen macht; danach belohnen Sie ihn mit Zuwendung und Lob. Sie können auch selbst Ihre Handfläche ablecken und sie anschließend dem Welpen präsentieren. (Substitution)

▸ „Sitz" oder „Platz". Lassen Sie einen Welpen, der auf dem Spaziergang die Knöchel oder Füße anknabbert, „Sitz" oder „Platz" machen – schon bevor sie loslegen. Sobald Sie unbelästigt an ihm vorbeigegangen sind, bekommt der Welpe einen Leckerbissen. (Substitution)

▸ Weggehen. Auch das ist eine gute Alternative für Welpen, die gerne an Knöcheln knabbern. Sobald Sie sich dem Welpen nähern, werfen Sie einen Leckerbissen zur Seite. Macht er neue Anstalten, den Knöchel anzugreifen, werfen Sie einen weiteren Bissen zur Seite. Sagen Sie kurz vor dem Abwurf „Such" oder „Entschuldigung". Es dauert nicht lange, dann hält sich der Welpe etwas hinter Ihnen, um den Bissen schneller zu erwischen. Möglicherweise können Sie ihn mit „Entschuldigung" sogar dazu bringen, dass der Welpe ihnen nicht vor (in) die Füße läuft. Belohnen Sie das korrekte Verhalten mit einem Leckerbissen. (Substitution)

▸ In die Augen sehen. Manche Welpen lassen sich zum Beißen hinreißen, wenn sie gestreichelt, berührt, gehalten oder gebürstet werden. Nehmen Sie ein Stück Pute in die Hand und halten Sie es direkt vor Ihre Nase. Mit der anderen Hand streicheln oder bürsten Sie den Welpen. Ein Welpe, der den Köder anblickt, kann nicht in die Hand beißen! Clicken, Lob und Leckerbissen; wiederholen Sie die Abfolge. Sie können auch einen Wort-Marker benutzen („Schau", „Hallo"), bevor Sie den Leckerbissen vor Ihre Nase halten. Wenn sich der Welpe an diese Abfolge gewöhnt hat, lassen Sie den Leckerbissen weg und geben Sie ihm die Belohnung erst nach längerem Augenkontakt (Substitution). Siehe auch „Achtung - Aufmerksamkeit erregen" (Seite 169).

▸ Sperren Sie den Welpen in eine Box, ein Gehege oder hinter ein Türschutzgitter (möglichst mit Familienanschluss), sodass er nicht beißen kann (Vorbeugung).

▸ Binden Sie den Welpen an. (Vorbeugung)

▸ Jedes Mal, wenn der Welpe zufällig auf einem geeigneten Spielzeug kaut oder Ihre Hand leckt: Clicken, Lob und Leckerbissen. (Magnetspiel)

▸ Benutzen Sie das Quieken auch dann, wenn der Welpe außerhalb einer Spielsituation knabbern und beißen sollte. Sobald Sie auch nur den Hauch der Zähne spüren, sofort quieken; wendet sich der Welpe dann ab, loben Sie ihn. Probieren Sie es sofort danach mit anderen Kommandos, wie „Sitz", „Platz", „Lecken" usw. und belohnen Sie ihn, wenn er alles richtig macht. Manche Welpen sind zu temperamentvoll für diese Lösung, werden noch heftiger und knabbern weiter; probieren Sie eine andere Lösung. (Unterbrechung und Substitution)

▸ Stoppen Sie knabbernde und beißende Welpen mit „Aaauh" in tiefer Stimmlage. Manche Welpen empfinden diese Vokalfolge als Knurren und lassen von Ihnen ab. Loben Sie den Welpen, wenn er von Ihnen ablässt, geben Sie ein anderes Kommando und belohnen Sie ihn dafür. Auch hier gilt dasselbe wie für das Quieken. Sollte sich der Welpe über das „Knurren" zu sehr aufregen, probieren Sie eine andere Lösung. (Unterbrechung und Substitution)

▸ Ein ruhig sitzender Welpe, der zubeißt, wenn Sie ihn streicheln, wird mit Missachtung gestraft. Hören Sie sofort auf, bis er sich entspannt, ein Spielzeug packt oder Sie ableckt. (negativ)

▸ Halten Sie einen beißenden Welpen sanft, aber bestimmt fest, bis sich sein Körper entspannt. Sagen Sie „Okay" und lassen Sie ihn wieder los. Hinweis: Welpen, die sich gegen das Festhalten wehren und noch mehr beißen, brauchen weitere Übungsstunden; schlagen Sie im Sozialisationskapitel unter Festhalten nach. (negativ)

▸ Verlassen Sie sofort den Raum, wenn der Welpe beißt. Sie können das unerwünschte Verhalten mit einem Wort-Marker belegen (z. B. „Schluss", „Pause "), sobald Sie den Biss spüren. Mit diesem Trick brauchen Sie den Welpen weder zu berühren noch ihn zu seiner Box zu bringen – das könnte ihn noch mehr anstacheln. Andererseits funktioniert diese Methode nur dann, wenn Sie eine Barriere zwischen sich und dem Welpen errichten können (Tür). Die Pause darf bis zu zwei Minuten dauern; danach ist alles wieder in Ordnung (seien Sie nicht nachtragend; negativ).

▸ Sperren Sie einen beißenden Welpen für zwei Minuten in seine Box oder hinter ein Türschutzgitter ein. Besonders wirkungsvoll sind Kombinationen aus Quieken, „Aaauh" und – falls das Beißen nicht aufhört – „Pause" mit Einsperren. Im Unterschied zur Trennung im letzten Absatz (Sie gehen weg) wird hier der Welpe aus dem Raum entfernt. (negativ)

Hinweis: Möglicherweise könnte die Box durch diese Übungen als Strafe und damit als negativ empfunden werden, sodass sich der Welpe später weigert, freiwillig hineinzugehen. Wenn Sie wissen, dass sich Ihr Welpe nicht gerne einsperren lässt, ist diese Methode selbstverständlich keine gute Idee. Wir verstehen die „Strafe" so ähnlich wie Eltern, die ihre Kinder aufs Zimmer schicken. Kinder betrachten das eigene Zimmer nicht als meist-gehassten Raum, sondern fast immer als sicheren Rückzugsort. Auch die meisten Welpen empfinden ihre Box ebenfalls nicht als Strafe, sondern leiden eher darunter, von den anderen ausgeschlossen zu sein. Daher legen wir am Anfang der Ausbildung großen Wert darauf, die Box zu einem „sicheren" Ort zu machen, in dem sich der Welpe wohlfühlt und seine Isolationsstrafe einfach nur absitzt.

Kauen und Gegenstände zerstören

► Als Alternative auf einem Kauspielzeug kauen (z.B. Kong, Kauknochen). Suchen Sie nach einem Kauspielzeug, das Ihr Welpe wirklich liebt, eines, das ihm wie eine Belohnung erscheint. Viele Welpen machen sich nur deswegen über Schuhe oder Tischbeine her, weil ihre eigenen Kauspielzeuge zu langweilig schmecken. Hier kann der Kong eine optimale Lösung sein, denn er lässt sich mit den unterschiedlichsten Geschmacksnoten befüllen und schmeckt viel besser als jedes Stuhlbein! Sie können den Kong auch schichtweise befüllen: Leberpastete, Frischkäse, Erdnussbutter; verschießen Sie das Loch mit einem harten Futterstück, beispielsweise einer knackigen Möhre oder einem Hundekuchen. Damit haben Sie ein Kauspielzeug an der Hand, das viel besser schmeckt als Schuhe oder Möbel und den Welpen immer wieder von anderen Dingen weglockt. Außerdem kostet es Zeit, einen Kong bis zum letzten Krümel zu leeren – die Ablenkung hält also eine ganze Weile an. Welpen, die nur zu nagen beginnen, wenn sie alleine gelassen werden, bekommen den Kong, wenn Sie die Wohnung verlassen. Sollte er allerdings auch kauen, wenn Sie zu Hause sind, dann finden Sie heraus, wann sich der Welpe besonders gerne über die Schuhe hermacht und geben Sie ihm den Kong kurz vorher. Bereiten Sie mehrere Kongs vor und stellen Sie einige davon über Nacht in den Gefrierschrank – so halten sie länger vor. Auf der Website von Kong (www.kongcompany.com) stehen mehrere interessante Rezepte. (Substitution)

▸ „Nein" – bringen Sie dem Welpen bei, sich abzuwenden und verbotene Gegenstände zu ignorieren. (siehe „Nein", Seite 209; Substitution)

▸ Wenn der Welpe nur Dinge zerstört, während Sie nicht zu Hause sind, bringen Sie ihm bei, die Zeit alleine in der Box zu verbringen (Seite 64). In seiner Box gibt es weder Schuhe noch Sofas noch eine CD-Sammlung. (Vorbeugung)

Hinweis: Manche Welpen nagen an den Stäben der Box, versuchen die Tür aufzubiegen oder nagen sich durch Wände, zerbrechen Fenster und zerstören Rollläden – solche Welpen dürfen auf keinen Fall eingesperrt werden! Ihre Zerstörungswut basiert auf einer tiefen Trennungsangst und muss von einem erfahrenen Trainer oder Tierpsychologen behandelt werden. Bei solchen Welpen würden Sie mit Einsperren alles nur noch schlimmer machen.

▸ Binden Sie den Welpen an, wenn Sie zu Hause sind; dann kann er nichts mehr zerbeißen. (Vorbeugung)

▸ Machen Sie die Wohnung welpensicher. Verbotene Objekte wie Schuhe, Bleistifte und Ähnliches werden außer Reichweite in Schränken und Schubladen aufgehoben; höher als seine Sprunghöhe. (Vorbeugung)

▸ Sie können die Möbelbeine mit Mundwasser, Zitronella-Öl oder einem anderen Abschreckungsmittel aus der Zoohandlung einreiben. Allerdings sind solche Sprays nur ein unzureichender Ersatz für gutes Management und Überwachung. Wenn Sie die Anweisungen oben befolgen, sind sie nicht nötig. Sprühen Sie niemals einen Welpen mit diesen Mitteln ein. (negativ)

▸ Sobald der Welpe an einem erlaubten Spielzeug kaut, gehen Sie zu ihm hin, loben ihn überschwänglich und streicheln ihn. (Magnetspiel)

▶ Der Welpe muss sich die Freiheit, in der Wohnung herumlaufen zu dürfen, erst verdienen. Es ist ein Privileg, an einem bestimmten Spielzeug zu nagen. Lassen Sie ihn sitzen, „Platz" machen, zu seinem Bett gehen usw., danach bekommt er zur Belohnung ein Kauspielzeug. (Arbeit)

▶ Sobald er sich über etwas hermacht, unterbrechen Sie ihn mit einem Pfiff oder einer Trillerpfeife, klatschen in die Hände oder rufen laut. Es kommt aber nur darauf an, ihn aufmerksam zu machen, nicht ihn zu erschrecken. Lassen Sie ihn sein Spielzeug suchen, kommen, sitzen, „Platz" machen – dann bekommt er ein Kauspielzeug. (Unterbrechung, Substitution)

▶ Wenn Sie den Welpen auf frischer Tat ertappen, schicken Sie ihn in seine Box. Allerdings sollte das nicht häufiger als zwei- oder dreimal vorkommen. Ansonsten haben Sie beim Einüben der anderen Fähigkeiten irgendeinen Fehler gemacht. Fragen Sie einen Trainer. (negativ)

Bellen

Welpen, die ständig bellen, haben einen Grund – Sie müssen ihn nur herausfinden. Bellt der Welpe Sie, Nachbarn, Gäste, andere Hunde oder die Katze an? Bellt er, wenn er alleine ist, draußen, drinnen, in der Box, beim Spielen oder wenn die Türklingel läutet? Bellt er mit hoher oder tiefer Stimme, dauernd oder in Abständen, schnell oder zögernd? Die Antwort bestimmt auch das Vorgehen. Welpen, die mit hoher Stimme, abgehackt (die einzelnen Töne sind gut zu unterscheiden) und immer nur dann bellen, wenn Sie sich nicht um sie kümmern, wollen beachtet werden. Welpen, die beim Spiel oder wenn Sie nach Hause kommen, mit hoher Stimme schnell hintereinander bellen, sind sehr aufgeregt. Bellt der Welpe dagegen mit tiefer Stimme, stakkatoartig, wenn Gäste kommen, dürfte ein aggressives Verhaltensmuster vorliegen. Aggression kommt bei Welpen allerdings sehr selten vor; für Aggression würde auch sprechen, wenn er sein Bellen mit Angriff oder Rückzug kombiniert, denn aggressives Verhalten geht fast immer auf Angst zurück. Hier kann nur ein Trainer oder Tierpsychologe helfen.

- Bellen um Aufmerksamkeit: Suchen Sie Augenkontakt, lassen Sie den Welpen sitzen, „Platz" machen und entspannen. (Substitution)
- Bellen vor Aufregung: Geben Sie ihm ein Spielzeug oder Kauspielzeug. (Substitution)
- Alarm-Bellen: Rufen Sie den Welpen, lassen Sie ihn „Platz" machen und bleiben. Mit dieser Kommando-Kette können Sie den Welpen ablenken, wenn Nachbarn oder Passanten vorbeigehen oder andere Hunde am Garten vorbeilaufen. (Substitution)

- Führen Sie „Ruhig" als Kommando ein (Substitution). Das Einüben ist etwas trickreich; am besten gehen Sie folgendermaßen vor:
1. Wenn der Hund bellt: Clicken und Leckerbissen (Sie haben richtig gelesen; Sie belohnen zunächst das Bellen).
2. Sagen Sie „Gib Laut", wenn Sie das Gefühl haben, gleich beginnt er zu bellen; sollte er wirklich bellen, folgt eine Belohnung.
3. Geben Sie ihm von nun an nur noch eine Belohnung, wenn er auf das Kommando „Gib Laut" bellt; ansonsten ignorieren Sie jegliches Bellen.
4. Nun schließen Sie die Übung ab: Sagen Sie „Gib Laut" und dann – ohne eine Belohnung zu geben – „Ruhig". Zählen Sie fünf Sekunden ab. Wenn er ruhig bleibt, gibt es eine Belohnung. Danach bekommt er nur noch eine Belohnung, wenn er auf „Ruhig" mindestens fünf Sekunden lang nicht bellt.
5. Sobald er sicher auf „Ruhig" reagiert, verlängern Sie nach und nach die Ruhezeit; danach bekommt er seine Belohnung.

- Halten Sie den Welpen von allem fern, was ein Bellen auslösen könnte; häufig ist Abstand eine gute Methode. Finden Sie heraus, ab welchem Abstand er eine bestimmte Person/Tier/Objekt anbellt und nehmen Sie das als Grundlinie. Ein Beispiel: Ihr Welpe bellt, wenn sich ein fremder Hund auf drei Meter nähert, bei 4,5 Meter ist er dagegen ruhig. Also halten Sie diesen Sicherheitsabstand ein und belohnen ihn, wenn er ruhig sitzenbleibt. Sobald er die Begegnung sicher aushält, verkürzen Sie den Abstand auf 4,20 Meter, vier Meter usw. Im Idealfall schaffen Sie es, ihn direkt vor der Person/Tier/Objekt sitzen oder liegen zu lassen, ohne dass er bellt. (Vorbeugung und Substitution)

► Entfernen Sie den Grund für das Bellen. Häufiges Bellen ist ein Anzeichen für unerfüllte Wünsche, meistens zu wenig Bewegung, Aufmerksamkeit und Spiel. (Vorbeugung)

► Ein Welpe, der regelmäßig andere Hunde anbellt, hat vielleicht zu wenig soziale Kontakte zu anderen Hunden. Führen Sie verstärkt die Sozialisationsübungen mit anderen Hunden durch. Welpen, die regelmäßig mit Artgenossen zusammentreffen, gewöhnen sich an Hunde – die Begegnungen werden zur Normalität. (Vorbeugung)

► Versperren Sie Ihrem Hund den Blick auf den Auslöser seiner Bellattacken. Ziehen Sie Vorhänge oder Rollläden zu, schließen Sie die Tür, sperren Sie ihn in eine Box ein, lassen Sie ihn im Zimmer usw. Dieser Trick hilft alleingelassenen Welpen, die alles anbellen, was sich draußen bewegt. Hunde, die in Ihrer Abwesenheit bellen, können zu einem echten Problemfall werden. Bitten Sie einen Nachbarn, Sie zu informieren oder kommen Sie heimlich zurück, um selbst zu hören. Stellen Sie das Gehege eines Welpen, der ein Problem mit dem Alleinsein hat, abseits von der Tür und den Fenstern auf. (Vorbeugung)

► Stellen Sie das Radio an, damit der Welpe nicht jedes Geräusch von draußen hört. (Vorbeugung)

► Geben Sie dem Welpen etwas zu tun, beispielsweise einen gefüllten Kong. (Substitution)

► Schmieren Sie dem Welpen etwas Erdnussbutter aufs Gaumendach, wenn eine Situation eintritt, in der er gewöhnlich bellt. (Vorbeugung)

► Lenken Sie sein Interesse auf andere Verhaltensweisen. Wenn er zufällig in einer Situation ruhig ist, in der er üblicherweise bellt, zählen Sie eine Sekunde ab und loben ihn überschwänglich, danach gibt es einen Leckerbissen. Sobald er wieder zu bellen beginnt, wenden Sie sich ab. (Magnetspiel und negativ)

► Welpen, die während des Spiels bellen, wollen Aufmerksamkeit. Beobachten Sie ihn genau. Belohnen Sie ihn immer dann mit fünf

Minuten Spiel, wenn er ein Spielzeug aufnimmt, ohne zu bellen. So lernt er, dass es für ihn lohnender ist, ein Spielzeug schweigend aufzunehmen. (Magnetspiel)

▸ Wenn der Welpe bellt, um Beachtung zu finden und gestreichelt zu werden, warten Sie ab, bis er ruhig ist. Erst dann geben Sie ihm die Zuneigung, die er sich wünscht. (Magnetspiel)

▸ Bellt der Welpe andere Hunde und Menschen an, warten Sie ab, bis er sich in deren Gegenwart ruhig verhält – dann bekommt er einen Leckerbissen. (Magnetspiel)

▸ Bellen um Aufmerksamkeit: Beachten (Sprechen, Streicheln, Ansehen) Sie den Welpen nur dann, wenn er ruhig sitzt, liegt oder etwas anderes macht, das Sie sich wünschen. Ansonsten ignorieren Sie ihn völlig. (Arbeit).

▸ Bellen vor Aufregung beim Spiel: Werfen Sie nur dann ein Spielzeug, wenn der Welpe ruhig sitzt. Andernfalls halten Sie das Spielzeug fest und ignorieren Sie ihn. (Arbeit)

▸ Bellen beim Ausgehen oder wenn er aus dem Käfig darf: Öffnen Sie die Tür erst dann, wenn der Welpe sich anders und ruhig verhält. Ansonsten warten Sie ab und ignorieren den bellenden Hund. (Arbeit)

▸ Wenn der Welpe mit Bellen um Aufmerksamkeit bettelt, wird er kurz in seine Box oder einen anderen Raum verbannt. Warnen Sie ihn nach dem ersten Bellen („Sei still", Ruhig"). Bellt er dennoch weiter, sagen Sie „Pause" und sperren ihn zwei Minuten ein. Wenn Sie geschickt vorgehen, hört der Welpe möglicherweise schon bei „Sei still" auf, weil er fürchtet, eingesperrt zu werden. Dann können Sie auf die Auszeit verzichten. (negativ)

▸ Der Welpe fordert mit Bellen ein Spielzeug aus Ihrer Hand: Brechen Sie das Spiel sofort ab und legen Sie das Spielzeug weg; ignorieren Sie ihn für einige Minuten. Mit dieser Weigerung verhindern Sie, dass er durch Verstärkung lernt: Wenn ich belle, bekomme ich das Spielzeug. (negativ)

▸ Halten Sie den Welpen fest, bis er ruhig ist. Wenn Sie fühlen, wie sich seine Muskeln entspannen, sagen Sie „Okay" und lassen ihn frei. (negativ).

Anspringen

▸ Bringen Sie dem Welpen „Sitz", „Platz" oder „Geh zu deinem Bett" bei. Diese Kommandos halten ihn am einfachsten davon ab, jemanden anzuspringen. (Substitution)

▸ Binden Sie den Welpen so fest, dass er ankommende Gäste sehen, aber nicht erreichen kann. (Vorbeugung)

▸ Wenn der Welpe in kritischen Situationen angebunden ist, warten Sie ab, bis er sich zufällig setzt. Clicken, Leckerbissen geben und streicheln; ansonsten ignorieren Sie ihn. Wenn er sich an die Situation gewöhnt hat und die Gäste sitzend erwartet, können Sie es ohne die Leine versuchen. (Vorbeugung und Magnetspiel)

▸ Der Welpe ist angebunden; bitten Sie die Gäste, den Welpen erst dann zu begrüßen, wenn er ruhig sitzt. Sobald er zu springen beginnt, entfernen sich die Gäste aus seiner Reichweite, bis er sich wieder beruhigt. Machen Sie eine Regel daraus: Der Welpe wird nur gestreichelt, solange er sitzt. (Vorbeugung, Magnetspiel und Arbeit)

▸ Zeigen Sie Ihr Missfallen durch ein beliebiges Wort und wenden Sie sich ab. (Unterbrechung und negativ)

▸ Wenn der Welpe jemanden anspringt, klatschen Sie in die Hände, sagen „Nein, nein", pfeifen oder machen sich anderweitig bemerkbar. Sobald er wieder auf allen Vieren steht, lassen Sie ihn sitzen, Platz machen usw. (Unterbrechung und Substitution)

▸ Wenn er weiter springt, sperren Sie ihn für zwei Minuten in die Box oder ein anderes Zimmer. (negativ)

Durch die Tür entwischen

Welpen, die durch die Tür entwischen, begeben sich in große Gefahr – sie müssen zu ihrer eigenen Sicherheit eingesperrt oder angeleint werden. Halten Sie den Welpen mit einer Leine, hinter einem Türschutzgitter oder in einer Box zurück. Auch wenn das Training erfolgreich war, kann niemand eine 100-prozentige Sicherheit garantieren. Lassen Sie Welpen auch draußen niemals von der Leine, außer in einem umzäunten Bereich für Hunde. Vielfach ist es sogar verboten, Hunde ohne Leine laufen zu lassen. Vielleicht können Sie zunächst einen Zettel für Besucher an der Gartentür anbringen: „Achten Sie auf den Welpen, bevor Sie die Tür öffnen!" Als Alternative bietet sich ein Übungsgehege im Garten an; daraus kann der Welpe nicht auf die Straße entwischen. (Vorbeugung)

► Bringen Sie dem Welpen „Sitz", „Platz" und „Bleib" bei.

► Erlauben Sie dem Welpen erst durch die Tür bzw. das Tor zu gehen, wenn er sitzt, bleibt und auf Ihr Kommando wartet. Der Schritt durch Tür bzw. Tor in die Freiheit wird zur Belohnung. (Arbeit)

- Wenn Sie sehen, dass der Welpe einem scheidenden Gast nachläuft, machen Sie mit Klatschen, Pfeifen oder Rufen auf sich aufmerksam. Sie sollen ihn nur aufrütteln, nicht erschrecken. Wenn er sich wirklich erschrickt, könnte er nämlich blitzschnell durch die Tür verschwinden. (Unterbrechung)

Übungen an der Tür (Arbeit)

1. Leinen Sie den Welpen zur Sicherheit an und öffnen Sie die Tür 5 cm weit – er soll denken, es geht raus. Da sich die Tür nicht ganz öffnet, läuft er vermutlich zurück und vielleicht hin und her. Sobald er zurückweicht, öffnen Sie die Tür etwas weiter. Rennt er auf die Tür zu, wird sie wieder bis auf 5 cm geschlossen. Vorsicht! Klemmen Sie nicht die Nase des Welpen ein.

2. Wiederholen Sie die Übung, bis Ihr Welpe sitzen bleibt, wenn die Tür 5 cm weit geöffnet wird. Jetzt sagen Sie „Okay", öffnen die Tür ganz und gehen mit ihm ins Freie.

3. Wiederholen Sie die Übung mit einer etwas weiter geöffneten Tür; er muss sitzen bleiben, bis Sie „Okay" sagen.

4. In der letzten Stufe ist die Tür weit geöffnet. Sie gehen hinaus, kommen zurück und sagen dann erst „Okay".

5. Üben Sie das Sitzen und Warten auch an anderen Orten; in der Zoohandlung, beim Tierarzt oder Hundefriseur oder am Eingang zum Park.

Klauen und jagen

Beide Verhaltensweisen kommen häufig zusammen vor. Der Welpe packt Ihren Schuh und rennt damit weg. Als erste Maßnahme sollten Sie die Wohnung welpensicher machen. (Vorbeugung) Rennen Sie niemals hinter einem Welpen her, rufen Sie nicht. Sollte er wegrennen, folgen Sie ihm auf einem Parallel- oder Schrägkurs. Wenn er zurückschaut, lassen Sie sich zu Boden fallen und geben vor, Sie hätten etwas Superinteressantes gefunden. Häufig lässt sich ein Welpe davon verführen und kommt zurück, weil er etwas Spannendes erwartet. Wenn Sie ihn erreichen können, sehen Sie ihn an, geben ihm einen Leckerbissen (wenn Sie einen dabei haben), greifen ihn sanft am Halsband und heben ihn hoch. Machen Sie keine plötzlichen Bewegungen, damit er nicht wieder wegläuft.

Hier noch einige Tipps:

▶ Bringen Sie ihm bei, zuverlässig auf „Komm", „Platz", „Halt" oder Versteckspielen zu reagieren, damit er auf jeden Fall zurückkommt. (Substitution)

▶ Bringen Sie ihm bei, verlässlich auf „Gib" zu reagieren (siehe Seite 201). (Substitution)

▶ Befestigen Sie in der Wohnung eine kurze Leine am Halsband. Wenn er etwas stiehlt, treten Sie auf die Leine. (Vorbeugung)

▶ Lassen Sie den Welpen angeleint (unter Aufsicht), hinter Türschutzgittern oder in einem Übungsgehege. (Vorbeugung)

▶ Belohnen Sie ihn jedes Mal, wenn er zu Ihnen kommt und etwas bringt. (Magnetspiel)

Service

Danksagungen

Ohne Hilfe und Unterstützung wäre dieses Buch sicher nicht entstanden. Ganz oben auf der Dankesliste steht unsere Agentin Lisa Hagan. Ein großes Dankeschön gebührt Adams Media, insbesondere Kate Epstein, die uns überredet hat, dieses Buch zu schreiben, sowie Shoshanna Grossmann und Jennifer Kushnier – ihre Nachfolgerinnen – die uns ebenfalls bestens betreut haben. Meredith O'Hayre möchten wir danken, weil sie selbst kleinste Details beachtete.

Wichtige persönliche Beiträge lieferten Nancy Scanlan (DVM), Mary Brennan (DVM), Dr. Pam Reid und Nicole Wilde.

Aber was wäre ein Buch über Welpen ohne die niedlichen Hauptdarsteller? Viele Freunde haben uns mit ihren pelzigen Lieblingen arbeiten lassen oder über sie berichtet: Joan und Lauren Asarnow mit Layla (10 Wochen); Kerry und Haley Witzeman mit Homer (4 Monate); Ronda Bingham und Brian Nemes mit Sparky (5 Monate); George und Randy Austin mit Blitz (6 Monate); Barbara Holiday mit Bozley dem Beagle; Carol Cupp mit Rocket und Christine Lee und Peggy Larkin mit Caydee, Ellie und vielen anderen liebenswerten Welpen.

Paul richtet sein persönliches Dankeschön an den Owens Clan, Pam, Peg, Pat und Tom, Jennifer Mielziner, Jenina Schutter, Carol und Richard Cupp, Carol und Terry Boyer, Christine Lee, Peggy Larkin, Barbara Holiday mit Bozley dem Beagle, Jim und Keelin O'Neill, Nicole Wader und den unvergleichlichen Molly und Grady. Ihre Unterstützung und Vertrauen haben dieses Buch erst möglich gemacht. Ein großer Dank an meine bemerkenswerten Mitautoren: „Das war leicht."

Terrence möchte gerne danken:

Meiner Mutter Elisabeth Crandendonk, meiner Schwester Yolande McNeely und meinem verstorbenen Vater John Cranendonk, der mich die Liebe zu den Tieren gelehrt hat.

Meiner Frau Debora und meiner Tochter Viola, weil sie das ewige „Papa arbeitet an seinem Buch" geduldig ertragen hat; und Magoo, mit dem dieses ganze Abenteuer überhaupt erst begann – hätte ich doch damals schon gewusst, was ich heute weiß; den Mitarbeitern und Freiwilligen der *Humane Society of Greater Akron*, insbesondere Richard Farkas, Kathy Rominto, Sarah Aitken und Chalan Geul für die jahrelange Unterstützung meiner Arbeit. Mein besonderer Dank gilt den Freiwilligen und der außerordentlichen Marianne Goebel, die Welpen sozialisiert.

Ken McCort, der immer für ein klärendes Gespräch bereit war.

Schließlich Paula und Norman, mit denen mich das Schicksal auf so wunderbare Weise zusammengebracht hat.

Last but not least möchte Norma danken:

Meryl Ann Butler, die mir wie eine Schwester ist und immer bereit ist, mit kreativem Input auszuhelfen. Außerdem bin ich dankbar für die Anregungen von: Rev. Dr. Michael Beckwith; Esther und Jerry Hicks; Rev. Nirvana Gayle; Dr. Bruce Lipton; Gary Craig; Dr. med. John Sarno; Kathleen McNamara; Dr. Maisha Hazzard und Mathew Howard-Houston. Mein besonderer Dank gilt Dr. med. Joseph Sciabarrasi und Dr. med. Ronald Andiman, weil sie so wunderbar authentisch sind; und Charles Livingstone Fels für seine kontinuierliche Aufmunterung. Schließlich gilt mein besonderer Dank Paul und Terry für die wundervolle Zusammenarbeit. Obwohl ich manchmal dachte, die Arbeit am Buch hört nie auf, war es doch eine Ehre und hat viel Spaß gemacht.

Nützliche Adressen

Rassehundezüchter
Verband für das Deutsche Hundewesen VDH e.V.
Westfalendamm 174
D - 44141 Dortmund
Tel.: 02 31 – 56 50 00
Fax: 02 31 – 59 24 40
Info@vdh.de
www.vdh.de

Österreichischer Kynologenverband ÖKV
Siegfried-Marcus-Str. 7
A - 2362 Biedermannsdorf
Tel.: 0043 / 22 36 – 71 06 67
Fax: 0043 / 22 36 – 71 06 67 30
office@oekv.at
www.oekv.at

Schweizerische Kynologische Gesellschaft SKG
Länggassstr. 8
CH - 3012 Bern
Tel.: 0041 / 31 – 3 06 62 62
Fax: 0041 / 31 – 3 06 62 60
skg@hundeweb.org
www.hundeweb.org

Tellington TTouch
TTEAM Deutschland
Bibi Degn
Hassel 4
D-57589 Pracht
Tel.: 0049 (0) 26 82 88 86
gilde@tteam.de
www.tteam.de
www.ttouchforyou.de

TTEAM Österreich
Martin Lasser
Spitalgasse 7
A-2540 Bad Vöslau / Gainfarn
Tel.: 0043 (0) 664 12 50 252
office@tteam.at
www.tteam.at

TTEAM Schweiz
Maya Conoci
Bruster 111
CH-8585 Eggethof
Tel.: 0041 (0) 71 64 00 175
gilde@tteam.ch
www.tellingtonttouch.ch

Zum Weiterlesen ...

... finden Sie hier eine Auswahl an Hunde-Ratgebern aus dem Kosmos-Verlag.

Hunderassen
Krämer, Eva-Maria: 250 Hunderassen. Ursprung, Wesen, Haltung.

Welpenbücher
Eichelberg, Dr. Helga (Hrsg.): Hundezucht. Erfolgreich züchten auf Gesundheit, Leistung und Aussehen.
Fichtlmeier, Anton: Grunderziehung für Welpen.
Führmann, Petra, Nicole Hoefs und Iris Franzke: Die Kosmos Welpenschule.
Harries, Brigitte: Welpe. Halten & pflegen, verstehen & beschäftigen.
Jones, Renate: Welpenschule.
Lübbe-Scheuermann, Perdita und Frauke Loup: Unser Welpe. Auswahl und Eingewöhnung, Haltung, Pflege und Ernährung, Sozialisierung, Erziehung und Beschäftigung.

Nijboer, Jan: Vom Welpen zum Familienhund mit Natural Dog-manship.

Pietralla, Martin und Barbara Schöning: ClickerTraining für Welpen.

Tellington-Jones, Linda: Welpenschule mit Linda Tellington-Jones. Erfolgreich erziehen mit TTouch und TTeam.

Theby, Viviane: Das Kosmos-Welpenbuch. Entwicklung und Aus-wahl, Eingewöhnung und Welpenschule. Mit Geräusch-CD zur sanften Gewöhnung.

Winkler, Sabine: Welpenkindergarten. Prägung, Spiel und Erzie-hung.

Zvolsky, Norma: Retrieverschule für Welpen.

Hundeverhalten

Abrantes, Roger: Hundeverhalten von A-Z. Mimik und Körperspra-che, Verhalten und Verständigung, Lautäußerungen und Kom-munikation.

Feddersen-Petersen, Dr. Dorit: Ausdrucksverhalten beim Hund. Mimik und Körpersprache, Kommunikation und Verständi-gung.

Feddersen-Petersen, Dr. Dorit: Hundepsychologie. Sozialverhalten und Wesen, Emotionen und Individualität.

Jones, Renate: Aggressionsverhalten bei Hunden.

Nijboer, Jan: Hunde verstehen mit Jan Nijboer.

Schöning, Dr. Barbara, Nadja Steffen und Kerstin Röhrs: Hun-desprache.

Schöning, Dr. Barbara: Hundeverhalten. Verhalten verstehen, Kör-persprache deuten.

Erziehung

Blenski, Christiane: Hunde erziehen, ganz entspannt.

Bloch, Günther: Der Wolf im Hundepelz. Hundeerziehung aus un-terschiedlichen Perspektiven.

Feltmann-von Schroeder, Gudrun: Die Kunst, mit dem Hund zu reden. Ein erfolgreicher Weg für Erziehung und Beschäftigung.

Feltmann-von Schroeder, Gudrun: Welpentraining mit Gudrun Feltmann. Der gute Start.

Fichtlmeier, Anton: Der Hund an der Leine. Kommunikation und Signalübermittlung.

Fisher, Sarah und Marie Miller: 100 Wege zum perfekt erzogenen Hund. Übungen, Tricks und Spiele.

Führmann, Petra und Iris Franzke: Zwei Hunde – doppelte Freude. Haltung und Erziehung von zwei und mehr Hunden.

Hoefs, Nicole und Petra Führmann: Das Kosmos-Erziehungsprogramm für Hunde. Buch und DVD.

Krauß, Katja: Hunde erziehen mit dem Clicker.

Mücke, Anke: Zufrieden an der Leine. Der Weg zum leinenführigen Hund.

Nijboer, Jan: Hunde erziehen mit Natural Dogmanship®. Buch und DVD.

Owens, Paul: Der Hundeflüsterer. Sanfte Hundeerziehung, erfolgreiche Kommunikation, vertrauensvolles Miteinander

Pietralla, Martin: ClickerTraining für Hunde.

Pryor, Karen: Positiv bestärken, sanft erziehen. Die verblüffende Methode, nicht nur für Hunde.

Rütter, Martin: Hundetraining mit Martin Rütter. Buch und DVD.

Schneider, Dorothee: Hunde einfach erziehen.

Winkler, Sabine: Hundeerziehung. Sozialisation, Ausbildung, Problemlösung,

Winkler, Sabine: So lernt mein Hund.

Zvolsky, Norma: Die Kosmos-Retrieverschule. Grunderziehung und Dummytraining.

Problemlösungen

Führmann, Petra und Iris Franzke: Erziehungsprobleme beim Hund. Verhaltensprobleme verstehen und lösen.

Jones, Renate: Aggressiver Hund – was tun? Schritt für Schritt zum braven Hund.

Rütter, Martin und Jeanette Przygoda: Angst bei Hunden. Unsicherheiten erkennen und verstehen, Vertrauen aufbauen.

Schöning, Barbara, Nadja Steffen und Kerstin Röhrs: Hilfe, mein Hund jagt. Jagdverhalten in die richtigen Bahnen lenken.
Schöning, Barbara: Hundeprobleme erkennen und lösen.

Spiel und Sport

Blenski, Christiane: Hundespiele. Frische Spielideen für fröhliche Hunde.
Blenski, Christiane: Schnüffelspiele für Hunde.
Büttner-Vogt, Inge: Spiel & Spaß mit Hund. Beschäftigungsideen für zu Hause und unterwegs.
Durst-Benning, Petra und Carola Kusch: Spiele-Spaß für Hunde. Lieblingsspiele für drinnen und draußen; Mit 66 Spielideen.
Führmann, Petra und Nicole Hoefs: Erziehungsspiele für Hunde.
Lind, Ekard: Mensch-Hund-Harmonie. Mit Spiel und Motivation zum lernfreudigen Hund.
Lind, Ekard: Richtig spielen mit Hunden.
Lübbe, Perdita und Ulrike Thurau: Das Kosmos Buch vom Apportieren. Such und Bring! Beschäftigung für alle Hunde.
Nijboer, Jan: Hunde beschäftigen mit Jan Nijboer.
Nijboer, Jan: Treibball für Hunde – für unterwegs. Buch und DVD.
Rauth-Widmann, Brigitte: Mit Hunden spielen.
Schneider, Dorothee: Fährtentraining für Hunde.
Theby, Viviane und Michaela Hares: Agility.
Weber, Nicole: Dog Dancing.

Ernährung und Gesundheit

Becvar, Dr. Wolfgang: Naturheilkunde für Hunde. Grundlagen, Methoden, Krankheitsbilder.
Bergmann-Scholvien, Claudia: Schüßler-Salze für meinen Hund. Die Wirkung der Heilsalze; Anwendung und Therapie.
Biber, Dr. Vera: Allergien beim Hund. Natürlich behandeln und vorbeugen, Auslöser erkennen und vermeiden.
Brehmer, Marion: Bach-Blüten für die Hundeseele. Verhaltensstörungen und Erziehungsprobleme mit Bach-Blüten behandeln.

Bucksch, Martin: Ernährungsratgeber für Hunde. Fit und gesund – Hunde richtig füttern.

Buksch, Dr. med. vet. Martin: Notfallapotheke für Hunde – für unterwegs.

Glanz, Christiane: Der Rüde. Wesen, Haltung, Gesundheit, Erziehung.

Hans, Sabine: Iss was, Dog! Kochen für mich und meinen Hund.

Kusch, Carola: Die Hündin. Wesen, Verhalten, Pflege, Gesundheit.

Lausberg, Frank: Erste Hilfe für den Hund.

Narath, Elke: Massage für Hunde.

Niepel, Gabriele: Kastration beim Hund. Chancen und Risiken – eine Entscheidungshilfe.

Rakow, Dr. Barbara: Homöopathie für Hunde. Natürlich heilen, Krankheiten erkennen und sanft behandeln, chronische Beschwerden lindern.

Rustige, Dr. Barbara: Hundekrankheiten.

Stein, Petra: Bach-Blüten für Hunde..

Tammer, Isabell: Hundeernährung.

Tellington-Jones, Linda: Tellington-Training für Hunde. Das Praxisbuch zu TTouch und TTeam.

Tellington-Jones, Linda: Tellington-Training für Hunde. DVD.

Register

Aus dem Amerikanischen übersetzt von Dr. Wolfgang Hensel, Bornheim-Rösberg.

Titel der Originalausgabe: „The Puppy Whisperer", erschienen 2007 bei Adams Media Corporation, ISBN 978-1-59337-597-3. Copyright © 2007 Paul Owens, Terence Crankendonk und Norma Eckrote.

Die Verwendung der eingetragenen Marke „Hundeflüsterer" in Österreich erfolgt mit freundlicher Genehmigung von Herrn Reinhard. Mut.

Umschlaggestaltung von eStudio Calamar unter Verwendung eines Farbfotos von Juniors Bildarchiv/Aflo.

Unser gesamtes lieferbares Programm und viele weitere Informationen zu unseren Büchern, Spielen, Experimentierkästen, DVDs, Autoren und Aktivitäten finden Sie unter **www.kosmos.de**

Gedruckt auf chlorfrei gebleichtem Papier

© 2009, Franckh-Kosmos Verlags-GmbH & Co. KG, Stuttgart
Alle Rechte vorbehalten
ISBN 978-3-440-11635-7
Redaktion: Angela Beck
Satz und Gestaltung: DOPPELPUNKT, Stuttgart
Produktion: Eva Schmidt
Printed in The Czech Republic / Imprimé en République Tchèque